应用型本科金融学专业精品系列教材

财政与金融

主　编　郭　丹　李根红

副主编　刘　秀　衷振华

　　　　段东山　闵媛媛

参　编　周亦人

北京理工大学出版社

BEIJING INSTITUTE OF TECHNOLOGY PRESS

内 容 简 介

随着我国市场经济体制改革的不断深入，财政和金融领域改革也在逐渐推进，财政和金融工具已成为我国宏观经济调控的基本手段。

本教材在编写过程中本着与时俱进的原则，紧扣目前国内财政和金融领域的改革发展动态，力求理论知识符合国情。在教材内容的设计上，主要由财政篇和金融篇组成，前七章属于财政篇，后八章属于金融篇，每章包括主要内容、本章小结、课后练习与案例分析四部分，结构完整，内容丰富。

本教材适用于高等院校经济类、管理类和财经类专业学生使用，也可供财政金融单位的业务培训使用。

图书在版编目（CIP）数据

财政与金融 / 郭丹，李根红主编. —北京：北京理工大学出版社，2021.1（2021.2重印）

ISBN 978-7-5682-9371-6

Ⅰ. ①财…　Ⅱ. ①郭…②李…　Ⅲ. ①财政金融-高等学校-教材　Ⅳ. ①F8

中国版本图书馆 CIP 数据核字（2020）第 257186 号

出版发行 / 北京理工大学出版社有限责任公司

社　　址 / 北京市海淀区中关村南大街 5 号

邮　　编 / 100081

电　　话 / （010）68914775（总编室）

　　　　　（010）82562903（教材售后服务热线）

　　　　　（010）68948351（其他图书服务热线）

网　　址 / http：//www.bitpress.com.cn

经　　销 / 全国各地新华书店

印　　刷 / 涿州市新华印刷有限公司

开　　本 / 787 毫米×1092 毫米　1/16

印　　张 / 20.25　　　　　　　　　　　　　　　　　　责任编辑 / 时京京

字　　数 / 476 千字　　　　　　　　　　　　　　　　　文案编辑 / 时京京

版　　次 / 2021 年 1 月第 1 版　2021 年 2 月第 2 次印刷　责任校对 / 刘亚男

定　　价 / 52.00 元　　　　　　　　　　　　　　　　　责任印制 / 李志强

　　财政与金融在现代经济社会中的作用越来越重要，与每一个社会成员的关系日益密切。财政在实现资源合理配置，促进国民经济平稳运行，更大程度地保障人民生活，促进社会公平等方面发挥积极作用。金融可谓现代经济的核心，金融活，经济活；金融稳，经济稳。财政与金融为新时代经济社会发展不断注入新鲜血液和正能量。

　　本教材根据我国近年来财政金融改革与发展的实际情况，依照加强基础知识、基本方法及技能教学的要求，强调市场经济条件下财政金融运行的特点，本着既充分反映我国财政、金融改革发展的成果，又兼顾我国现状及发展趋势的指导思想进行编写，适用于高等院校经济类、管理类和财经类专业学生使用，也可供财政金融业务培训使用。

　　本教材共十五章，分为财政篇与金融篇两个部分，主要介绍财政与金融领域的基本知识和基础理论，涉及财政篇的内容有财政概述、财政支出、财政收入、税收政策、财政政策、公债与公债市场、国家预算；在金融篇主要介绍了金融概述、金融机构体系、金融基本业务、金融市场、货币供求及其均衡、货币政策、通货膨胀与通货紧缩、国际金融与管理。结合高等院校经济类及相关专业教育的特点，编者在编写过程中以基本理论和基础原理为基础，结合大量实务，做到内容通俗易懂、够学够用。为了方便教师和学生的授课和学习，在各章都设置了"本章小结""课后练习"与"案例分析"。课后练习中的"问答题"大部分是理论与实践相结合的内容，有助于学生提高自主思维能力和客观评价能力。

　　本教材编写团队成员为七人，郭丹担任第一主编，李根红为第二主编，刘秀、衷振华、段东山、闵媛媛为副主编，周亦人、刘秀统稿，具体分工如下：郭丹负责编写第六章、第九章，李根红负责编写第二章、第八章，刘秀负责编写第十一章、第十四章，衷振华负责编写第三章、第七章及第十章，段东山负责编写第一章、第四章及第五章，闵媛媛负责编写第十二章、第十三章及第十五章。在编写过程中还得到了多位同行老师大力支持，在此深表感谢！

在编写过程中，参阅了大量相关的资料，在此向这些作者表示深深的谢意！同时，由于编者水平有限，书中如有疏漏之处，还请同行专家和读者批评指正，谢谢！

编　者

2020 年 8 月

目　录

财　政　篇

金 融 篇

财 政 篇

财政概述

第一节　财政的一般概念

一、财政现象

在现实经济生活中，我们每个人几乎都与财政有着各种各样的联系，通过各种方式、渠道与财政"打交道"。那么，究竟什么是财政？从中文的字面意思上看，"财"是一切钱财、货物的总称；"政"则是指行政事务。所以，如果从字面上解释，"财政"就是指有关钱财、货物方面的行政事务。

为了维护国家每年的庞大开支，政府要依法向企业、单位和公民征税；国有企业要向国家上缴利润；国家还可以通过向企业、单位、居民发行公债、国库券等政府债券取得收入……诸如此类的现象还可以列举许多。这些财政现象，不仅政府机关的领导人和工作人员需要关心、需要研究，就是企业、单位的领导人和普通公民也应该关心了解，因为每项财政政策的出台，财政的每一笔收支，都会涉及企业、单位和居民的切身经济利益。作为一个企业的领导人也必须关注国家财政状况，因为企业的经营活动要受国家财政状况的制约，最简单的例子就是税率的增减和企业的盈亏直接相关。涉外经济工作者，不仅需要了解国内财政状况，谙熟涉外税收知识，比如进口商品需纳税，出口商品可以退税，还要懂得国际税收中诸如税收管辖权、税收抵免和税收饶让等知识。作为合格的理论工作者，则必须熟悉各类财政问题的来龙去脉，才能深入地研究各类经济问题，为政府决策提供有价值的参考性建议。

为了正确认识经济生活中的各种财政现象，就需要了解什么是财政，财政同国家、国民经济之间有什么关系，财政的职能作用是什么，财政有哪些规律、是如何运行的，财政机关是干什么的，有哪些基本的制度规定，等等。本教材的财政篇，将回答这些问题。

二、"财政"一词的来历

日本在 1868 年"明治维新"后，实行所谓"门户开放"政策。日本采用了法语的 finance 这个词表示财政，在翻译和使用时，吸收了我国汉字固有的"财"与"政"这两个字，将它们合并起来，创造了"财政"。日本在 1882 年的官方文件《财政议》中第一次使用"财政"这个术语。

我国使用"财政"这个词是从近代开始的。历史上，人们把政府的财政事务称作"国用""国计""度支"等。1898 年，清朝光绪皇帝在"明定国事"的诏书中提出要"改革财政，实行国家预算"，据考证，这是我国政府文件中最早使用"财政"一词。1903 年，清政府又设立了财政处，从此官方开始使用"财政"这个词。

三、国家财政

从上面的论述我们知道，财政特指政府的钱财事务，而政府是国家权力机关的执行机关，所以，人们又把政府财政称为国家财政。根据马克思主义的国家观，国家是阶级矛盾不可调和的产物和表现，是阶级统治的工具。在现实社会中，国家是由军队、警察、法庭、监狱、官吏等统治机构组成的，并以"公共权力"的面貌出现而凌驾于社会之上。国家财政作为一种特殊的分配现象，是整个社会经济活动的重要组成部分，为人们所经常接触，并与国家、集体及个人的利益密切相关。

国家通过税收等形式筹集的钱或财，通常称为国家财政收入。国家通过安排财政支出，拨出各种经费和基金，用于兴修水利、开荒造林、改良土壤等，使农民受益；用于兴办铁路港口、发展交通运输，可使工商业受益；用于举办各项社会公共福利事业，可使人民受益；用于军队、警察等国防开支，可抵御外来侵略，维护社会秩序，保证人们能在和平安定的环境中工作和生活。上述种种都属于财政现象，而"缴税""支出"和"受益"体现了财政收支的全过程。财政收支改变了各经济主体占有社会产品的份额，涉及国家、集体和个人的利益，因此财政是一种分配和再分配活动。财政分配和再分配活动总是围绕实现国家职能的需要，并以国家为主体进行的。国家必须凭借手中的政治权力从物质生产领域强制和无偿地征收一部分自己所需的社会产品。

四、财政的定义

我国社会主义财政学说伴随着中华人民共和国的诞生而产生，并随着社会主义事业的发展而不断深入和完善。经过几十年关于财政概念的探讨和争论，形成如下几种代表性的定义。

1. 国家分配论

财政是国家为了满足实现其职能的物质需要，并以其为主体，强制地、无偿地参与社会产品分配的分配活动及其所形成的分配关系。

2. 剩余产品论

财政是一种物质关系，即经济关系，是随着社会生产的不断发展，在剩余产品出现以后逐渐形成的社会对剩余产品的分配过程。

3. 社会共同需要论

财政是为满足社会共同需要而进行的分配活动，在国家存在的情况下，这种分配活动表现为以国家为主体的分配活动。

上述各种定义具有以下共同点。

（1）就现代财政而言，大多数定义都同意，财政是一种国家（政府）行为。

（2）财政是一个分配范畴。

（3）财政活动是社会再生产活动的一个有机组成部分。

五、财政的发展

（一）财政社会形态的发展

1. 奴隶社会的财政

奴隶社会生产关系的基本特征是奴隶主占有全部生产资料和直接拥有生产者——奴隶本身。国家为了维护奴隶制生产方式所进行的社会产品分配，体现了奴隶主阶级对奴隶的剥削关系。奴隶制国家财政收入的主要来源是强迫奴隶劳动所取得的收入，其次是战争缴获的财物及对战败国的强制贡赋收入，还有一部分是向自由民征收的实物地租和徭役地租。其支出主要是军事支出、王室支出、俸禄支出。奴隶制财政的作用是双重的，一方面，它为实现奴隶制国家的职能提供了保障；另一方面，它是奴隶主剥削奴隶的工具，加速了奴隶社会的瓦解。

2. 封建社会的财政

封建社会生产关系的基本特征是封建主占有土地等主要生产资料和不完全占有劳动者——农奴，同时也存在着大量的自耕农、手工业者、商人等小私有经济。封建制国家为了维护封建生产方式在社会产品的分配体制上体现了地主阶级对农奴和其他劳动人民的剥削关系。封建制国家的主要财政收入来源是官场收入、田赋收入、专卖收入、特权收入等。其支出主要是用于维护封建统治的军事支出、国家机构支出、皇室支出、文化宗教支出，也有一部分用于兴修水利、发展农业生产。在封建社会末期，财政一方面通过苛捐杂税加速小生产者的破产，使他们成为一无所有的劳动者；另一方面，又用国库资金支持资本家发展工商业和开拓国内外市场，其结果是促进了封建生产关系的解体和资本主义生产关系的产生。

3. 资本主义社会的财政

资本主义生产关系的基本特征是资本家占有生产资料和劳动力成为商品。资产阶级国家维护资本主义生产方式和参与国民收入的再分配。资本主义国家财政收入的主要来源是税收和纸币发行。其支出主要是用于庞大的军事支出、政府机构开支和债务支出。在自由资本主义时期，国家财政的特点是节俭、平衡和非生产性，这对于促进资本主义生产力的发展起了重要作用；进入垄断资本主义后，由于资本主义基本矛盾的加深，经济危机日益频繁，国家财政不再充当资本主义生产方式"守夜人"的角色，而是积极地干预经济以解决公平和效率的问题。

4. 社会主义财政

社会主义生产关系的基本特征是生产资料公有制与按劳分配，社会主义财政是取之于民、用之于民的，体现国家、企业、个人三者长远利益根本一致的关系。

财政作为国家经济职能的组成部分，作为国家政府管理经济的一种手段，在任何社会、任何国家都对经济发展有一定的影响，只是在处于不同社会形态下的不同国家中，财政影响经济的深度、广度和力度各有不同，只有在现代市场经济国家，财政宏观调控才能成为政府的一种经济职能。其调控的主体是国家政府，调控的对象是社会经济运行过程，调控的目的是实现社会总需求与总供给的平衡，促进国民经济和社会的协调发展。

第二节　国家财政的一般特征

一、财政是一个经济范畴

财政是属于经济范畴还是属于上层建筑范畴？这既是财政的一个基本理论问题，也是学术界争论颇多的一个问题。

财政作为一种特殊分配与上层建筑——国家有着密切联系，财政分配的主体是国家，财政分配的目的是满足国家履行其职能的需要，财政分配又总是采取财政政策和法规的形式。财政分配的这种特殊性容易扰乱人们的视线，使人们得出财政属于上层建筑的错误结论。

我们认为财政是一个经济范畴，这可以从两个方面来考察。首先，从财政与社会再生产的关系看，社会再生产是由生产、分配、交换、消费四个环节组成的一个统一的有机整体，通常把社会再生产整体称为经济。财政是以国家为主体分配的活动，是社会再生产分配环节的一个组成部分，自然属于经济范畴。其次，从经济基础与上层建筑的关系来看，社会生产关系的总和称为经济基础，生产关系总和包括生产资料所有制、人们在生产过程中的地位及其相互关系、分配关系。财政在参与社会产品分配的过程中，必然与社会各方面发生以国家为主题的分配关系，这种分配关系是整个社会分配关系的组成部分，包括在社会生产关系总和之中，财政属于经济范畴。至于说，财政要按国家制定的财政方针政策和规章制度去进行分配，则体现了上层建筑对经济基础的反作用。

二、财政是一个历史范畴

所谓历史范畴是指事物不是从来就有的，也不是永存的，而是随着一定条件的产生而产生、随着一定条件的发展而发展，随着一定条件的消亡而消亡的。财政与国家有着本质联系，它是为满足国家实现其职能的物质需要，伴随着国家的产生而产生的，同时也随着国家的变化与发展，经历了由简单到复杂、由不完善到逐步完善的历史发展过程；将来到了共产主义社会，实现了世界大同，国家消亡了，财政分配的主体不存在了，财政也就消亡了。总之，财政随着国家的产生而产生、发展而发展、消亡而消亡，是一个历史范畴。

三、财政的一般特征

财政的一般特征即财政的共性，是指在各种社会形态下的国家财政所共有的性质，是从财政个性中抽象出来的。马克思主义认为，每一个事物都包含了矛盾的特殊性和普遍性，普遍性存在于特殊性之中。我们从前面讲述的国家财政产生和发展的历史过程可以看出，由于社会生产力不同，社会政治经济制度不同，不同社会形态下国家财政的性质、服务对象、收支形式、收支内容和分配过程，所体现的分配关系也各不相同、各有其特点。各种社会形态下国家财政的一般特征可概括为以下几方面。

（一）财政分配具有国家主体性

对财政分配的国家主体性，应从三个方面理解：其一，国家产生以前没有财政分配，在任何社会形态下的国家中，凡不是以国家为主体的分配都不属于财政分配的范围；其二，财政分配的目的是保证国家履行其职能的需要，是为统治阶级利益服务的，具有鲜明的阶级性；其三，财政分配关系的建立和调整，其主动权完全掌握在国家手中，国家居于主导地位，财政分配的方式、方向、结构、范围、数量、时间等，都必须按国家的需要进行，由国家主宰决定，而分配的另一方则处于从属和服从的地位。

（二）财政分配依据国家权力

财政分配之所以具有国家主体性，是因为财政分配凭借的是国家权力。首先运用国家政治权力，包括国家立法权、行政权、司法权三个方面。国家在根本大法中规定了征税的基本权利。在各单项法规中，规定了各项具体财政征收和财政支出的法规，规定了征收程序。国家财政机关根据国家法律法规赋予的权力，对企业和居民进行财政征收，支付财政资金，并在组织财政收支的全过程中进行财政监督，对违反财政法规者给予行政处罚。国家司法机关则对那些严重违反财政法规的个人和单位直接责任人给予法律制裁。其次是运用国家拥有的财产权力。国家除了拥有政治权力，还拥有大量财产，如矿山、森林、河流、海洋、国有企业、社会公共事业等，从而拥有了财产权。国家规定哪些财产属于国家所有，规定国有资产有偿使用的程序和方法。国家还以商品交换主体身份，以信用形式参与分配。国家作为债权人，让渡其商品使用权，要收取利息；国家作为债务人，暂时取得商品使用权，要付出利息。国家信用分配不是孤立进行的，它以财产权力为后盾，因为国家的经济实力乃是信用的物质基础。

（三）财政分配具有强制性

财政分配总以国家的政治统治为前提，凭借国家权威通过法律、条例、制度等强制进行。各国法律都明确规定，纳税是公民的光荣义务，所有负有纳税义务的单位和个人必须依法纳税，如有违反就要受到法律的制裁。财政收入的分配使用也是由国家统一安排的，各使用财政资金的部门和单位必须严格按国家规定组织实施，违者必纠。

必须指出，在社会主义条件下，国家是人民利益的代表，财政分配建立在人民自觉性的基础上，社会主义财政与所有剥削阶级专政的国家财政在强制性上是有所不同的。但是，社会主义国家财政分配在体现国家与人民之间根本利益一致的基础上还存在着眼前利益和长远利益、局部利益与全局利益的矛盾，这种矛盾的存在，决定了社会主义财政分配仍需强制进行，否认社会主义财政分配的强制性是不现实的。

（四）财政分配具有无偿性

所谓无偿分配，一般是指分配对象的单方面转移。国家利用各种财政手段（纯财政手段）征收上来的财政资金不再归还，拨付出去的资金不再收回。正如列宁指出的："所谓赋税，就是国家不付任何报酬而向居民取得东西。"财政分配这种无偿性转让的原则，既不同于商品等价交换的原则，也不同于银行信贷有偿分配的原则。

必须明确的是，强调财政具有无偿性特征，并不排除国家灵活运用信用方式筹集和分配使用财政资金的可能性和必要性。一方面，国家可通过发行公债、利用外资等形式来吸收资金，增加财政收入；另一方面，国家为了提高财政资金的使用效益，对某些项目和支出可采用信贷的方式来供应资金。但是，财政分配中的信用形式，只是财政分配的补充形式，而且根据国家经济实力的情况可多可少，可有可无，它不能决定财政分配无偿性这一重要特征。

财政的上述特征是相互依存、相互制约的。其中，国家主体性是财政的基本特征；依据国家权力是关键特征，它保证了国家在参与社会产品分配过程中的主体地位，也决定了财政分配的强制性和无偿性，而强制性和无偿性特征又是国家主体特征更为鲜明和完善的条件。

（五）财政资源配置的集中性

优化资源配置，合理有效地利用社会有限的资源，是古今中外所有国家都重视的问题，在奴隶制、封建制国家，由于生产水平低，以自给自足的自然经济为主体，社会资源的配置，不论是人力、物力还是财力，都十分分散，国家集中配置的部分，也主要是满足军政费用的需要。到了资本主义社会，商品经济日趋发达，生产力高度发展，社会化大生产使社会资源的开发利用受到空前重视，资源配置的理论首先在西方市场经济国家产生、形成、发展。我国提及资源配置理论，是在党的十一届三中全会以后，讲究资源配置问题主要是在党的十四大。十四大明确提出，建立社会主义市场经济体制，就是要使市场在社会主义国家宏观调控下对资源配置起基础性作用，从此资源配置问题作为我国经济体制改革的目标模式被写入中国共产党的代表大会报告中，资源配置理论在我国受到高度重视。国家资源配置的方式，历来都在社会资源配置中占有重要地位，财政通常又是国家资源配置的主要手段。但不论在什么社会形态的国家中，财政资源配置都是由国家从全局出发，保证国家公共需要，统一集中进行的，财政配置资源的集中性是财政的一个重要特征。

（六）财政调控的宏观性

财政分配是在全社会范围内进行的，财政资源配置也主要是满足全社会的公共需要。这就决定了财政调控着眼于国家全局、社会领域，是国家对社会经济进行宏观调控的重要组成部分。尽管在不同国家、不同社会经济条件下，财政对社会经济调控的内容、范围、力度不同，但是财政对社会经济运行的调控，都是按国家政府的意志依据国家政策法规进行的，属于宏观调控范围，所以财政调控具有宏观性特征。

四、财政的阶级性和行使财政权力的特性

国家具有鲜明的阶级性，是马克思主义国家学说的观点。有的学者并不赞成这种观点，他们认为国家是管理社会的机构，以社会代表的身份凌驾于社会之上为全体公民服务，因而不具有阶级性，只具有社会公共性。很明显，这是掩盖社会阶级矛盾的观点。尽管不同性质的国家都具有管理社会的职能，但它同时也具有统治职能，这是由经济基础的性质决定的，是不以人们的主观意志为转移的客观必然性。

为统治阶级根本利益服务、为国家职能服务的财政，不仅具有社会公共性，而且也必然具有鲜明的阶级性。

第三节　财政的产生

财政是人类社会发展到一定历史阶段的产物，是社会生产力发展到一定程度产生了私有制、产生了阶级、继而出现了国家以后的产物。它在社会生产力的发展推动下，直接伴随着建立在一定生产资料所有制基础上的国家的产生而产生，也会随着国家的消亡而消亡。

一、财政产生的过程

财政的产生与人类社会的发展紧密相关。具体来说，早期的公共财政，在原始社会末期出现剩余产品和公共事务以后就产生了。作为国家财政，它是在人类社会出现了私有制阶级和国家以后才产生的。

原始社会初期，人类过着共同劳动、共同消费的生活，没有私有制，社会生产力水平十分低下，社会产品只能维持最低限制的生活需要，因而在一个原始氏族公社范围内，人们共同劳动，人与人之间是平等的，劳动产品也是共同占有、平均分配。没有剩余产品，没有阶级，没有国家，这时就不具备产生财政的物质条件，因而也没有财政。根据北京猿人化石和文化遗存资料研究，那时，人们以原始群为社会组织，居住在天然山洞里，利用石块和木棍等生产工具捕猎野兽和采取植物果实，维持简单的半温饱的生活。随着时间的推移，原始人不断积累经验，劳动工具也有了相当的改进，劳动技能逐步提高。

到了原始社会期末，社会生产力有了一定的发展，人们劳动所获得的产品除了满足最低限度的生活需要外，还或多或少地有了一定的剩余，社会分工和交换也逐步发展起来。人与人之间的社会关系也开始复杂化，逐渐出现了家庭和氏族部落。当单个家庭成为独立的生产单位以后，产品归家庭所有。氏族部落作为一个社会群体，必然产生群体内部的公共事务。

为了满足当时氏族部落内部最简单的公共事务的需要，有部落首领把一部分剩余产品分配用于公共事务方面，就产生了最原始的公共分配活动，即财政活动，这就逐渐引起了私有制的产生，这时的社会分工和商品交换的发展也加速了私有制的形成。私有制产生以后，人类社会逐渐分化为两个根本利益独立的阶级，奴隶主阶级和奴隶阶级。奴隶主阶级作为利益者，为了维护自身的利益，就需要掌握一定的暴力工具来维护统治秩序。随着社会生产力的进一步发展，就逐渐产生了奴隶制国家，所以，列宁说："国家是统治矛盾不可调和的产物，国家是阶级统治的机关，是一个阶级压迫另一个阶级的机关。"奴隶制国家产生以后，为了维持国家的存在和实现其社会职能，必然要消耗大量的社会财富，但是，国家本身是一个权力机关，并不直接创造物质产品，所以，随之产生了凭借国家政治权力强制地参与社会产品分配的活动。这种强制分配活动最典型的例子就是捐税，正如恩格斯所说："为了维持这种公共权力，就需要公民缴纳费用，捐税是以前的氏族社会完全没有的，但是现在我们却十分熟悉它。"有了捐税，政府就可以安排支出，有了政府的支出活动就意味着国家财政正式产生。

二、财政产生的条件

财政的产生需要同时满足以下三个条件。

1. 剩余产品是财政产生的经济基础

没有剩余产品就不会有财政，这是因为如果没有剩余产品，就没有可供财政分配的对象，就不可能有独立于直接生产过程的财政专职人员和专门机构。

2. 公共权力组织的产生和存在是财政产生的政治前提

财政产生和存在的社会条件和政治前提是公共权力以及行使公共权力的组织的产生和存在，公共权力组织构成财政分配的主体，但在人类社会的不同发展阶段公共权力组织的具体表现形式不同。从出现国家之后到国家消亡之前的这一发展阶段，国家成为拥有和行使公共权力的基本组织形式。

3. 公共需求是财政产生的根源

人类社会有两大需求，即私人需求与公共需求，私人需求主要由私人商品予以满足，公共需求则由公共商品予以满足。财政产生的根源在于私人组织不能有效提供公共产品以满足公共需要。

私人组织不能有效提供公共产品主要有三个原因，一是能力所限，由于公共产品的生产需要较大的人力物力投入，私人组织一般难以承担；二是权利所限，许多公共商品的生产和提供需要有政治权力做后盾，而私人组织不具有这样的权力；三是利益所限，私人组织的产品提供不仅需要其成本得到足额补偿而且要求私人组织愿意提供公共产品，因此这客观上要求公共权力组织依靠政治权力来提供公共产品以满足公共需求。

第四节　财政在社会再生产中的地位

　　财政是社会产品分配的一个组成部分，在不同的社会制度和经济模式下，财政在社会产品中的地位和作用是不同的。在社会主义制度下，由于生产资料的社会主义公有制和计划经济制度，国家财政分配成为国家有计划地组织国民经济和社会发展的重要手段，在国民收入分配中居于主导地位，起着有计划地组织、调节和控制国民收入分配的总枢纽作用。财政分配是社会主义国民收入分配的总枢纽，生产资料的社会主义公有制使社会主义国家具有组织社会经济生活的职能，并有可能代表社会对国民经济实行宏观经济的控制和指导，自觉地组织和调节社会再生产的各种比例，保证国民经济有计划地协调发展。在社会再生产中，分配是连接生产和消费的中介，解决社会产品在社会各集团及其成员之间的分割，以及在各种用途之间的分割。要保证社会再生产的顺利进行和整个国民经济的协调发展，就必须运用各种分配杠杆去组织社会产品的分配。要使社会产品的分配能够符合客观经济规律的要求，各种分配杠杆之间能够相辅相成，就必须对整个分配过程进行综合反映和有计划地调节和控制，而这个任务只能由在分配中居于主导地位和起总枢纽作用的国家财政来承担。

一、财政参与社会产品分配的过程

　　财政是国家为执行各种社会职能，凭借政权力量而参与社会产品和国民收入分配的活动。其实质是国家在占有和支配一定的社会产品过程中与各有关方面发生的分配关系，体现着国家、企业、个人之间及中央与地方之间的分配关系。财政是分配范畴，同时又是一个历史范畴，它是随着社会生产力的发展、剩余产品的出现和扩大以及国家的产生而产生的特定的分配关系。

　　社会总产品是由物质生产部门创造的，在我国，目前主要是由国有经济和集体经济的劳动者创造，此外，还有一定数量的城乡个体劳动者、私人企业、中外合资经营企业、外国企业的劳动者创造的社会产品。因此，社会产品首先要在物质生产部门和企业里进行初次分配，然后通过财政再在社会范围内进行分配。财政通过参与社会产品的分配而与国民经济（即社会再生产）活动的各个方面发生联系。

　　经济活动可以划分为财政、企业、文教行政国防等事业单位（以下简称事业单位）、居民和国外五个经济主体。其中，唯有企业能够生产和提供社会产品，是国民经济运行的起点和基础。在商品经济条件下，企业生产的社会产品，包括投资品和消费品，通过销售取得销售收入，以销售收入的综合表现为社会总产品，在企业的初次分配中，先要扣除补偿生产资料的耗费，尔后形成国民收入。国民收入中，一部分以工资的形式支付职工的劳动报酬；另一部分是企业的纯收入。企业纯收入中，一部分以税收形式上缴国家，国有企业则还要上缴利润，形成国家的财政收入；另一部分留归企业支配，形成生产发展基金、新产品试制基金、后备基金、职工福利基金和职工奖励基金，前三项属于积累基金，用于企业投资，进行扩大再生产；后两项属于消费基金，用于发放奖励和改善职工福利。事业单位不创造产品，其开支靠政府经费拨款，但也有程度不同的各种形式的收入，根据财务管理办法的规定，或上缴财政，或抵补本身的支出。居民的收入来源主要是企业和事业单位发放的工资和奖励，其使用方向主要用于居民消费支出，形成消费基金；另外，作为居民整体，有一部分收入形成居民储蓄，通过金融中介转化为积累基金，用于投资；此外，居民还向国家纳税，以及购买公债（国库券），从而形成财政收入。

财政除了通过税收、企业利润、事业收入、公债等形式从企业、事业单位、居民那里取得收入外，在开放经济条件下，还可以从国外借款取得收入，这些收入的总和形成财政总收入。财政总收入要在全社会范围内进行再分配，这是通过财政支出进行的。财政支出按照补偿、积累、消费的性质划分，大部分用于消费性支出，包括对文教、科学、卫生、行政、国防等事业单位的政府经费拨款；对居民的补贴和社会保险、抚恤、救济等转移性支出，这类支出通常以政府投资的形式最终形成国有资产。此外，财政支出中还有属于补偿基金性质的挖潜改造支出，用于企业固定资产的更新改造。

社会总产品的价值形态是各种货币收入和资金，其通过分配和再分配，最终形成补偿基金、积累基金和消费基金。其中，前两种基金主要形成对投资品（即生产资料）的需求；后一种基金形成对消费品（即生活资料）的需求。社会总产品的使用价值形态是为社会提供的投资品和消费品的供给。显然，只有在社会总供给与总需求总量和结构都相适应的条件下，国民经济才能顺利运行。在这里，财政分配处于重要地位，起着重要作用。

二、财政在分配中的地位

社会主义财政是分配的总枢纽，在社会产品和国民收入的分配中，处于主导地位。主要表现在以下方面。

1. 剩余产品的大部分是通过财政分配的

财政分配的对象主要是剩余产品价值 M，此外还有一部分属于职工工资 V 和补偿基金 C。在整个社会产品价值中，由于 C 是补偿价值，是由原有生产规模决定的，一般比较简单。因而分配中的问题，主要是对国民收入的分配，而关键又在于对剩余产品价值 M（相当于纯收入）的分配。从我国情况看，财政收入应占国民收入的30%左右（最近几年有所降低），全社会纯收入的一半左右通过财政分配，而国有企业纯收入的70%以上上缴财政，通过财政分配。可见，财政分配起着关键作用。

2. 财政分配直接调节消费与积累的比例关系，并通过调节生产性积累内部的分配比例，最终调节未来的生产结构和产品结构

从产品的最终使用来看，财政分配主要用于积累基金和社会消费基金，一部分形成补偿基金和个人消费基金。我国的积累率（即积累基金占国民收入使用额的比例）一般在30%左右，而其中通过财政分配（包括预算内和预算外，下同）形成的积累接近一半，消费基金中通过财政分配的占15%～20%。而积累基金中用于国民经济各部门之间的比例又直接

受财政分配结构的制约，从而调节再生产结构和产品结构。

3. 国家通过规定折旧制度，成本、消费开支范围和财政税收制度，制约着整个 C、V、和 M 之间的分配比例

C 是固定成本，包括产品生产所消耗的原材料等劳动对象的价值和折旧；V 为劳动者在劳动所创造的价值中归劳动者个人支配的部分，即以工资形式付给劳动者的报酬；M 为劳动者在劳动消耗所创造的价值中归社会支配的部分，即税金、利润等。国家规定的固定资产使用年限和折旧率的高低，成本、费用开支范围，税率的高低，国有企业利润上缴的比例和办法，国有企业留利分配使用制度等，必然会起到调节社会产品价值构成中 C、V、M 比例的作用。

4. 财政分配还制约着价格、工资、信贷等分配

财政分配同价格分配、工资分配、信贷分配等之间存在着密切联系，调整价格和工资必须考虑财政的承受能力，财政和信贷是国家有计划分配资金的两条渠道、两种形式，因此，作为国家宏观调控主要手段的财政，其分配的范围和比例，必然会对价格、工资、信贷等分配，产生调节和制约作用。合理地组织财政分配，是商品交换顺利实现的基本前提。

财政资金积累的规模制约着扩大再生产的规模和发展速度；财政分配结构制约着生产结构，财政在社会产品或国民收入分配中，处理各方面的经济利益关系，从而影响生产关系的变革和完善状况，影响劳动者的积极性，最终影响生产的发展状况。

物质资料再生产是人类社会存在和发展的基础，也是一切经济活动的前提。财政与物质资料再生产的关系，一方面，物质资料再生产的顺利进行给财政提供了稳定而可靠的物质基础；另一方面，财政资金的不断增长和合理分配又进一步促进了物质资料再生产的不断进行和迅速发展。

具体而言，财政分配作为再生产分配环节的一个组成部分，与物质资料再生产的关系表现为财政分配与物质资料再生产各个环节的关系。首先，生产决定财政分配，这是主导的方面，主要表现在：生产为财政提供可供分配的对象；生产的发展速度和效益水平决定财政分配的增长速度和规模；生产结构决定财政分配结构；生产关系的性质决定财政分配的性质；参与生产的一定形式决定财政分配的特定形式。反过来，财政分配既可作为生产成果进行分配，又可作为生产要素进行分配，必将影响、制约生产的发展，主要表现在：财政聚集资金的规模影响生产发展的规模和增长速度；财政对生产资料进行资源配置，可以调节生产结构；财政分配能促进生产关系的变革、巩固和发展。其次，财政分配与商品交换相互联系、相互依存并互为前提。商品交换为财政分配提供了可分配的资金，商品交换的顺利进行是财政分配得以实现的基本条件；一定的商品交换形式决定财政分配的形式；商品交换的广度和深度影响财政分配的广度和深度；商品交换不当还会造成财政收入的虚假，影响财政分配的正确性。同时，财政分配又影响着商品交换，它为商品交换提供了有支付能力的购买力，财政分配的速度和结构也影响商品交换速度和商品供求总量与结构，坚持财政平衡是商品流通正常进行的重要条件。最后，消费能为生产创造出更多的需求，不仅制约着财政分配的规模

和增长速度，同时也制约着财政分配的方向和分配结构，当然，财政分配在一定程度上也制约着消费水平和各种消费比例关系，调节消费结构等。另外，财政分配与工资分配、价格分配、信用分配、财务分配、社会保障分配，也存在着相互制约、相互影响的关系。

第五节　财政的职能

财政职能与政府职能密切相关。政府职能是财政职能形成的前提，决定着财政职能；财政职能是政府职能的一个重要的内在组成部分，也是实现政府职能的重要手段。

所谓职能，一般是指由事物内在本质所决定的该事物客观上具有的功能。财政职能即财政在一定经济模式下具有的功能，这种功能是客观存在的，而且是相对稳定的。

财政职能与财政作用存在一定的区别。财政职能表明财政活动能对经济、社会产生影响，但实际的影响如何，取决于具体的政策和制度安排。财政政策和制度安排得科学、合理，运作顺畅，就可以促进经济社会的发展；反之，则会阻碍经济社会的发展。财政职能对经济社会实际产生的具体效果和影响，就是财政的作用，财政作用是财政职能运用的结果。

基于市场失灵和政府的职能范围，通常认为财产具有三大职能：一是提高资源配置效率，二是促进收入的公平分配，三是保持经济的稳定和增长。据此，财政职能可以归结为：资源配置职能、收入分配职能、稳定经济职能。

一、资源配置职能

（一）资源配置的含义

所谓资源配置，是指通过对现有的人力、物力、财力等社会经济资源的合理分配，实现资源结构的合理化，使其得到最有效的使用，获得最大的经济和社会效益。

高效的配置资源或者资源的合理配置，实质上是对社会劳动的合理分配和有效使用。在商品经济条件下，资源的合理配置是由价值规律通过市场进行调节的。在市场竞争中，受利益原则的驱使，每一个经济活动主体会不断调整其对资源的配置，使之获得利润最大化。因此，健全的市场体系是实现资源合理配置的一个重要条件。但是，市场并不是完美无缺的，单靠市场运行机制并不能在任何情况下都实现资源的合理配置。一是许多社会公共需要不是经过市场来满足的，如修马路、建公园、建医院、提供政府服务等。二是市场调节有一定的盲目性，经济活动主体容易从自身的当前利益出发，产生"短期行为"，而市场提供的错误信息，又会把他们引入歧途，这些都会影响资源的合理配置和有效使用。这就需要国家从全社会的整体利益出发，对资源进行有计划的分配和调节。这就是说，健全的市场体系和国家的有计划调节，都是实现资源的合理配置所不可缺少的。

在商品经济条件下，人力资源和物力资源的配置取决于财力资源的配置，即取决于资金流向和流量的不断调整。社会主义财政作为资金分配的枢纽，对资源的合理配置具有重要作用。财政的资源配置职能，就是通过财政对资金的分配最终实现优化资源配置的目标。

（二）政府资源配置的手段

政府在资源配置方面主要采用两种手段，即预算安排和制度安排。

1. 预算安排

预算安排是通过政府预算的支付安排，实现对现实资源的直接配置，如政府投资、政府采购等。

2. 制度安排

制度安排主要包括以下三项内容。

（1）环境性制度，主要是指市场体系建设和资源配置环境改善方面的财政制度安排。

（2）制约性制度，主要是纠正外部效应、保障充分竞争等方面的财政税收制度安排。

（3）引导性制度，即通过财政税收制度的安排，来引导资源配置。如通过税种的设置（如消费税）和规范化的税收减免、税率区别对待政策等，引导企业投资方向，在国民经济中扶持短线、抑制长线，促进新型龙头产业的发展。

（三）资源配置职能的主要内容

财政在资源配置方面的任务是：利用税收政策、预算支出政策等，对全国的生产要素进行合理组合，通过对生产要素的合理组合，形成部门、产业、行业间的资源结构，以合理的资源配置实现最大的经济效益和社会效益。财政资源配置职能的内容主要体现在以下两个方面。

（1）确保社会资源的一部分配置到政府部门和社会公共事业部门，以满足人们对公共产品和政府服务的需求，实现资源在社会需要与企业需要之间的最优配置。这主要通过政府的税收手段完成。

（2）财政通过预算支出或通过税收、财政补贴等手段影响私人部门的支出方向来直接或间接调节社会资源在产业、行业之间的配置，实现社会资源在各产业之间的最优配置，使国民经济各部门得到协调的发展。

二、收入分配职能

（一）收入分配职能的含义

财政的收入分配职能是指政府为了实现公平分配的目的，对市场机制形成的收入分配格局予以调整的职责和功能。

国民收入分配分为初次分配和再分配。初次分配是市场主体在要素交易中获得收入的过程。初次分配体现的是"效率原则"，分配的依据是社会成员所拥有的生产要素。由于受多种因素的影响，初次分配的必然结果是：社会成员的收入差距过大，低收入者难以生存。

政府进行的再分配，是按照"公平优先、兼顾效率"的原则，依据一定时期的经济发展水平、生活水平以及道德标准进行再分配，其目标是使社会成员的收入差距保持在合理的范围内，并保障低收入者的基本生活需要。

在市场经济中，主要有两大因素影响收入的分配。一是要素禀赋，即个人或经济主体拥有的要素（如劳动力、资本、自然资源）数量。要素禀赋取决于先天继承和后天积累。二是这些要素在市场上的价格，比如凭借劳动力的投入获得工资，凭借资本的投入获得利润，凭借土地的投入获得地租等。要素禀赋和市场价格水平存在极大的差异，劳动所得和资本所得及其内部会产生很大的差别。因此，在市场体系中，每个人获得收入的机会并不均等，收入差距的过分悬殊也就被认为是分配不公的基本表现。如果任由这种不公平发展，必将给社会经济带来危害，并可能导致政治性和社会性的严重后果。因此，政府必须出面进行干预，以调整市场机制所形成的收入分配状况，维护社会的稳定和整体、长远的利益。

（二）实现收入分配职能的主要方式

1. 提供公共产品

政府实现收入分配职能的一个方式是通过税收的方式筹集资金，向公众提供公共产品，或者准公共产品。由于每一个社会成员都能够享受到公共产品的好处，而提供公共产品的税收来源虽然原则上由每一个社会成员负担，但实际上每一个社会成员的税收负担是不同的。一般来说，社会中富有的成员会承担较多的税收，而收入较低的社会成员承担较少的税收。这样，政府提供的公共产品就会使社会各成员因享用公共产品而获得相同的效用却付出不同，这实际上实现了收入再分配。

2. 组织公共生产

政府组织公共生产的一个重要原因是为了改善由资本占有不均等以及资本参与收入分配所导致的收入水平悬殊的状态。如果由政府组织公共生产，即通过政府占有生产资料并代表全体公民行使对资本收入的占有权，社会收入分配差别就主要来自各社会成员劳动力禀赋的差异。一般来说，劳动力禀赋的差异所导致的收入分配差异是因为资本参与分配。因此，由政府组织公共生产可以在一定程度上缩小收入差距，实现收入再分配。

但是，政府如果广泛地组织公共生产，则容易产生低效率。这主要是因为在公共生产这样一个庞大的系统中，难以有效地施行激励和监督；同时，由于政府制度的复杂及系统的庞大，难以保证信息传递的效率。因此，将公共生产作为收入再分配的主要手段，在使用时需谨慎。

3. 转移支付

转移支付是将某一部分社会成员的收入转移到其他社会成员的手中来进行收入再分配，是一种最直观的收入分配制度。由于转移支付方式信息比较明确，与提供公共产品和组织公共生产两种方式相比，其成本较小，因而一般作为收入再分配的主要方式。转移支付的方式主要有社会救济、地区间的转移支付、补贴等。

政府在行使收入再分配职能时，必须妥善处理好公平与效率之间的关系，不能因为强调社会公平而过多地损害社会经济效率。

（三）财政收入分配的主要内容

财政在收入分配方面的重要任务是通过税收和支出等手段对市场分配机制进行干预或对市场分配机制造成的收入分配不公平的结果进行调节，使社会财富的分配基本符合社会公平。

1. 调节企业的利润水平

这主要是通过征税剔除或者减少客观因素对企业利润水平的影响，使企业的利润水平能够反映企业的生产经营管理水平和主观努力状况，使企业在大致相同的条件下获得大致相同的利润，为企业创造一个公平竞争的外部环境。例如，通过开征资源税，可以把一些开采自然资源的企业因资源条件好而取得的超额利润征收上来；通过征收消费税，剔除或减少价格的影响；企业（公司）所得税可调节不同行业的盈利水平等，从而实现企业之间的公平竞争。

2. 调节居民个人收入水平

这是指既要合理拉开收入差距，又要防止贫富悬殊，逐步实现共同富裕。这主要有两种手段：一是通过税收进行调节，如通过征收个人所得税，缩小个人收入之间的差距；二是通过转移支付来调节居民的实际生活水平，如财政补贴支出、社会保障支出、社会救济支出等，以维持居民最低生活水平和福利水平。

3. 创造就业机会，使中低收入者得到获取收入的机会

政府可以利用税收优惠政策创造就业机会并扩大就业培训，使中低收入者得到获取较高收入的机会。政府的再就业工程正是财政实现收入公平分配的体现。

三、稳定经济职能

（一）稳定经济职能的含义

稳定经济职能是指通过财政政策的制定、实施与调整，使整个社会达到充分就业、物价稳定、经济稳定增长、国际收支平衡等政策目标。经济的稳定与增长，是各国政府所共同追求的目标，所以，财政要实现稳定经济的职能必须尽力保持社会总供求的基本平衡。

（二）实现社会供求平衡的基本手段

1. 通过预算政策进行调节

政府可以根据预算会计的具体情况，通过平衡预算、结余预算或赤字预算来实现社会总供给和总需求之间的平衡。例如，当社会总需求大于社会总供给时，政府应该编制平衡预算或者结余预算；反之，当社会总供给大于社会总需求时，政府可以编制赤字预算，有意识地扩大政府的需求规模，以弥补私人部门需求的不足，从而使社会总供求最终达到平衡。

2. "自动稳定器"

财政的"自动稳定器"是指财政税收制度中一些有助于自动"熨平"经济波动的制度性安排。当经济发生不稳定时，政府不用刻意采取一些预算政策方面的措施，而是听任"自动稳定器"来发挥调节作用，使经济自动达到稳定的效果。

3. 通过财政投资、补贴和税收政策等手段调节

通过财政投资、补贴和税收政策等手段，加快农业、资源、交通运输、邮电通信等公共设施的发展，解决经济增长中的"瓶颈"问题，促进传统工业向现代知识经济转化，以信

息产业为纽带加快产业结构的转换，合理利用资源，保护环境，以保证国民经济的可持续发展。同时，财政还应承担稳定文教科卫、社会保障和社会保险制度的重任，使经济增长与经济发展互相促进，相互协调。

（三）稳定经济职能的主要内容

要实现经济的稳定增长，关键是要做到社会总供给与总需求的平衡。财政在这个方面能发挥重要作用。

财政对社会供求总量平衡的调节，主要是通过作为财政收支计划的国家预算来进行的。由于国家预算收入代表可供国家支配的商品物资量，是社会供给总量的一个组成部分，因此，通过调整国家预算收支之间的关系，就可以起到调节社会总需求平衡的作用。

本章小结

财政是一种分配和再分配活动，同时财政分配和再分配活动总是围绕实现国家职能的需要，并以国家为主体进行的。国家必须凭借手中的政治权力从物质生产领域强制和无偿地征收一部分自己所需的社会产品。财政的一般特征：财政分配具有国家主体性、财政分配依据国家权力、财政分配具有强制性、财政分配具有无偿性、财政资源配置的集中性、财政调控的宏观性。社会总产品的价值形态是各种货币收入和资金，通过分配和再分配，最终形成补偿基金、积累基金和消费基金，其中，前两种基金主要形成对投资品（即生产资料）的需求；后一种基金形成对消费品（即生活资料）的需求。社会总产品的使用价值形态是为社会提供的投资品和消费品的供给。财政具有三大职能：一是提高资源配置效率，二是促进收入的公平分配，三是保持经济的稳定和增长。

课后练习

一、名词解释

国家财政　社会共同需要论　资源配置　制度安排　收入分配职能　稳定经济职能

二、问答题

1. 如何理解财政的内涵及属性？
2. 什么是公共产品？其具有哪些特征？
3. 财政收入分配的主要内容是什么？
4. 简述中国现阶段建立公共财政的必要性。

案例分析

科斯的灯塔

在经济学家的圈子里，提起"科斯的灯塔"或者"灯塔经济学"可谓无人不知、无人不晓。"灯塔"在经济学里是公共产品的代名词，关于灯塔的故事也就成为公共物品经济学的经典故事。

　　灯塔是保证船只安全航行的一种必要设施，一个航海业发达的国家，其灯塔制度也发展良好。作为早期的海上强国之一，英国的灯塔制度发展最早、最完善。早期的英国，灯塔设施的建造和灯塔服务，是私人提供的。为了满足航海者对灯塔服务的需要，一些临海人士出钱建造了灯塔，然后根据过往船只的大小和次数向船只收费，以此作为维护灯塔设施的日常开支，并获取投资利益。建造灯塔的人后来发现，有些船只总是想方设法逃避缴纳灯塔使用费。他们或者绕过收费站逃避付费，或者干脆就宣称没有享用灯塔的服务，拒绝交费。这种现象扩散开来，自觉缴费的船只越来越少，以致灯塔经营者入不敷出。于是，灯塔经营者专门建立了一支队伍，配备了专门的装备来监督和核查过往船只的缴费情况，这样一来，虽然灯塔的收入有所增加，但支出也增加了，经营还是入不敷出。经营者被迫再次提高收费，然而收费的提高使更多的船只试图逃避付费，而雇佣更多的人员监督收费又会使成本进一步上升。如此这般，没人愿意再出钱建立灯塔。但是灯塔对于船只安全航行的必要性并未改变，航海者还是需要灯塔这种服务，最后，只能由英国临海的各地政府出资兴建和维护灯塔。

　　分析：为什么灯塔这种产品最后必须由政府来提供，而大多数一般的产品和服务，如汽车、衣服等都可以由私人企业提供呢？

第二章

财政支出

第一节　财政支出概述

一、财政支出

（一）财政支出的含义

财政支出也称公共财政支出，是指在市场经济条件下，政府为提供公共产品和服务，满足社会共同需要而进行的财政资金的支付。财政支出是国家将通过各种形式筹集上来的财政收入进行分配和使用的过程，是整个财务分配活动的第二个阶段。

（二）财政支出的意义

（1）向社会提供必要的公共物品和劳务，保证政府行政管理部门和国家安全保护部门的存在和充分行使职能，维护法律的实施和社会秩序的安定，同时保障国家安全。

（2）满足各种公益与福利事业的发展，以及对国民收入的再分配，协调和理顺分配关系，实现公平分配，最终实现社会的进步和稳定。

（3）通过财政支出的方式、手段、结构、时间等方面的选择，实现财政支出政策与收入政策的优化组合、财政政策与其他经济政策的合理搭配与最优选择，对生产、流通、消费和社会总需求与总供给等宏观经济运行进行调控，以实现资源的合理配置、收入的公平分配和经济的稳定与发展。

二、财政支出分类

（一）按经济性质分类

1. 购买性支出

购买性支出又称消耗性支出，是指政府购买商品和劳务，包括购买进行日常政务活动或者政府投资所需要的各种物品和劳务的支出，即由社会消费性支出和财政投资支出组成。它是政府的市场性再分配活动，对社会生产和就业的直接影响较大，执行资源配置的能力较强。

2. 转移性支出

转移性支出是指政府按照一定方式，将一部分财政资金、无偿地单方面转移给居民和其他受益者，主要由社会保障支出和财政补贴组成。它是政府的非市场性再分配活动，对收入分配的直接影响较大，执行收入分配的职能较强。事实上，转移性支出所体现的是一种以政府和政府财政为主体，并以它们为中介，在不同社会成员之间进行资源再分配的活动。因此，西方国家在国民经济核算中将此类支出排除在国民生产总值或国民收入之外。

（二）按国家行使职能范围分类

按国家行使职能范围的不同对财政支出分类，可将财政支出划分为经济建设支出、社会文教支出、国防支出、行政管理支出和其他支出五大类。按国家行使职能的范围对财政支出分类，能够看出国家在一定时期内执行哪些职能、哪些是国家行使职能的侧重点，可以在一定时期内对国家财政支出结构进行横向比较分析。

（1）经济建设支出，具体包括基本建设投资支出、挖潜改造资金、科技三项费用（新产品试制费、中间试验费、重大科研项目补助费）、简易建筑费、地质勘探费、增拨流动资金、支农支出、工交商事业费、城市维护费、物资储备支出等。

（2）社会文教支出，包括文化、教育、科学、卫生、出版、通信、广播电视、文物、体育、海洋（包括南北极）研究、地震、计划生育等项支出。

（3）国防支出，包括各种军事装备费、军队人员给养费、军事科学研究费、对外军事援助费、武装警察支出、民兵费、防空费等。

（4）行政管理支出，包括国家党政机关、事业单位、公检法司机关、驻外机构各种经费，干部培养费（党校、行政学院经费）等。

（5）未列入上述四项的其他支出。

（三）按财政支出产生效益的时间分类

按财政支出产生效益的时间不同分类，可以分为经常性支出和资本性支出，如图2-1所示。

（1）经常性支出是维持公共部门正常运转或保障人们基本生活所必需的支出，主要包括人员经费、公用经费和社会保障支出，特点是其消耗会使社会直接受益或当期受益，直接构成了当期公共物品的成本，按照公平原则中当期公共物品受益与当期公共物品成本相对应的原则，经常性支出的弥补方式是税收。

（2）资本性支出是用于购买或生产使用年限在一年以上的耐久品所需的支出，其耗费的结果将形成一年以上的长期使用的固定资产。它的补偿方式有两种：一是税收，二是国债。

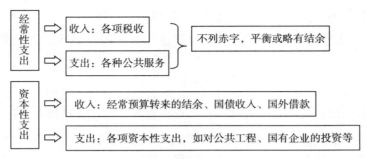

图 2-1　财政支出分类

（四）按财政支出的行政结构分类

按财政支出的行政结构不同进行划分，财政支出可分为中央政府支出和地方政府支出。我国改革开放前，中央支多收少，地方支少收多。1978 年后，中央支少收多，地方支多收少。

自改革开放以来，截至 2015 年年底，我国中央和地方财政支出及比重情况如表 2-1 所示。

表 2-1　我国中央和地方财政支出及比重情况

年份	财政支出总额/亿元	财政支出/亿元		比重/%	
		中央	地方	中央	地方
1978	1 122.09	532.12	589.97	47.40	52.60
1980	1 228.83	666.81	562.02	54.30	45.70
1985	2 004.25	795.25	1 209.00	39.70	60.30
1990	3 083.59	1 004.47	2 079.12	32.60	67.40
1991	3 386.62	1 090.81	2 295.81	32.20	67.80
1992	3 742.20	1 170.44	2 571.76	31.30	68.70
1993	4 642.30	1 312.06	3 330.24	28.30	71.70
1994	5 792.62	1 754.43	4 038.19	30.30	69.70
1995	6 823.72	1 995.39	4 828.33	29.20	70.80
1996	7 937.55	2 151.27	5 786.28	27.10	72.90
1997	9 233.56	2 532.50	6 701.06	27.40	72.60
1998	10 798.18	3 125.60	7 672.58	28.90	71.10
1999	13 187.67	4 152.33	9 035.34	31.50	68.50
2000	15 886.50	5 519.85	10 366.65	34.70	65.30
2001	18 902.58	5 768.02	13 134.56	30.50	69.50
2002	22 053.15	6 771.70	15 281.45	30.70	69.30

续表

年份	财政支出总额/亿元	财政支出/亿元		比重/%	
		中央	地方	中央	地方
2003	24 649.95	7 420.10	17 229.85	30.10	69.90
2004	28 486.89	7 894.08	20 592.81	27.70	72.30
2005	33 930.28	8 775.97	25 154.31	25.90	74.10
2006	40 422.73	9 991.40	30 431.33	24.70	75.30
2007	49 781.35	11 442.06	38 339.29	23.00	77.00
2008	62 592.66	13 344.17	49 248.49	21.30	78.70
2009	76 299.93	15 255.79	61 044.14	20.00	80.00
2010	89 874.16	15 989.73	73 884.43	17.80	82.20
2011	109 247.79	16 514.11	92 733.68	15.10	84.90
2012	125 952.97	18 764.63	107 188.34	14.90	85.10
2013	140 212.10	20 471.76	119 740.34	14.60	85.40
2014	151 662.00	22 570.00	129 092.00	14.90	85.10
2015	175 768.00	25 549.00	150 219.00	14.50	85.50

（资料来源：中国统计年鉴，中华人民共和国国家统计局）

（五）按国际货币基金组织标准分类

按国际货币基金组织划分的标准，财政支出可以划分为两类：一类按职能分类，另一类按经济分类。按职能分类的财政支出包括公共服务支出、国防支出、教育支出、保健支出、社会保障和福利支出、住房和社区生活设施支出、其他社会和社会服务支出、经济服务支出、无法归类的其他支出。按经济分类，财政支出包括经常性支出、资本性支出和净贷款（财政性贷款）。

2018 年年底，《中华人民共和国预算法》进行第二次修订，修订后，预算中的一般公共预算支出按照其功能分类，包括一般公共服务支出，外交、公共安全、国防支出，农业、环境保护支出，教育、科技、文化、卫生、体育支出，社会保障及就业支出和其他支出。

三、财政支出范围与财政支出规模

（一）财政支出范围

1. 财政支出范围的概念

财政支出范围是指政府财政进行投资或拨付经费的领域，这与政府的职能范围或称事权范围密切相关。

在集中统一的计划经济时期，政府财政支出无所不包，政府包揽一切，似乎只要政府管辖的领域都是财政支出的范围，特别是竞争性国有企业，都成为财政支出的范围和对象。可见，财政支出在计划经济下是包罗万象的。从地域看，从黑龙江黑河到新疆阿勒泰草原，从内蒙古的锡林郭勒到海南岛，国家财政资金都"洒"到了。

在社会主义市场经济体制下，财政支出的范围才逐步引起人们重视。一般认为，市场经济下财政支出的范围应以弥补市场缺陷、矫正市场失灵的领域为界限，即社会公共需要支出的范围。

2. 我国的财政支出范围

我国的财政支出范围目前包括以下基本内容。

（1）维护国家机构正常运转的支出。即保证国防外交、行政管理、社会治安（公检法）等方面的支出（含人员经费和公用经费、设备经费等）。这是古今中外所有类型的财政支出的共性，是财政支出的第一顺序。

（2）用于公共事业、公共福利的支出。如普及教育、基础科学研究、社会保障、卫生防疫、环境治理和保护等公共需要方面的支出。这些公共需要方面的支出，并不排斥私人资金加入，但主要由国家提供相关的财政支出。这是财政支出的第二顺序。

（3）基础设施和基础产业方面的投资。基础设施和基础产业一般规模大、周期长、耗费多，而且往往跨地区（如海河流域的治理），对全国产业结构和生产力布局有突出意义，而私人企业又难以承担，主要应由国家财政支出。这是财政支出的第三顺序。

其他生产竞争性产品的国有企业、事业方面的投资，均不是财政支出的范围，而是由市场解决投资。我国财政支出的范围如图2-2所示。

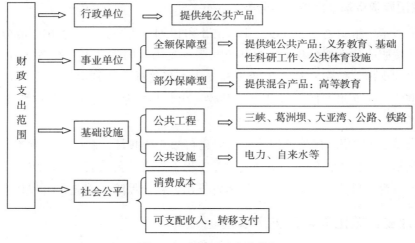

图2-2　我国财政支出范围

（二）财政支出规模

财政支出的规模及其变化，直接关系到对财政与市场关系的认识和分析，因而是必须关注的重要问题之一。

1. 财政支出规模的衡量

财政支出规模，是指在一定时期内（预算年度）政府通过财政渠道安排和使用财政资金的绝对数量及相对比率，即财政支出的绝对量和相对量。它反映了政府参与分配的状况，体现了政府的职能和政府的活动范围，是研究和确定财政分配规模的重要指标。衡量财政支出规模的指标有两种：一是绝对量指标，二是相对量指标。

绝对量指标是以一国货币单位表示的财政年度内政府实际安排和使用的财政资金的数额。绝对量指标的作用表现为：第一，它是计算相对指标的基础；第二，对绝对量指标从时间序列加以对比，可以看出财政支出规模发展变化的趋势。

相对量指标是绝对指标与有关指标的比率。相对量指标的作用表现为：相对量指标本身可以反映政府公共经济部门在社会资源配置过程中的地位；通过指标的横向对比，可以反映不同国家或地区的政府在社会经济生活中的地位差异；通过指标的纵向比较，可以看出政府在社会经济生活中的地位和作用变化及发展趋势。

改革开放以来，我国财政支出规模的绝对量如表 2-2 所示。

表 2-2　我国财政支出的规模　　　　　　　　　　亿元

指标	总量指标					
	1978 年	1990 年	2000 年	2010 年	2014 年	2015 年
国家财政支出	1 122.09	3 083.59	15 886.50	89 874.16	151 662.00	175 768.00
中央	532.12	1 004.47	5 519.85	15 989.73	22 570.00	25 549.00
地方	589.97	2 079.12	10 366.65	73 884.43	129 092.00	150 219.00

（资料来源：中华人民共和国国家统计局）

2. 影响财政支出规模的主要因素

结合当今世界各国财政支出变化的现实情况，影响财政支出规模的主要因素有以下几种。

（1）经济性因素。经济性因素主要指经济发展的水平、经济体制的选择和政府的经济干预政策等。关于经济发展的水平对财政支出规模的影响，马斯格雷夫和罗斯托的分析具体说明了经济不同的发展阶段对财政支出规模以及支出结构变化的影响，这些分析表明，经济发展因素是影响财政支出规模的重要因素。经济体制的选择也会对财政支出规模发生影响，最为明显的例证便是我国经济体制改革前后的变化。政府的经济干预政策也对财政支出规模产生影响，一般而言，这无疑是正确的。但应当指出的是，若政府的经济干预主要是通过管制而非财政的资源配置活动或收入的转移活动来进行时，它对支出规模的影响并不明显。

（2）政治性因素。政治性因素对财政支出规模的影响主要体现在两个方面：一是政局是否稳定；二是政体结构的行政效率。当一国政局不稳、出现内乱或外部冲突等突发性事件时，财政支出的规模必然会超常规地扩大。至于后者，若一国的行政机构臃肿，人浮于事，效率低下，经费开支必然增多。

（3）社会性因素。社会性因素如人口状态、文化背景等，也一定程度上影响着财政支出规模。发展中国家人口基数大、增长快，相应地，教育、保健以及救济贫困人口的支出压力便大；而一些发达国家人口，出现老龄化问题，公众要求改善社会生活质量等，也会对支出提出新的需求。

四、财政支出的原则

（一）量入为出、收支结合

财政收入和财政支出始终存在数量上的矛盾，脱离财政收入的数量界限盲目扩大财政支出，势必严重影响国民经济的稳步发展，因此，财政支出的安排应在财政收入允许的范围内，避免出现大幅度的财政赤字。

（二）统筹兼顾、全面安排

财政支出的安排要处理好积累性支出与消费性支出的关系、生产性支出与非生产性支出的关系，做到统筹兼顾，全面安排。

（三）厉行节约、讲求效益

要提高财政支出的使用效益，节约资金，必须从以下两方面入手：一是要严把财政计划关，制订合理的、符合国家实际财力情况的财政计划是节约财政开支、提高资金使用效率的前提；二是加强对财政资金使用单位的日常管理，对机构人员进行定额定编，堵塞财政支出的各种漏洞，以保证所有财政资金真正用于政府各项职能的实现。

五、财政支出的形式

（一）财政拨款

财政拨款指财政部门按计划规定将财政资金无偿地拨付给用款单位，以保证各项生产、事业计划的完成，它是财政支出的主要形式。

（二）财政性贷款

财政性贷款是财政部门以信用方式发给有偿还能力的企业和事业单位的财政资金，包括基本建设投资贷款、支农贷款、外贸贷款、小额技术改造贷款等。

（三）财政补贴

财政补贴是国家根据一定时期政治经济形势的需要，按照特定的目的，对指定事项由财政安排专项资金的一种补助性支出，包括价格补贴、国有企业计划亏损补贴、职工生活补贴等。

第二节　购买性支出

购买性支出，是指政府用于购买为执行财政职能所需要的商品和劳务的支出。购买性支出可以直接增加当期的社会购买力，并由政府直接占有社会产品和劳务，运用得当，有助于优化资源配置，提高资源的利用水平，但对国民收入分配只产生间接影响。购买性支出大致可以分为消费性支出和投资性支出两部分。在我国目前的财政支出项目中，属于消费性支出的有行政支出、国防支出及文教科卫支出等；属于投资性支出的有基础产业投资和农业财政投资等。

一、消费性支出

（一）行政支出

行政支出是国家财政用于国家各级权力机关、行政管理机关、司法检察机关和外事机构等行使其职能所需的费用支出。它是维持国家各级政权存在、保证各级国家管理机构正常运转所必需的费用，是纳税人必须支付的成本，也是政府向社会公众提供公共服务的经济基础。

从性质上看，政府的社会管理活动属于典型的公共产品，因此只能由政府提供。作为政府公共管理活动的经济基础，与其他财政支出相比具有一定的特殊性。

行政支出的内容有广义和狭义之分。广义行政支出的内容是由广义政府"三权分立"的构成内容所决定的，广义政府是由三个不同系列的权力组成的，每一系列权力都拥有其特定的职能：立法机构负责制定法律；行政机构负责执行法律；司法机构负责解释和应用法律。与此相对应，广义行政支出的内容包括立法机构支出、行政机构支出、司法机构支出三个基本部分。而狭义的政府仅指公共权力链条中的执行机构，相应来说，狭义的行政支出仅指行政机构支出。从世界各国的财政支出实践来看，行政支出的内容一般属于广义的支出。

我国行政支出的内容基本上也属于广义的行政支出，包括立法机构支出、行政机构支出和司法机构支出三大块，其中行政机构支出的具体内容更为广泛。我国政府预算收支科目表中的行政支出科目主要包括四个方面的内容。

（1）行政管理费。

（2）外交外事支出。

（3）武装警察部队支出。

（4）公检法司支出。

（二）国防支出

国防支出是指一国政府用于国防建设以满足社会成员安全需要的支出。保卫国土和国家主权不受侵犯，这是政府一项基本职能。只要国家存在，国防费不会从财政支出项目中消失，国防支出是财政基本职能的要求，建立巩固的国防是国防现代化一项战略任务，是维护国家安全统一、全面建设小康社会的保障。

国防支出按照支出的目的划分，包括维持费和投资费两大部分。前者主要用于维持军队的稳定和日常活动，提高军队的战备程度，是国防建设的重要物质基础，主要包括军事人员经费、军事活动维持费、武器装备维修保养费及教育训练费等。后者主要用于提高军队的武器装备水平，是增强军队战斗力的重要保证，主要有武器装备的研制费、采购费，军事工程建设费等。

（三）文教科卫支出

文化、教育、科学、卫生支出简称为文教科卫支出，是指国家财政用于文化、教育、科学、卫生事业的经费支出。此类支出具有较强的外部正效应，有助于整个社会文明程度的提高，有利于提升全体社会成员的素质，对经济的繁荣与发展具有决定性作用，因而各国均对文教科卫事业给予了较大程度的财力支持。

文教科卫支出的内容有两种分类方法：一是按支出的使用部门，划分为文化、教育、科学、卫生、体育、通信、广播电视等的事业费，此外，还包括出版、文物、档案、地震等事业费；二是按支出用途，划分为人员经费支出和公用经费支出，前者主要包括工资和津贴，后者主要包括公务费、设备购置费、修缮费和业务费。

1. 文化支出

文化支出是指财政用于全体社会公众利益的文化事业开支。我国财政的文化支出包括文化事业费、出版事业费、广播电视事业费和文物事业费等。其中，文化事业费是指文化和旅游部和地方文化部门的事业费；出版事业费是指国家新闻出版署和地方出版事业系统的事业费，包括出版经费、出版部门举办的中等专业学校的事业费等；广播电视事业费是指广播电视事业单位（包括所属附营单位）组织的事业费用；文物事业费是指国家文物局和地方文物系统的经费等。

2. 卫生支出

卫生支出是指财政用于医疗、卫生、保健服务方面的支出。在我国，此类支出主要包括政府预算卫生支出、公费医疗经费、社会卫生支出等。其中，政府预算卫生支出包括卫计委和地方卫生部门的事业经费；公费医疗经费包括中央级公费医疗经费和地方公费医疗经费；社会卫生支出是指政府支出费用以外的社会各界和卫生事业的资金投入。

3. 科研支出

科研支出是指财政用于科学技术研究方面的专项支出。按照我国财政支出的划分标准，科研支出包括科技三项费用、科学事业费、科研基建费以及其他科研事业费。科技三项费用即新产品试制费、中间试验费和重大科研项目补助费；科学事业费包括自然科学事业费、科协事业费、高新技术研究经费和社会科学事业费；科研基建费是指科研事业单位基本建设工程及设备更新费。

二、投资性支出

（一）基础产业投资

1. 基础产业的概念与作用

基础产业的内涵，有广义和狭义之分。狭义的基础产业，是指经济社会活动中的基础设施和基础工业。基础设施主要包括交通运输、机场、港口、桥梁、通信、水利和城市供排水、供气、供电等设施；基础工业主要指能源（包括电力）工业和基本原材料（包括建筑材料、钢材、石油化工材料等）工业。为概括起见，我们将基础设施和基础工业统称为基础产业。广义的基础产业，除了上述基础设施和基础工业之外，还应包括农林部门，有提供无形产品或服务的部门（如科学、文化，教育、卫生等部门）所需的固定资产，通常也归于广义的基础设施之列。

基础产业是支撑一国经济运行的基础部门，决定着工业、农业、商业等直接生产活动的发展水平。一国的基础产业越发达，国民经济运行就越顺畅、越有效，人民的生活也越便利，生活质量相对越高。

2. 财政对基础产业投资方式

在计划经济时期，财政对基础产业投资的方式是无偿拨款，即财政无偿地为建设单位提供资金，不需要偿还，资金用不好也不承担任何经济责任，是一种软约束。这种投资方式导致各地方纷纷向财政部门争取资金，而不注重项目的可行性研究，导致资金效益低下和大量浪费。因此，在市场经济条件下，财政要保证投资的效果，必须注意改革传统的对基础产业的投资方式。与市场经济体制接轨的投资方式是财政投融资。日本、韩国等采取这种方式发展基础产业，都取得了比较好的成绩。

（二）农业财政投资

1. 农业发展与政府和财政的关系

第一，农业是国民经济的基础，自然也是财政的基础，主要表现为农业收入是财政收入的源泉。我国的农业税一向实行低税政策，但农业部门创造的价值，有相当一部分通过工农商品价格的"剪刀差"转移到相关的工业部门，而后通过工业部门上缴税收集中为财政收入。我国农村和农业的发展具有广阔的前景，农业市场存在巨大的潜力，只要农村和农业保持良好的发展势头，财政收入的持续稳定增长就有坚实的基础。

第二，在发展农业过程中，国家财力的支持是责无旁贷的，应当说，支持甚至保证农业的发展是政府和财政的一项基本职责。农业发展的根本途径是提高农业生产率，提高农业生产率的必要条件之一是增加对农业的投入，因而安排好农业投入的资金来源是一个必须解决的重要问题。

第三，政府从事农业投资的必要性，不只在于农业部门自身难以产生足够的积累，生产率较低的现状难以承受贷款的负担，更重要的是许多农业投资只适于由政府来进行。农业固定资产投资，如大江大河的治理、大型水库和各种灌溉工程等，其特点是投资额大、投资期限长、牵涉面广，投资以后产生的效益不易分割，而且投资的成本及其效益之间的关系不十分明显。由于具有上述特点，农业固定资产投资不可能由分散的农户独立进行。

2. 财政对农业投资的特点与范围

纵观世界各国的经验，财政对农业的投资具有以下基本特征。

（1）以立法的形式规定财政对农业的投资规模和环节，使农业的财政投入具有相对稳定性。

（2）财政投资范围具有明确界定，主要投资于以水利为核心的农业基础设施建设、农业科技推广、农村教育和培训等方面。原则上讲，凡是具有外部效应，以及牵涉面广、规模巨大的农业投资，原则上都应由政府承担。

3. 农业公共物品

目前在我国，农业公共物品主要包括以下几个方面。

（1）农业基础设施。农业基础设施如大型水利设施、农业水土保持工程等，都是农业发展的物质基础。现阶段我国农业基础薄弱，水利设施和农田基础设施老化失修、水土流失严重、生态环境恶化，使农业抵御自然灾害的能力不强，严重影响了农业的发展。农业基础工程无疑属于公共物品，而且是重要的公共物品，单个农户没有能力从事这方面的投资，也难以吸引市场投资，因此，应作为政府投资农业的一个重点。

（2）农业科技进步与推广。科技是农业发展的技术基础，要实现农业经济增长方式由粗放型向集约型的转变，"科教兴国"是重要的一环。因此，财政应增加对农业科技的投入：一是要扶持农业科研单位开展农业科学研究，尤其是基础性研究和公关项目；二是增加对农业科技推广的扶持，特别要注意对粮棉油等大宗农作物的良种培育、科学栽培、节水灌溉等技术的推广进行扶持；三是要增加对农业教育与培训的经费投入，加大对农业劳动者技术培训的投入；四是要与农业生产过程紧密结合，使农业技术进步在农业经济增长中发挥更大的作用。

（3）农业生态环境保护。农业发展与生态环境之间具有相互制约、相互促进的关系。为了使农业和生态环境之间形成良性循环并协调发展，政府应增加对绿化、治污、水土保持的防护林建设等准公共物品的投入，加大改善农业生态环境的力度。

另外，由于农业发展是一个系统工程，光靠政府投入是远远不够的，只有将政府支农纳入整个农业公共政策体系，发挥市场的力量和政府的引导作用，才能从根本上解决农业问题。农业公共政策体系应当包括以下内容：土地产权政策、农业人力资本政策、农业产业结构调整政策、财政支农政策和农产品流通政策等。

三、政府采购制度

（一）政府采购制度的含义及基本内容

1. 政府采购制度的含义

政府采购制度与政府采购是不同的两个概念。政府采购制度是指一个国家根据本国经济体制和具体国情制定的或在长期政府采购实践中形成的，旨在管理和规范政府采购行为的一系列规则和惯例的总称。政府采购也称公共采购，是指政府及其所属机构在财政的监督下，以法定的方式和程序，从国内外市场上购买履行其职能所需要的商品和劳务的活动。政府采购不仅是指具体的采购过程，而且是采购政策、采购程序、采购过程及采购管理的总称，是一种政府行为。

2. 政府采购制度的基本内容

（1）政府采购的法律法规。政府采购的法律法规主要表现为各国分别制定的适应本国国情的政府采购法，该项法规包括总则、招标、决议、异议及申诉、履约管理、验收、处罚等内容。

（2）政府采购政策。政府采购政策包括政府采购的目的，采购权限的划分，采购调控目标的确立，政府采购的范围、程序、原则、方法、信息披露等方面的内容。

（3）政府采购程序。政府采购程序是指有关购买商品或劳务的政府采购计划的拟订、审批，采购合同的签订，价款确定，履约时间、地点、方式和违约责任等内容。

（4）政府采购管理。政府采购管理是指有关政府采购管理的原则、方式，管理机构、审查机构与仲裁机构的设置，争议与纠纷的协调和解决等内容。

第三节　转移性支出

一、社会保障制度及产生和发展过程

（一）社会保障制度定义

社会保障制度是在政府的管理下，以国家为主体，依据一定的法律和规定，通过国民收入的再分配，以社会保障基金为依托，对公民在暂时或者永久性失去劳动能力以及由于各种原因生活发生困难时给予物质帮助，用以保障居民最基本的生活需要。

（二）产生标志

社会保障制度起源于 19 世纪末的欧洲工业社会，1601 年英国女王颁行了世界上第一部《济贫法》，这是现代社会保障制度的萌芽。现代社会保障制度的核心是为劳动者提供社会保险，第一个建立社会保险制度的国家是后起的资本主义国家——德国。德国颁布的《疾病社会保险法》《工伤事故》《老年和残障》，标志着世界上第一个完整的保险体系的建立、社会保障制度的产生。1935 年，美国国会通过了综合性的《社会保障法》，"社会保障"一词由此产生，标志着现代社会保障制度的形成。目前，社会保障制度已推行到全世界的 160 多个国家和地区。建立健全与经济发展水平相适应的社会保障体系，是经济社会协调发展的必然要求，是社会稳定和国家长治久安的重要保证。

二、社会保障制度主要内容

社会保障制度是国家通过立法而制定的社会保险、救助、补贴等一系列制度的总称，是现代国家最重要的社会经济制度之一。世界各国社会保障制度的内容各不相同。我国的社会保障制度一般包括社会保险、社会救济、社会福利、社会优抚四个基本部分。

（一）社会保险

社会保险是一种为丧失劳动能力、暂时失去劳动岗位或因健康原因造成损失的人口提供收入或补偿的社会经济制度。社会保险计划由政府举办，强制某一群体将其收入的一部分作为社会保险税（费）形成社会保险基金，在满足一定条件的情况下，被保险人可从基金获得固定的收入或损失的补偿。它是一种再分配制度，目标是保证物质及劳动力的再生产和社会的稳定。社会保险的主要项目包括养老保险、医疗保险、失业保险、工伤保险、生育保险等。

1. 养老保险

养老保险或养老保险制度是国家和社会根据一定的法律和法规，为解决劳动者在达到国家规定的解除劳动义务的劳动年龄界限，或因年老丧失劳动能力、退出劳动岗位后的基本生活而建立的一种社会保险制度。养老保险是社会保险五大险种中最重要的险种。

（1）养老保险领取条件。参保人符合以下四个条件便可按月领取养老金：其一，1998年7月1日后参加基本养老保险，达到国家规定的退休年龄，累计缴费满15年的；其二，1998年6月30日前参加基本养老保险，2013年6月30日前达到国家规定的退休年龄，累计缴费年限满10年的；其三，1998年6月30日前参加基本养老保险，2013年7月1日后达到国家规定的退休年龄，累计缴费年限满15年的；其四，1998年6月30日前应参加未参加基本养老保险，1998年7月1日以后办理参保补缴手续，达到国家规定的退休年龄，累计缴费年限满15年的。目前，我国企业职工法定退休年龄为男职工60岁；从事管理和科研工作的女职工55岁；从事生产和工勤辅助工作的女职工50岁，女自由职业者、女个体工商户年满55周岁。每月领取的养老金为基础养老金与个人账户养老金之和。

基础养老金＝全省上年度在岗职工月平均工资×（1+本人平均缴费指数）/2×缴费年限×1%

个人账户养老金＝个人账户储存额/个人账户养老金计发月数

（2）养老保险缴费数额。基本养老保险费由企业和职工个人共同负担：企业按本企业职工上年度月平均工资总额的20%缴纳，职工个人按本人上年度月平均工资收入的8%缴纳；个体劳动者包括个体工商户和自由职业者按缴费基数的19%缴费，全部由自己负担。参保人员跨省就业，除转移个人账户储存额外，还转移12%的单位缴费，单位缴费的大部分随跨省流动就业转给转入地，减轻了转入地未来长期的资金支付压力，单位缴费的少部分留给转出地，用于确保当期的基本养老金支付。流动就业人员离开原参保地，社保经办机构要开具统一样式的参保缴费凭证，到新就业地参保缴费后，只要提出转移接续申请，所有手续都由相关两地社保经办机构办理，45个工作日办妥转移手续，同时规定参保人不得退保。

（3）农村养老保险试点。按照《国务院关于开展新型农村社会养老保险试点的指导意见》，从2009年起我国农民60岁以后能享受到国家"普惠式"的养老金，由中央财政全额支付每月55元的基础养老金，地方政府可根据实际情况提高基础养老金标准。在当前地区经济发展不平衡、中西部地区财力有限的情形下，"保基本"的养老保障标准能让更多的农民被纳入养老保障体系，有利于更好地实现新农保的"广覆盖"与"可持续"。

（4）养老保险个人账户余额规定。《中华人民共和国社会保险法》规定，参加基本养老保险的个人，达到法定退休年龄时累计缴费不足十五年的，可以缴费至满十五年，按月领取基本养老金；也可以转入新型农村社会养老保险或者城镇居民社会养老保险，按照国务院规定享受相应的养老保险待遇。

2. 医疗保险

医疗保险是为补偿疾病所带来的医疗费用的一种保险，包括职工患病、负伤、生育时的门诊费用、药费、住院费用、护理费用、医院杂费、手术费用、各种检查费用等。中国职工的医疗费用由国家、单位和个人共同负担，以减轻企业负担，避免浪费。医疗保险具有风险转移和补偿转移的特征。基本医疗保险费由用人单位和个人共同缴纳，用人单位缴费率控制在职工工资总额的6%，具体比例由各地确定，职工缴费率一般为本人工资收入的2%。个人缴费全部划入个人账户，单位缴费按30%左右划入个人账户，其余部分建立统筹基金。个人账户金额可用于本人在药店刷卡买药、门诊医疗费和住院时按规定自付的部分。

3. 失业保险

失业保险是指国家通过立法强制实行的，由社会集中建立基金，对因失业而暂时中断生活来源的劳动者提供物质帮助的制度。失业保险基金由城镇企业事业单位职工缴纳的失业保险费、失业保险基金的利息、财政补贴、依法纳入失业保险基金的其他资金构成。

4. 工伤保险

工伤保险是劳动者在工作中或在规定的特殊情况下，遭受意外伤害或患职业病导致暂时或永久丧失劳动能力以及死亡时，劳动者或其遗属从国家和社会获得物质帮助的一种社会保险制度。

5. 生育保险

生育保险是指在女职工因怀孕和分娩暂时中断劳动时，由国家和社会提供医疗服务、生育津贴和产假的一种社会保险制度。参保人范围是所在城市常住户口的职工和持有所在城市工作居住证的外埠工作人员。职工参加生育保险由用人单位按照国家规定缴纳生育保险费，职工不缴纳生育保险费。我国生育保险的现状是实行两种制度并存。

第一种是由女职工所在单位负担生育女职工的产假工资和生育医疗费。根据国务院《女职工劳动保护规定》以及劳动部《关于女职工生育待遇若干问题的通知》，女职工怀孕期间的检查费、接生费、手术费、住院费和药费由所在单位负担。产假期间工资照发。

第二种是生育社会保险。根据劳动部《企业职工生育保险试行办法》的规定，参加生育保险社会统筹的用人单位，应向当地社会保险经办机构缴纳生育保险费；生育保险费的缴费比例由当地人民政府根据计划内生育女职工的生育津贴、生育医疗费支出情况等确定，最高不得超过工资总额的1%，职工个人不缴费。

2019年3月25日，国务院办公厅印发《国务院办公厅关于全面推进生育保险和职工基本医疗保险合并实施的意见》，推进生育保险和职工基本医疗保险合并实施，实现参保同步登记、基金合并运行、征缴管理一致、监督管理统一、经办服务一体化。全国各地根据当地生育保险和职工基本医疗保险参保人群差异、基金支付能力、待遇保障水平等因素进行综合分析和研究，周密组织实施，确保参保人员相关待遇不降低、基金收支平衡，保证平稳过渡，2019 年底前实现两项保险合并实施。

（二）社会救济

社会救济是指国家和社会为保证每个公民享有基本生活权利，而对贫困者提供的物质帮助，包括自然灾害救济、失业救济、孤寡病残救济和城乡困难户救济等。国家和社会以多种形式对因自然灾害、意外事故和残疾等而无力维持基本生活的灾民、贫民提供救助，包括提供必要的生活资助、福利设施，急需的生产资料、劳务、技术、信息服务等。

社会救济的保障对象主要是社会保险保护不了的人群，即无收入、无生活来源，以及虽有收入但因遭受意外事故或收入较低而无法维持生活的人，属临时行为，其保障目标是维持人们的最低生活需要，其经费来源以政府一般性税收为主、以社会团体或个人提供的捐赠为辅。由此看来，社会救济具有救助性和济贫性的特点。

（三）社会福利

社会福利是现代社会广泛使用的一个概念。广义的社会福利是指提高广大社会成员生活水平的各种政策和社会服务，旨在解决广大社会成员在各个方面的福利待遇问题；狭义的社会福利是指对生活能力较弱的儿童、老人、单亲家庭、残疾人、慢性精神病人等的社会照顾和社会服务。社会福利所包括的内容十分广泛，不仅包括生活、教育、医疗方面的福利待遇，而且包括交通、文娱、体育等方面的待遇。社会福利是一种服务政策和服务措施，其目的在于提高广大社会成员的物质和精神生活水平，使之得到更多的享受。同时，社会福利也是一种职责，是在社会保障的基础上保护和延续有机体生命力的一种社会功能。

（四）社会优抚

社会优抚是针对军人及其家属所建立的社会保障制度，是指国家和社会对军人及其家属所提供的各种优待、抚恤、养老、就业安置等待遇和服务的保障制度。

社会优抚是中国社会保障制度的重要组成部分，《中华人民共和国宪法》第四十五条规定：国家和社会保障残废军人的生活，抚恤烈士家属，优待军人家属。保障优抚对象的生活是国家和社会的责任。社会优抚制度的建立，对于维持社会稳定，保卫国家安全，促进国防和军队现代化建设，推动经济发展和社会进步具有重要的意义。

三、财政补贴支出

（一）财政补贴的含义

财政补贴，是指国家财政部门根据国家政策的需要，在一定时期内对某些特定的产业、部门、地区、企事业单位、居民个人或事项给予的补助或津贴。它是财政分配的一种形式，是国家实现其职能的一种手段。

财政补贴不仅仅是一种特殊的财政分配形式，而且还是一种重要的经济调节手段。它通过对物质利益的调整来调节国家、企业、个人之间的分配关系，由此达到促进经济发展、引导消费结构、保持社会稳定的目的。

（二）财政补贴的内容

根据国家预算对财政补贴的分类，目前我国的财政补贴有以下内容。

1. 价格补贴

价格补贴主要包括国家为安定城乡人民的生活，由财政向企业或居民支付的、与人民生活必需品和农业生产资料的市场价格政策有关的补贴，其目的是缓解价格矛盾、稳定人民生活。我国的价格补贴又称政策性补贴，主要包括粮棉油差价补贴、平抑物价补贴、肉食价格补贴和其他价格补贴。

2. 企业亏损补贴

企业亏损补贴又称国有企业计划亏损补贴，主要是指国家为了使国有企业（或国家控股企业）能够按照国家计划生产、经营一些社会需要又由于客观原因会使生产经营出现亏损的产品，而向这些企业拨付的财政补贴。企业发生亏损的原因一般有两种：一种是企业经营决策失误或自身经营不善，则称为经营性亏损；另一种是企业配合国家实施宏观经济政策，则称为政策性亏损。企业发生的政策性亏损，国家无疑要按照有关规定给予补贴；企业发生的经营性亏损，原则上应由企业自负盈亏。但在我国，由于国家对企业生产经营干预过多，企业的经营性亏损和政策性亏损混杂在一起，很难划清界限，而且政策性亏损往往掩盖经营性亏损；同时，由于我国国有企业所占比重大，国有企业的资产掌握在国家手中，因此在实践中，我国对部分经营性亏损也给予了补贴，这是我国企业亏损补贴的特点。

3. 财政贴息

财政贴息是指国家财政对使用某些规定用途的银行贷款的企业，就其支付的贷款利息提供的补贴。它实质上等于财政代替企业向银行支付利息。根据规定，财政贴息用于以下用途的贷款。

（1）促进企业联合，发展优质名牌产品。

（2）支持沿海城市和重点城市引进先进技术和设备。

（3）发展节能机电产品等。

（三）财政补贴的作用

财政补贴具有双重作用。一方面，财政补贴是国家调节国民经济和社会生活的重要杠杆。运用财政补贴特别是价格补贴，能够保持市场销售价格的基本稳定，保证城乡居民的基本生活水平；有利于合理分配国民收入，有利于合理利用和开发资源。另一方面，补贴范围过广、项目过多也会扭曲比价关系，削弱价格作为经济杠杆的作用，妨碍正确核算成本和效益，掩盖企业的经营性亏损，不利于促使企业改善经营管理；如果补贴数额过大，超越国家财力所能，就会造成国家财政的沉重负担，影响经济建设规模，阻碍经济发展。

四、税收支出

（一）税收支出的含义

税收支出是指特殊的法律条款规定的、给予特定类型的活动或纳税人以各种税收优惠待遇而形成的收入损失或放弃的收入。税收支出是由于政府的各种税收优惠政策而形成的，因此，税收支出只减少财政收入，并不列为财政支出，是一种隐蔽的财政补贴。税收支出与税收征收是两个方向相反的政府政策活动，直接引起政府所掌握的财力减少，同时使受益者因享受政府给予的减免税政策而增加其实际收入，因此，税收支出实际上是政府的一种间接性支出，它同其他财政补贴一样，是政府的一种无偿性转移支出，发挥着财政补贴的功能，所以被纳入政府财政补贴的范畴。

（二）税收支出的形式

税收支出是国家运用税收优惠调节社会经济的一种手段，根据世界各国的税收实践，税收支出的具体形式主要包括以下几种。

1. 税收豁免

税收豁免是指在一定期间内，对纳税人的某些所得项目或所得来源不予课税，或对其某些活动不列入课税范围等，以豁免其税收负担。常见的税收豁免项目一类是免除关税与货物税，另一类是免除所得税。

2. 纳税扣除

纳税扣除是准许企业把一些合乎规定的特殊支出，以一定的比率或全部从应税所得中扣除，以减轻其税负。在累计税制下，纳税人的所得额越高，这种扣除的实际价值也就越大。

3. 税收抵免

税收抵免是指纳税人从某种合乎奖励规定的支出中，以一定比率从其应纳税额中扣除，以减轻其税负。在西方国家，税收抵免形式多种多样，主要的两种形式有投资抵免和国外税收抵免。两者的区别有：投资抵免是为了刺激投资，促进国民经济增长与发展，通过造成纳税人的税收负担不公平而实现；而国外税收抵免是为了避免国际双重征税，使得纳税人的税收负担公平。

4. 优惠税率

优惠税率是指对合乎规定的企业课以比一般的低的税率，其适用范围可视实际需要而予以伸缩。一般而言，长期优惠税率的鼓励程度大于有期限的优惠税率，尤其是那些需要巨额投资且获利较迟的企业，常从中获得较大的利益。

5. 延期纳税

延期纳税也称"税负延迟缴纳"，是指允许纳税人对合乎规定的税收，延迟缴纳或分期缴纳其应负担的税额。该方式适用范围较广，一般适用于各种税，且通常应用于税额较大的税收。

6. 盈亏相抵

盈亏相抵是指准许企业以某一年度的亏损抵消以后年度的盈余，以减少其以后年度的应纳税款，或是冲抵以前年度的盈余，申请退还以前年度已缴纳的部分税款。一般而言，盈亏相抵办法通常只能适用于所得税方面。

7. 加速折旧

加速折旧是在固定资产使用年限的初期提取较多的折旧。采用这种折旧方法，可以在固定资产的使用年限内早一点得到折旧费和减免税的税款。

8. 退税

退税是指国家按规定对纳税人已纳税款的退还。以税收支出形式形成的退税是指优惠退税，是国家鼓励纳税人从事或扩大某种经济活动而给予的税款退还，其包括两种形式，即出口退税和再投资退税。

本章小结

财政支出也称公共财政支出，是指在市场经济条件下，政府为提供公共产品和服务，满足社会共同需要而进行的财政资金的支付。财政支出是政府为实现其职能对财政资金进行的再分配，属于财政资金分配的第二阶段。财政支出首先是一个过程，其次是政府为履行其职能而花费的资金的总和；财政支出原则包括量入为出、收支结合，统筹兼顾、全面安排，厉行节约、讲求效益。财政支出分类主要有按经济性质分类、按国家行使职能范围分类、按财政支出产生效益的时间分类、按财政支出的行政结构分类和按国际货币基金组织标准分类五种。

财政支出规模是财政支出总量的货币表现，是衡量一个国家或地区政府财政活动规模的一个主要指标，主要从绝对量和相对量来考察。购买性支出又称消耗性支出，是指政府用于购买为执行财政职能所需要的商品和劳务的支出，包括购买进行日常政务活动所需要的或者进行政府投资所需要的各种物品和劳务的支出。按照被购买商品和劳务的消费特征，购买性支出可以分为消费性支出和投资性支出两大类。转移性支出是指政府按照一定方式，将一部分财政资金无偿地、单方面地转移给居民、企业和其他受益者所形成的财政支出，主要由社会保障支出和财政补贴组成，是政府实现公平分配的主要手段。

课后练习

一、名词解释

财政支出 购买性支出 转移性支出 政府采购制度 社会保障制度 财政补贴 社会保险

二、问答题

1. 试述财政支出的原则。

2. 财政支出有哪些常用的分类方法？

3. 一国财政支出规模应如何衡量？

4. 从经济性质上如何界定财政支出的范围？

5. 企业亏损补贴和价格补贴的不同之处是什么？

案例分析

财政支出面临扩张压力

近年来，我国财政支出急剧扩张，在经济增长年均 10% 的情况下，财政支出增长年均约 20%。

财政扩张既是社会经济高速发展的内在要求，更来自转轨过程中各种矛盾激化和经济全球化过程中竞争白热化所形成的压力。

从经济环境来看，财政支出规模随经济的增长而扩张。我国 GDP 近年来处于持续高速增加的阶段。根据"瓦格纳法则"，当国民收入增加时，财政支出规模会以更大比例扩张；R. A. 马斯格雷夫认为，随着经济发展阶段的演进，政府支出的规模逐渐扩张。而信息时代的到来，使人们对公共产品的需求有了更宽的比较范围，纳税人对政府支出的"非理性要求"前所未有得大，远远大于经济发展阶段政府支出的需求增加的规模。这就是当前我国经济发展阶段演进和信息化发展背景下的财政支出环境。

地方政府之间的"经济竞争"使中央财政支出压力骤然增大。地市级政府领导人为了政绩的需要进行的"经济竞争"，主要采用以下融资模式：把任内直接投资或担保项目贷款偿还期延迟到任外，而这些资金是政府通过借款、提供政府担保形式筹集的。结果是地方政府的或有负债和潜在负债越积越多，财政支付的潜在风险非常大。根据"李嘉图等价原理"，政府发行公债的效应等同于向纳税人征税。地方政府"经济竞争"导致的债务危机是当前我国财政管理体制改革深化过程中潜在的财政支出压力。

从社会环境来看，当前我国社会结构处于全面转型时期，各种社会问题丛生。一方面，和谐社会构建过程中存在诸多社会问题，如文化教育危机、公共健康问题、收入分配问题、三农问题、环境污染问题、地区之间的贫富差距问题等。许多新的社会问题也会在较短时期内大量产生，如虚拟经济犯罪问题、电子商务税收流失问题、贫富差距导致的地区安全问题、人口流动与国民待遇问题。各种社会问题纠缠在一起，解决一个社会问题必须以另一个社会问题的解决为前提，或者是多个问题一起解决才能治标治本。如三农问题涉及农村富余劳动力的转移、城市化建设、农村金融的稳定、农业生产方式、生产结构的优化、乡镇财政解困、农村义务教育财政支持等一系列既相互关联又错综复杂的问题。

从国际政治环境来看，国际投资环境竞争激烈。一方面，随着"北京共识"（对于我国改革开放以来的经济经验，西方学者总结中国模式的简称）持续升温，发展中国家纷纷模仿中国对外开放、吸引外资的模式，抓紧时间进行经济改革，打劳动力成本优势牌吸引国际投资，这对我国在保证经济增长不受影响的前提下进行财政税收体制的改革造成了压力。另一方面，随着经济全球化的到来，我国的经济事务已经扩展到全世界，但是中国企业走向国际市场的过程中出现了许多不和谐的因素，政府公共财政对外经济管理事务职责的增加，要求提高涉外经济管理的财政支出规模。

（资料来源：首都经济贸易大学财政税务学院财政学精品课案例分析）

分析： 我国近年财政支出急剧扩张的现象正常吗？为什么？

第三章

财政收入

第一节 财政收入的形式

一、财政收入的含义

财政收入表明政府获取社会财富的状况，是指政府为实现其职能的需要，在一定时期内以一定方式取得的可供其支配的财力。

社会物质财富是财政收入的实质内容，但在不同的历史条件下，财政收入的形态存在很大的区别。在商品货币经济获得充分发展以前，财政收入主要以劳役和实物的形态存在。随着商品货币经济的逐步发展，尤其是在资本主义经济制度出现以后，财政收入一般以货币形式取得。在现代社会，财政收入均表现为一定量的货币收入。

政府取得财政收入主要凭借公共权力，包括政治管理权、公共资产所有或占有权、公共信用权等。其中，政治管理权是取得财政收入最主要和最基本的形式，取决于政府供给的公共产品性质。公共产品消费的非竞争性、非排他性使公共产品的供给无法采用经营性方式进行，只能凭借政府的政治管理权对社会成员课征收入来补偿公共产品的成本。凭借政府其他权力取得的收入则随政府活动内容、范围、方式和需要的变化而变化。政府取得财政收入不仅仅是政府自身的行为，其影响是广泛的。财政收入的规模、构成和方式对利益分配关系、经济主体的行为选择、商品的供需结构乃至经济活动的总量等，均有重要的制约作用。因此，政府组织财政收入应当有确定的收入政策，以协调各方面的利益关系，促进资源的合理配置和经济的正常发展。

二、财政收入的具体形式

从财政产生到现在已有几千年的历史，财政收入基本上采用税、利、债、费四种形式，每一种形式都有自己的功能，很少发生替代。

（一）税收收入

税收是一种比较古老的财政收入形式，现代税收是商品经济发展的产物，它是指国家为了实现其职能，凭借政治权力，依靠国家税法规定所取得的财政收入。税收具有强制性、无偿性、固定性三大基本特征，是征收面最广、最稳定、最可靠的财政收入形式，也是我国最主要的财政收入形式。

税收作为财政收入形式的优点主要表现在以下几个方面。

首先，税收适应商品经济发展的需要。以流通为基础的商品经济要求有不受地域限制的广泛市场，有统一的收入形式与之相适应，并对商品流通起保护作用，使纳税商品通行全国、不受限制。税收以法律形式规定企业和公民的纳税义务，同时也确定纳税人的权利，给从事商品生产和商品经营的企业及个人提供了一定程度的法律保护。凡是纳税商品都具有生产和经营的合法性，受到政府的保护，可以在全国市场上通行无阻。

其次，税收适应各种所有制形式的需要。现代商品经济是由不同所有制构成的混合经济，区别在于是私有制还是公有制占主导地位。就财政分配来说，要在社会主义初级阶段保持各种所有制并存的混合经济，在国家、企业及个人的分配关系中就要采取平等纳税的原则，一视同仁，对各种所有制实行公平负担政策，使各种所有制具有平等竞争能力。

最后，税收适应企业自主经营的要求。商品经济要求企业进行自主经营，只有使企业成为独立的商品生产者和经营者，才能促进商品经济的发展。税收是以法律形式把国家和企业的分配关系固定下来。企业可以根据税法和自己的经营情况确定自己的收益，具有确定的利益界限，可以使企业摆脱主管机关的财政控制和财政部门过多的干预，进行自主经营。

（二）国有资产权益收入

国有资产权益收入是国家凭借国有资产所有权，参与国有企业利润分配，所应获取的经营利润、租金、股息（红利）、资金占用费等收入的总称，主要包括以下几种形式。

1. 股息、红利收入

股息、红利收入是指在国有资产股份制经营方式中，国有股份在一定时期内根据企业经营业绩应获得的收入。

2. 上缴利润

上缴利润是指国有企业将实现利润的一部分按规定上缴国家财政，是国有产权在经济上的体现。

3. 租金收入

租金收入是指租赁经营国有资产的承租人按租赁合同的规定向国家缴纳的租金。租金是承租人有偿使用、支配国有资产应支付给国有资产所有者的报酬。

4. 其他形式收入

其他形式收入包括资源补偿费收入、资产占用费收入、国有股权证转让收入、国有资产转让收入等。

（三）公债收入

国家采取信用形式，以债务人的身份向国内和国外筹借的各种借款，称为公债或国债。这种收入在财政收入中所占的比重与一国政府税收收入、财政支出的适应能力及国家的经济发展水平有关。我国采取公债形式筹措资金，是国家有计划地动员社会闲散资金，支援国家建设，平衡预算收支的一项有效措施；向国外借债是在平等互利或优惠条件下加速国家建设的有利补充。

公债因具有有偿性、自愿性、灵活性和广泛性等基本特征，并具有弥补财政赤字、调剂国库余缺、筹集财政资金和调控经济运行等多种功能，成为现代社会不可缺少的一种重要的财政收入形式。同时，公债作为国家取得财政收入的一种特殊形式，可从三个方面理解：第一，公债的特殊性在于与税收相比，不仅具有有偿性，而且具有自愿性；第二，公债是政府进行宏观调控、保持经济稳定、促进经济发展的一个重要经济杠杆；第三，公债是一个特殊的债务范畴，它不以财产或收益为担保物，而是依靠政府的信誉发行。一般情况下，公债比私债要可靠得多，而且收益率也高于普通的银行存款，所以通常被称为金边债券。

（四）收费收入

收费收入，是政府部门向公民提供特定服务、实施特定行政管理或提供特定公共设施时按照规定的标准收取的费用，具体包括规费和使用费。国家采取收费这种形式，主要是为了促进各单位和个人注重提高使用公共设施或服务的效率，调节社会经济生活。

1. 规费

规费是指政府为居民或企业提供某种特定服务或实施特定行政管理时所收取的手续费和工本费，通常包括两类：一是行政规费，诸如外事规费（如护照费）、内务规费（如户籍规费）、经济规费（如商标登记费、商品检验费、度量衡鉴定费）、教育规费（如报名费、毕业证书费）及其他行政规费（如会计师、律师、医师执照费等）；二是司法规费，司法规费又可分为诉讼规费（如民事诉讼费、刑事诉讼费）和非诉讼规费（如出生登记费、财产转让登记费、遗产管理登记费、继承登记费等）。

2. 使用费

使用费是按受益原则对享受政府所提供的特定公共产品或服务所收取的费用，如水费、电费、过路费、过桥费、公有住宅租金、公立学校学费等。使用费的收取标准是通过特定的政治程序制定的，通常低于该种产品或服务的平均成本，平均成本与使用费之间的差额则是以税收形式作为收入来源的财政补贴。政府收取使用费有助于增进政府所提供的公共设施或服务的使用效率，有助于避免经常发生在政府所提供的公共设施上的拥挤问题。

（五）其他收入

财政收入除了以上四种主要形式以外，还有其他形式，如对政府的捐赠、政府引致的通货膨胀、罚没收入等。

1. 对政府的捐赠

对政府的捐赠是指在政府为某些特定支出项目融资的情况下，政府得到的来自国内外个人或组织的捐赠。如政府得到的专门用于向遭受自然灾害地区的居民或其他生活陷入困难之中的人提供救济的特别基金的捐赠等。

2. 政府引致的通货膨胀

政府引致的通货膨胀是指政府因向银行透支、增发纸币来弥补财政赤字，从而造成物价的普遍上涨，降低了人民手中货币的购买力，也被喻为"通货膨胀税"。它一般是市场经济国家政府执行经济政策的一种工具。

3. 罚没收入

罚没收入是指政府部门按规定依法处理的罚款和没收品收入，以及依法追回的赃款和处理赃物的变价款收入。

其他收入在财政收入中所占的比重较小。

三、财政收入分类

（一）按国际标准分类

国际货币基金组织在《2001 年政府财政统计手册》中，将政府收入划分为税收收入、社会缴款、赠与、其他收入四类，具体如下。

1. 税收收入类

税收收入类细分为：对所得、利润和资本收益征收的税收，对工资和劳动力征收的税收，对财产征收的税收，对商品和服务征收的税收，对国际贸易和交易征收的税收，其他税收等。

2. 社会缴款类

社会缴款类细分为：社会保障缴款和其他社会缴款。其中，社会保障缴款又按缴款人细分为雇员缴款、雇主缴款、自营职业者或无业人员缴款、不可分配的缴款。

3. 赠与类

赠与类细分为：来自外国政府的赠与、来自国际组织的赠与和来自其他广义政府单位的赠与。

4. 其他收入类

其他收入类细分为：财产收入，出售商品和服务收入，罚金、罚款和罚没收入，除赠与外的其他自愿转移收入，杂项和未列明的收入等。

（二）按政府预算收入科目分类

根据我国政府收入构成情况，结合国际通行的分类方法，从 2007 年起，我国的政府收支分类科目将收入划分为类、款、项、目四级。新的收入分类范围进一步扩大，不仅包括预算内收入，还包括实行财政专户管理的预算外收入、社会保险基金收入，并将政府预算内、预算外收入和社会保险基金收入纳入一个统一的分类体系，按收入性质进行划分，设置相应科目，具体包括 4 大类 54 款。

1. 税收收入

税收收入分设 19 款：增值税、消费税、企业所得税、企业所得税退税、个人所得税、资源税、城市维护建设税、房产税、印花税、城镇土地使用税、土地增值税、车船税、船舶吨税、车辆购置税、关税、耕地占用税、契税、烟草税、其他税收收入。

2. 社会保险基金收入

社会保险基金收入分设 10 款：基本养老保险基金收入、失业保险基金收入、基本医疗保险基金收入、工伤保险基金收入、生育保险基金收入、新型农村合作医疗基金收入、城镇居民基本医疗保险基金收入、新型农村社会养老保险基金收入、城镇居民养老保险基金收入、其他社会保险基金收入。

3. 非税收入

非税收入分设 7 款：政府性基金收入、专项收入、行政事业性收费收入、罚没收入、国有资本经营收入、国有资源（资产）有偿使用收入、其他收入。

4. 贷款转贷回收本金收入

贷款转贷回收本金收入分设 4 款：国内贷款回收本金收入、国外贷款回收本金收入、国内转贷回收本金收入、国外转贷回收本金收入。

5. 债务收入

债务收入分设 2 款：国内债务收入、国外债务收入。

6. 转移性收入

转移性收入分设 10 款：返还性收入、一般性转移支付收入、专项转移支付收入、政府性基金转移收入、地震灾后恢复重建补助收入、上年结余收入、调入资金、地震灾后恢复重建调入资金、债券转贷收入、接受其他地区援助收入。

第二节　财政收入的来源

一、社会总产品和国民收入

社会总产品是一个国家在一定时期内（通常为 1 年）生产的最终产品的总和。社会总产品是使用价值和价值的统一体，既表现为实物形态，又表现为价值形态。作为实物形态，是当年所生产出来的生产资料和消费资料的总和，由工业、农业、建筑业等物质生产部门的产品所构成。作为价值形态，是在生产过程中消耗并已转移到新产品中去的生产资料的价值和新创造出来的价值的总和，即社会总产值。一定时期内社会总产品扣除用来补偿已消耗的生产资料后，所剩下的那一部分社会产品就是国民收入。国民收入也有两种表现形态：实物形态和价值形态。前者表现为物质生产部门生产出来的全部消费资料，也包括扣除补偿已消耗生产资料以后所剩下的生产资料；后者表现为当年耗费的全部活劳动所创造出来的价值，其中包括劳动者为自己所创造的价值，也包括劳动者为社会所创造的价值。

二、财政收入的源泉

财政收入归根结底来源于货币形态的社会产品价值，即社会总产品。社会总产品从价值构成上看包括 C、V、M 三个部分。尽管财政收入源于 M，但财政收入的增减同 C、V 不是没有关系的。分析财政收入同 C、V、M 的关系，不仅可以从根本上说明影响财政收入的基本因素，还可以指出国家在集中财政收入时必须采取的政策。

在社会总产品中，M 是新创造的价值中归社会支配的部分，是财政收入的基本源泉。正如马克思指出的：富的程度不是由产品的绝对量来计量的，而是由剩余产品的相对量来计量的。社会提供的 M 部分越多，财政收入增长的基础越雄厚。因此，M 增长的途径同时也就是财政收入增长的途径。增加财政收入的根本途径是扩大生产、增加社会产品总量以及提高经济效益，增加社会产品价值总量中的 M 部分。正因为财政收入来源于 M，在社会总产品价值一定时，财政收入的增减还涉及社会总产品价值在 C、V、M 之间的分配关系。

先看 C 和 M 之间的关系。一般地说，假设 V 既定，C 的部分减少，M 部分就会增大。因此，减少生产资料消耗是增加 M 从而增加财政收入的重要途径。C 在总量上包括补偿劳动对象和固定资金消耗的部分。在保证产品质量的前提下，节约原材料等劳动对象的消耗，降低产品的物质成本，便可增加 M，从而增加财政收入。在折旧率一定时，提高机器设备的使用效果，在一定的固定资产更新期限内生产出更多的产品，便可相对减少单位产品中转移的固定资产折旧价值，增加产品中的 M 部分，从而增加财政收入。固定资产折旧率的确定也会直接影响 M。在其他条件不变的情况下，折旧率越低，固定资产分摊到产品中的折旧费越小，M 部分相应越大。但是，折旧率的确定不仅要考虑固定资产的有形损耗，还要考虑固定资产的无形损耗。如果折旧率定得过低，固定资产更新期超过实际的损耗期限，特别是超过由技术进步的速度决定的固定资产更新期（无形损耗期限），由此扩大的 M 实际是靠拼老本得来的。固定资产不能及时得到更新改造，国民经济不能及时采用新的技术设备，其结果是制约技术进步，最终丧失增加财政收入的物质技术基础。当前，在新技术革命的推动下，技术进步速度大大加快，固定资产更新的期限也应相应缩短，折旧率要相应提高。折旧率的确定，取决于一定的财政收入政策。现在许多国家实行加速折旧的政策，实际是一种减税政策。

再看 V 和 m 的关系。在 C 既定时，V 和 M 此消彼长。在社会主义条件下，不能依靠减少 V 来增加 M，从而增加财政收入，但是可以通过提高劳动生产率来降低在新创造价值中的比重，相对增加 M。随着劳动生产率的提高，工资也应有所增加，但工资的增长应低于劳动生产率的增长，只有这样才能保证 M 的增长，从而增加财政收入。在社会主义条件下，工资 V 的水平在一定程度上也取决于财政收入的政策。工资水平不仅影响财政收入水平，也影响到宏观范围的消费规模。也就是说，国家财政虽不直接安排企业内部的工资分配，但通过一定的财政分配杠杆制约着企业工资基金的增长幅度。

以上内容分析了社会产品价值构成中 C、V 同财政收入的关系，现在需要进一步分析财政收入中是否包含 C 和 V 的部分。

社会总产品中的 C 部分是要补偿生产过程中的物质消耗的，这部分价值不应该成为财政收入的源泉。过去的财政理论把折旧基金当作财政收入的来源，否定了折旧基金的补偿性质。固定资产的价值补偿和物质补偿在时间上是不一致的。物质补偿通过固定资产的更新来实现。在固定资产进行实物形态更新之前，折旧基金以货币准备金的形式存在着。在过去的财政体制中，折旧基金全部或部分地作为财政收入的来源，由国家财政集中使用。但从目前现代企业制度和维护企业经营管理权限来看，折旧基金属于企业自主支配的资金，属于简单再生产的范畴，应该留给企业使用。它在以货币准备金形式存在时可以作为积累基金来使用，但它只能进入银行信贷系统执行积累职能，而不能进入财政分配系统。

V 能否构成财政收入的来源，则要看 V 的内涵。若将 V 认定为维持劳动力再生产所必需的消费资料基金，V 就不应该成为财政收入的来源；若将 V 视为以劳动报酬形式付给生产者个人的部分，V 就可能有一部分成为财政收入的来源，劳动报酬扣除形成财政收入的部分，便是前一意义的 V，即维持劳动力再生产所必需的消费资料基金。劳动报酬成为财政收入源泉的途径主要有：①高税率的消费品价格；②个人所得税；③社会保险税；④国家向个人收取的费用等。

从以上分析可以看出，财政收入的基本源泉是 M，V 的一部分也会成为财政收入的来源，也就是说，财政收入最终来源于国民收入部分，即 $V+M$。

第三节　财政收入规模分析

一、财政收入规模的衡量指标

一般来说，一个国家的财政实力主要表现为其财政收入规模的大小。财政收入规模是指在一定时期内一国财政收入的总水平。考察一个国家财政收入规模的常用指标有绝对量指标和相对量指标。

财政收入规模的绝对量指标是指在一定时期内财政收入的实际数量，即财政总收入，它是一个有规律、有序列、多层次的指标体系。财政总收入反映了一个国家在一定时期内的经济发展水平和财力集散程度，体现了政府运用各种财政收入手段调控经济运行、参与收入分配和资源配置的范围和力度。

财政收入规模的相对量指标是在一定时期内财政收入占有关经济指标的比重，常用的指标有财政收入占国民收入的比重、财政收入占国民生产总值（GNP）的比重以及财政收入占国内生产总值（GDP）的比重等。

一般情况下，主要运用财政收入占 GDP 的比重来衡量和考察一国的财政收入规模和财政实力，该比重越大，表明一国的财政收入规模越大。

二、影响财政收入规模的因素

财政收入规模要和国民经济发展规模、速度以及人民生活的改善与提高相适应。国家财政收入过多，必然要压缩社会消费水平；相反，财政收入在国民收入中所占的比重过低，就要减少国家财政资金的必要集中，从而影响国家的建设投资以及国防等方面的开支，延缓经济发展速度。

因此，财政收入规模必须适当，也就是说，既要看到客观的可能性，又要从全局考虑国家集中必要资金的需要。财政收入的规模要受各种政治、经济条件的制约和影响，这些条件包括经济发展水平、生产技术水平、价格及收入分配体制等，其中最重要的是经济发展水平和生产技术水平。

（一）经济发展水平和生产技术水平对财政收入规模的制约

一个国家的经济发展水平可以用该国一定时期的社会总产值、国民生产总值和国民收入等指标来表示。经济发展水平反映一个国家社会产品的丰富程度和经济效益的高低。经济发展水平高，社会产品丰富，国民生产总值或国民收入就多。一般而言，国民收入多，则该国的财政收入总额较大，占国民生产总值或国民收入的比重也较高。当然，一个国家的财政收入规模还受其他各种主客观因素的影响，但经济发展水平对财政收入的影响是基础性的。从世界各国的现实状况考察，发达国家的财政收入规模大多高于发展中国家，而在发展中国家中，中等收入国家又大都高于低收入国家，绝对额是如此，相对数也是这样。

生产技术水平也是影响财政收入规模的重要因素。但生产技术水平是内含于经济发展水平之中的，因为一定的经济发展水平总是与一定的生产技术水平相适应，较高的经济发展水平往往是以较高的生产技术水平为支柱的。所以，对生产技术水平制约财政收入规模的分析，事实上是对经济发展水平制约财政收入规模研究的深化。简单地说，生产技术水平是指生产中采用先进技术的程度，又称技术进步。技术进步对财政收入规模的制约可从两个方面来分析：一是技术进步往往以生产速度加快、生产质量提高为结果，技术进步速度较快，社会产品和国民收入的增加也较快，财政收入的增长就有了充分的财源；二是技术进步必然带来物耗比例降低、经济效益提高，剩余产品价值所占的比例扩大。由于财政收入主要来自剩余产品价值，所以技术进步对财政收入的影响更为明显和直接。

（二）剩余产品在国民收入中所占比重对财政收入规模的影响

财政收入规模除取决于国民生产总值或国民收入外，还受制于剩余产品在国民生产总值或国民收入中的比重。如前所述，国民生产总值是由（$C+V+M$）构成的。在一定生产力水平下，再生产的国民收入是一定的，必要产品（V）和剩余产品（M）的比重互为消长，必要产品增加，剩余产品就会减少，财政参与剩余产品分配形成的收入也相应减少。在一般情况下，必要产品的增长幅度应该低于劳动生产率的增长幅度，使剩余产品的比重相对提高，财政收入规模也相应增加，这是扩大再生产的基本原理，也是国民收入分配应该遵循的基本原则。我国曾出现过财政收入在国民收入中比重下降的趋势，这在很大程度上是由剩余产品在国民收入中的比重下降引起的。究其原因，是在改革分配机制和通货膨胀并存的情况下，对活劳动消耗的补偿超过劳动生产率的增长幅度，减少了归社会支配的剩余产品。

（三）经济体制对财政收入规模的制约

经济体制是制约财政收入规模的另一个重要因素。经济发展水平虽然是分配的客观条件，但在客观条件既定的情况下，还存在通过分配进行调节的可能性。所以，在不同的国家和一个国家在不同的时期，即使经济发展水平相同，财政收入规模也可能是不同的。

经济体制决定政府职能的大小，进而直接影响财政集中率，即财政收入占剩余产品价值的比重。政府职能范围的大小影响财政分配在整个国民经济分配中的份额，政府职能在各级政府之间的划分影响各级政府财政分配在整个财政分配中的份额。于是，国家作为财政分配的主体和上层建筑中的政治核心，在经济体制问题上具有了双重意义：一重是政府职能影响财政分配，而一定的财政分配要求一定的政治体制与其相适应；另一重是政府职能对上层建筑中制度的一部分即财政体制有巨大影响。这双重关系综合表现为政府职能对财政体制的影响。政府职能范围对政府与企业和个人之间的分配体制的影响，造成我国主要是以国有企业为主的财务体制；政府职能对各级政府之间的财政分配体制的影响，使我国形成以国家预算为主的体制。

（四）价格对财政收入规模的影响

1. 价格总水平变动对财政收入规模的影响

一般来说，由于财政收入是以一定的货币量表示的，则有名义财政收入与实际财政收入之分。所谓名义财政收入是指当年账面上实现的财政收入，而实际财政收入是指财政收入所真正代表的社会产品的数量，在价值上可以用按不变价格计算的财政收入来表示。在其他条件一定的情况下，某年的物价上升，该年度的名义财政收入就会增加，但实际财政收入并不一定增加。

通货膨胀对财政收入的影响，有以下几种不同情况。

（1）财政收入增长率高于物价上升率，财政收入实际增长大于名义增长。

（2）物价上升率高于财政收入增长率，财政名义收入是正增长，财政实际收入是负增长。

（3）财政收入增长率与物价上升率大体一致，财政收入只有名义增长，而财政实际收入不增不减。

物价上涨对财政收入的增加并不一定有利，但如果物价上涨是由财政出现赤字，中央银行被迫发行货币以弥补赤字所引起的，则这时的通货膨胀对财政来说是有利的。因为在引发通货膨胀的同时，政府多取得了一笔收入（即弥补赤字部分），企业和居民个人的实际收入则因通货膨胀而有所下降。政府的这种做法实际上是对企业和个人征收了一笔税收，人们通常把它称作"通货膨胀税"。

2. 税收制度对财政收入规模的影响

在经济增长水平、政府分配政策和价格水平等既定的前提下，税收制度的设计与税收的征收管理水平也对财政收入规模有较大影响。

如果是以累进所得税为主体的税制，纳税人适用的税率会随着名义收入增长而提高，即出现所谓"档次爬升"效应，从而财政在价格再分配中所得份额将有所增加。如果实行的是以比例税率的流转税为主体的税制，就意味着税收收入的增长等同于物价上涨率，财政收入只有名义增长而不会有实际增长。如果实行的是定额税，税收收入的增长总要低于物价上涨率，所以财政收入即使有名义增长，实际上也是下降的。我国现行税制以比例税率的流转税为主，同时对所得税的主要部分——企业所得税实行比例税率，因而在物价大幅度上涨的情况下，财政收入会出现名义上正增长而实际零增长的现象。

税收收入的流失在世界各国都是普遍现象，差别只在于程度不同而已。但相比之下，发达国家的法制比较健全，其税收征收管理机制尤其是监督机制设计缜密，纳税人偷逃税款的行为一旦被发现，就不仅面临着经济上的严重损失，政治上、个人信用上也会身败名裂。因此，巨大的成本风险客观上有助于阻止税收的流失。在我国，自改革开放以来，随着税收在分配体系中功能的增强，政府已经注意到税收收入流失对财政收入影响的严重性。2011年我国的税收收入达 89 738.39 亿元，比 2010 年增收 16 527.60 亿元，增幅高达 22.58%；税收收入占 GDP（472 115.0 亿元）的比重约为 19.01%，比 2010 年提高 0.86 个百分点。在税收收入连年大增的良好环境下，我国税收流失额也在趋于扩大。据有关专家测算，我国地下经济约占 GDP 的 15%，按税收收入占国内生产总值 19% 匡算，2011 年，我国地下经济的税收流失约为 13 455.28 亿元。从各种渠道的信息来看，目前我国税收流失情况已十分严重。因此，加强对税收流失的研究，对税收流失进行有效的治理，最大限度地减少税收流失，增加税收收入，是十分必要的。

3. 产品比价关系变动对财政收入规模的影响

价格总水平的变动往往是和产品相对价格的变动同时发生的，而产品相对价格关系变动以另一种形式影响财政收入。一是产品相对价格变动会引起货币收入在企业、部门和个人各经济主体之间的转移，形成国民收入的再分配，使财源分布结构发生变化。二是财政收入在企业、部门和个人之间的分布呈非均衡状态，或者说，各经济主体上缴财政的税利比例是不同的。这样，产品相对价格变化在导致财源分布结构改变时，相关企业、部门和个人上缴的税利就会有增有减，而增减的综合结果最终影响财政收入规模。

（五）收入分配政策和分配制度对财政收入规模的影响

影响财政收入规模的另一个重要因素是政府的分配政策和分配制度。社会产品生产出来以后，要在政府、企业和居民个人之间进行一系列的分配和再分配，一国的国民收入分配政策和制度主要包括工资制度、税收制度、国有企业利润分配政策和制度等。国民收入分配政策决定整个社会的经济资源在国家、企业和个人之间的分配比例，是影响财政收入规模最直接的因素。分配制度改革影响国家与企业、中央与地方之间的利益分配。

分配政策对财政收入规模的制约主要表现在两个方面：一是收入分配政策决定剩余产品价值占整个社会产品价值的比例，进而决定财政分配对象的大小，即在国民收入既定的前提下，M 占国民收入的比重；二是分配政策决定财政集中资金的比例，即 M 中财政收入所占的比重，从而决定财政收入规模的大小。

一国政府在收入分配中越是追求公平，政府进行收入再分配的力度就越大，政府要求掌握的财力就会越大。在国民收入或者社会总产品既定的情况下，政府再分配的力度越大，财政收入规模就越大。一般来说，分配制度与政治体制的集权和分权有直接的联系。例如，瑞典、芬兰、挪威这样的北欧国家，财政收入规模之所以很高，是因为政治体制上倾向于集权，由政府包办的社会福利范围非常大；而美国的财政收入规模相对较低，这与美国为联邦制国家，政治体制上倾向于分权是有密切关系的。

我国在传统的计划经济体制下，由于国家对企业实行统收统支的财务管理体制，对城市职工实行严格的工资管理，对农产品实行"剪刀差"政策，国民收入分配格局中政府的财政收入规模较大。在经济体制改革以后，由于国家改革了分配制度，调整了分配政策，国民收入分配开始向企业和个人倾斜，企业和个人的收入开始大幅增加，而政府的财政收入占 GDP 的比重却从 1978 年的 31.24% 下降到 2011 年的 21.97%。

三、财政收入规模的确定

（一）合理确定财政收入规模的重要性

适度的财政收入规模是保证社会经济健康运行、资源有效配置、国民收入分配使用结构合理、财政职能有效发挥，从而促进国民经济和社会事业稳定、协调发展的必要条件。具体地说，合理确定财政收入占 GDP 的比重的重要意义包括以下几个方面。

1. 财政收入占 GDP 的比重影响资源有效配置

在市场经济中，市场主体主要包括企业、居民和政府三个部分。各个主体对国民经济和社会发展具有不同的职能，并以一定的资源消耗为实现其职能的物质基础。而社会经济资源是有限的，各利益主体对资源的占有、支配和享用客观上存在着此增彼减的关系。按照边际效益递减规律，无论哪一个利益主体的资源投入增量超过了客观上所需要的数量，就整个社会经济资源配置而言，都不会实现资源配置的最优化。问题的焦点集中在政府对有限经济资源的集中配置程度，即财政收入占 GDP 的比重上。理想状态的集中度，应是政府集中配置的资源与其他利益主体分散配置的资源形成恰如其分的互补关系，或者说，形成合理的私人产品与公共产品结构，使一定的资源消耗获得最优的整体效益。

2. 财政收入占 GDP 的比重影响经济结构优化

在一定时期内，可供分配使用的国民生产总值是一定量的，但是，经过工资、利息、利润、财政税收等多种分配形式的分配和再分配，最终形成的 GDP 分配结构则有可能是多种多样的。分配的结构不同，对产业部门结构的影响也就不同。在 GDP 一定时，若政府财政集中过多，就会改变个人纳税人可支配收入用于消费与投资的比例，税负过高也会降低企业纳税人从事投资经营的积极性。若消费与休闲的代价因政府加税而变得相对较低，人们就愿意选择消费和休闲而不是投资和工作，致使国民生产总值在投资与消费之间的结构失衡。当然，在宏观财税负担一定时，若财税负担在不同产业部门、不同地区、不同所有制等之间的分布不合理，也会通过误导生产要素向财税负担相对较轻的产业、地区和所有制不合理流动，造成 GDP 的生产与分配结构失衡，影响整个国民经济的稳定、协调发展。

3. 财政收入占 GDP 的比重既影响公共需要的满足，也影响私人需要的满足

经济生活中的任何需要（公共需要和私人需要）都要以 GDP 所代表的产品和劳务来满足。政府征集财政收入的目的在于实现国家职能，满足公共需要。公共需要是向社会提供的安全、秩序、公民基本权利和经济发展的社会条件等方面的需要。其中，既有经济发展形成的公共需要，又有社会发展形成的公共需要。前者的满足可直接推动社会经济发展，后者的满足则可以直接推动社会发展并间接推动经济发展。总之，满足公共需要实际上形成了推动经济、社会发展的公共动力。GDP 中除财政集中分配以外的部分，主要用于满足私人需要。私人需要是企业部门和家庭部门的需要，满足私人需要是经济生活中形成私人动力的源泉。私人动力对国民经济发展具有直接的决定作用，实际上，公共动力对经济社会的推动作用最终也要通过私人动力来实现，而私人动力对经济的决定作用也须借助公共动力的保障来实现。在 GDP 一定时，需要寻找公共需要满足程度与私人需要满足程度的最佳结合点，实际上也就是财政收入占 GDP 的合理比例。

4. 财政收入占 GDP 的比重既是财政政策的直接目标，又是财政政策的中介目标

财政收支作为一个整体，其运作必须服从财政政策目标。财政收入作为相对独立的财政活动，不仅要有财政政策目标作为终极目标指向，而且还要有更为明确、具体的直接目标，分别指示其运作的方向和力度。这些直接目标取决于财政政策目标，并具体指导着财政分配活动，可将其称为中介目标。指导财政收入活动的中介目标是财政收入政策目标，而最主要的财政收入政策目标就是财政收入占 GDP 的比重。

综上所述，确定合理的财政收入规模有其重要的理论和现实意义。

（二）财政收入规模的确定

财政收入规模是由多种因素综合决定的，不仅在不同国家里财政收入规模有较大差异，而且在同一国家的不同历史时期，财政收入规模也不相同。因此，在现实财政经济生活中，很难用一个一成不变的固定数值或比例来衡量世界各国在各个时期财政收入规模的合理性。当然，这也并不是适度、合理的财政收入规模就无法测定。实际上，在特定的时间和条件下，衡量财政收入规模是否适度、合理，大致有一个客观标准，这个标准主要包括两方面内容。

1. 效率标准

效率标准是指政府财政收入规模的确定应以财政收入的增减是否有助于促进整个社会资

源的充分有效利用和经济运行的协调均衡为标准。

（1）资源利用效率。征集财政收入的过程，实际上是将一部分资源从企业和个人手中转移到政府手中的过程，转移多少应考察是否有助于提高整个资源的配置效率。若财政集中过多，虽然政府能为企业和国民提供良好的公共服务，但因相应加重了微观主体的财税负担，使微观经济主体的活动欲望、扩张能力、自主决策能力等因缺乏资源基础而受到不恰当的限制，不利于经济发展和效率提高；若财政集中过少，微观经济主体虽然因减轻了财税负担而有足够的活力从事投资和消费活动，但同时也会因政府缺乏经济资源导致公共服务水平下降，从而直接或间接地增加微观经济主体的单位产品消耗、提高交易成本和导致消费结构畸形等，出现资源配置和利用的低效浪费现象。总之，财政转移资源所产生的预期效率应与企业和个人利用这部分资源所产生的预期效率进行比较，若国家使用的效率高，则可以通过提高财政收入占 GDP 的比重来实现转移；否则应降低这一比例。

（2）经济运行的协调均衡。一般地说，当经济处于稳定增长的良好态势时，财政收入规模应以不影响市场均衡为界限，这时的财政收入规模，应该既能满足公共财政支出需要，又不对市场和经济发展产生干扰作用。当经济运行处于失衡状态时，财政收入规模就应以能够有效地矫正市场缺陷、恢复经济的协调均衡为界限。

2. 公平标准

公平标准，是指在确定财政收入规模时应当公平地分配财税负担。具体地说，就是财政收入占 GDP 的比重要以社会平均支付能力为界限，具有相同经济条件的企业和个人应承担相同的财税负担，具有不同经济条件的企业和个人应承担不同的财税负担。在公平负担的基础上，确定社会平均支付能力，并据以确定财政收入规模，尤其是财政收入占 GDP 的比例，确保财政收入规模的合理性。

第四节　财政收入结构分析

财政收入结构可从部门构成和地区构成等方面加以考虑，其意义在于从上述几个方面研究财政收入结构的层次性，以便把握其变化规律，从而采取相应地增加财政收入的有效措施。

财政收入的构成和分布有历史形成的原因，也受现实社会经济因素的影响。国民经济中，产业、技术、投资、价格、就业等因素的变动，所有制形式、经营方式的变革，都在不同程度上影响着财政收入结构质和量的变化。财政收入结构的可变性还表现为现实的财源与潜在的财源之间没有不可逾越的界限。国家在现有生产力水平、经营管理水平、投入产出水平下的财源格局是一种现实和直接的财源，而尚未开发或尚可挖掘的潜力是一种间接的财源，它们之间可以转化。

一、财政收入的价值结构

财政收入归根结底来源于社会产品价值的实现。社会产品价值由 C、V、M 三部分构成，从实际情况考察，M 部分在财政收入中占的比重最大，而 V 部分所占的比重很小。在本章第二节中，我们已经探讨了财政从 V、M 部分取得收入的不同形式及份额大小的问题。从对财政收入价值构成的分析可知，增加财政收入有两条途径：一是提高经济效益，具体地说，就是降低成本、增加剩余产品价值；二是调整分配体制，也就是在社会产品价值既定的前提下，通过调整折旧、工资、价格分配等，正确处理财力集中与分散的关系。

二、财政收入的所有制结构

社会产品的生产总是在一定生产关系下进行的，所以国家有哪些经济成分，财政就必然有来自哪些经济成分的收入。来自不同经济成分的财政收入构成了财政收入的所有制结构。由于不同所有制经济与国家具有不同的分配关系，国家相应地采取不同的形式参与不同所有制企业的产品分配。受生产力发展水平的制约，不同历史时期的所有制构成有差异，其结构比例的变化也对财政收入构成和规模有影响和制约作用。

（一）来自国有经济的财政收入

国有经济是社会主义全民所有制经济。国有企业始终是我国国民经济发展的主要增长点，在社会经济发展中起主导性作用。从我国财政收入的整体来看，国有经济提供的收入最多，主要原因是以下两点。

（1）国有经济的生产资料归全民所有，是公有制的一个重要组成部分，因此，国家不仅要向国有企业征收流转税和所得税，以实现国家的社会管理者职能，还要获得利润，以实现国家的资产所有者职能。

（2）国有经济在整个国民经济中所占的比重高，创造的社会纯收入较多，提供的财政收入也就较多。

从财政收入角度分析，国家财政除了以规范的税收形式和国有资产收益形式稳定地从国有制企业中直接获取财政收入外，更重要的是通过有效发挥国有经济的主导作用，为整个国民经济的发展及非公有制经济的发展奠定良好的物质技术基础，从而间接地增加财政收入。

（二）来自集体经济的财政收入

集体经济作为公有制经济的一种形式，在社会主义市场经济中占有重要地位，是我国财政收入的重要来源。农业是集体经济的主要领域之一。改革开放以来，农业经济的增长，产生大量过剩的农业劳动力，加之农民收入的增加，为集体经济，尤其是乡镇企业的发展提供了劳动力和货币资本，促进了城乡集体经济的兴起和蓬勃发展。目前，集体经济的生产额已占到国民生产总值的 1/3 以上。与此相适应，政府财政尤其是地方财政来自集体经济的各项税收收入呈稳步增长趋势。

（三）来自非公有制经济的财政收入

非公有制经济包括个体经济、私营经济、"三资"企业等，与公有制经济同时存在、共同发展、平等竞争、优胜劣汰。我国城市经济体制改革，有一项重要的内容就是逐步培育和发展城市与城镇个体经济和私营经济，尤其是在商业和服务业领域，非公有制经济成分所占的比重不断扩大；同时，实行对外开放政策，大量吸引外资，使"三资"企业得到很快的发展。我国目前已成为排名世界前列的资本输入国之一。随着各种非公有制经济成分的迅速增加，政府财政来自非公有制经济上缴的税收呈增长趋势。

综上所述，从我国目前经济发展的情况来看，在财政收入的所有制结构中，来自国有经济的财政收入比重下降趋势与来自集体经济、非公有制经济的财政收入比重上升趋势，是和我国经济体制改革与发展趋势相一致的。

三、财政收入的生产部门结构

我国财政收入主要来自农业、工业、商业、交通运输业等部门，其中农业、工业、商业对财政收入的影响最大。

农业作为国民经济的基础，是各部门赖以发展的基本条件。没有农业的发展，国民经济其他事业的发展就要受到牵制，从而影响财政收入的增加。从这个意义上说，农业也是财政收入的基础。农业对财政收入的影响主要是间接来自农业的收入。我国农业技术有机构成很低，同工业相比存在着很大的差距，工农产品交换客观上存在着"剪刀差"。"剪刀差"是和农民负担相联系的一个财政问题，它使农业创造的一部分价值转移到工业部门去实现，从而增加了工业上缴财政的收入，其实质是农民通过价格形式为国家提供积累。由此可见，由于农业在财政收入中占有重要地位，不断增加农业投入，大力发展农村商品生产，增强农业后劲，提高农业劳动生产率，是当务之急。

工业是国民经济的主导。我国财政收入的绝大部分直接来自工业，因此工业对财政收入的状况起决定作用。在我国，工业资金有机构成高，劳动生产率、积累水平较其他部门高。目前，工业创造并实现的国民收入几乎占整个国民收入的一半。而且，工业部门主要是国有经济，其盈利大部分由国家集中统一分配，因此工业是财政收入的主要来源。在工业内部，财政收入来自重工业的比重较大，但也不能因此忽视轻工业对财政收入的重要性。相对于资金占用来说，轻工业具有投资少、建设周期短、资金周转快等特点，能为国家提供更多的积累。在科学技术进步很快、国家财政资金又不宽裕的情况下，发展轻工业对于迅速增加财政收入、加快国家经济建设是可取的。

商业处于社会再生产的交换环节，它对财政收入的影响不仅在于它的纯收入是财政收入的重要来源，而且在于通过流通领域使社会产品价值得以最终实现。随着改革的深化和经济的发展，商业为国民经济的发展做出了越来越大的贡献。

交通运输业是国民经济的先行部门，它的发展快慢，关系到社会生产、分配、交换和消费四个环节能否顺利进行。改革开放后，我国交通运输业提供的财政收入有了大幅增长。

除上述创造国民收入的几个主要部门外，建筑、服务、外贸、银行、信息、旅游等部门在满足生产和生活需要的同时，也可以通过国民收入的再分配为财政提供收入。国民经济各部门作为结构整体，其对财政收入的影响和制约，表现为各部门发展的比例关系是否协调。因此，一个合理的财政收入结构是以整个国民经济按合理的比例发展为前提的。

四、财政收入的地区构成

生产力的合理布局，不仅关系到国民经济的平衡发展，而且是影响财政收入的重要因素。

由于历史原因，以及交通运输条件、经济地理位置、投资、技术等方面的差别，我国各地区的发展很不平衡。我国区域发展在"东部开放、西部大开发、东北振兴、中部崛起"的战略下，已经形成了"东部—东北—中部—西部"的格局。我国财政收入主要来自我国东部沿海地区，目前珠三角、长三角和京津冀三个经济区域的规模几乎已经占到全国经济总量的一半，但是随着经济结构调整的推进和增长方式的转变，区域经济发展的协调性将有所改善。

本章小结

本章阐述了财政收入的概念、财政收入的形式及来源，并对财政收入的规模和财政收入基本结构进行了分析。

财政分配包括两个阶段，即收入和支出。财政收入是财政分配的第一阶段。所谓财政收入，是指通过财政分配渠道集中于国家预算的资金。财政收入的具体形式主要有税收收入、国有资产权益收入、公债收入、收费收入。财政收入可以按国际标准及政府预算收入科目分类。

财政收入的基本源泉是 M，V 的一部分也会成为财政收入的来源，也就是说，财政收入最终来源于国民收入部分，即 $V+M$。

一般情况下，主要运用财政收入占 GDP 的比重来衡量和考察一国的财政收入规模和财政实力，该比重越大，表明一国的财政收入规模就越大。影响财政收入规模的因素有经济发展水平和生产技术水平对财政收入规模的制约、剩余产品在国民收入中所占比重对财政收入规模的影响、经济体制对财政收入规模的制约、价格对财政收入规模的影响、收入分配政策和分配制度对财政收入规模的影响。适度的财政收入规模是保证社会经济健康运行、资源有效配置、国民收入分配使用结构合理、财政职能有效发挥，从而促进国民经济和社会事业稳定、协调发展的必要条件。财政收入规模的确定有效率和公平两个标准。

课后练习

一、名词解释

财政收入　社会总产品　公共权力　公平标准

二、问答题

1. 财政收入的具体形式有哪些？
2. 财政收入主要有哪些分类？
3. 研究财政收入形式的意义是什么？
4. 影响财政收入规模的因素有哪些？
5. 阐述价格对财政收入规模的影响。
6. 财政收入结构可以从哪几个方面分析？

案例分析

2010 年，全国财政收入 83 080.32 亿元，比 2009 年增长 21.3%。其中，中央财政收入 42 470.52 亿元，完成预算的 111.6%，增长 18.3%。地方本级收入 40 609.8 亿元，加上中央对地方税收返还和转移支付收入 32 349.63 亿元，地方财政收入总量 72 959.43 亿元，增长 19.3%。2010 年全国政府性基金收入 35 781.94 亿元，其中，中央政府性基金收入 3 175.57 亿元，完成预算的 124.3%；地方政府性基金本级收入 32 606.37 亿元，完成预算的 201.9%（其中国有土地使用权出让收入 29 109.94 亿元，完成预算的 213.2%）。此外，收取中央企业国有资本收益 558.7 亿元，完成预算的 132.7%。

分析： 请根据以上数据分析财政收入的结构，并分析其变化的原因。

第四章

税收政策

第一节　税收概述

一、税收概念

税收是以国家为主体，为了满足社会公共需要，实现国家职能，凭借政治权力，由政府专门机构向居民和非居民就其财产或特定行为实施强制、不直接偿还的金钱或实物课征，是国家最主要的一种财政收入形式。

二、税收特征

税收具有强制性、无偿性、固定性。

（一）强制性

税收的强制性是指国家凭借政治权力，依据法律进行强制征税；负有纳税义务的纳税人必须依法纳税，否则就要受到法律的制裁。

（二）无偿性

税收的无偿性是指国家征税以后，凭借其政治权力将纳税人的收入收归国家所有；国家不直接偿还给原来的纳税人，也不向纳税人支付任何报酬。

（三）固定性

税收的固定性是指，税收是按照国家法律形式预先规定的标准征收的；征税范围、征收比例、征税对象、税率和期限等都是税法预先规定的，便于征纳双方共同遵守。

三、税收本质

税收是国家为了满足社会公共需要，凭借政治权力，由政府专门机构向居民和非居民就其财产或特定行为实施强制、不直接偿还的金钱或实物课征。税收与国家有内在联系，征税活动由国家组织，税收收入由国家分配。税收实际上体现为一定的利益关系，即国家与纳税人之间以及纳税人与纳税人之间的利益关系。国家征税目的在于满足社会公共需求，引导资源合理配置和调节收入分配。各国国家税收的本质都不相同，它是由不同的社会经济制度和国家性质决定的。

四、税收原理

（一）税收要素

1. 纳税人

纳税人也称纳税义务人，是税法上规定的直接负有纳税义务的单位和个人。每个税种都明确规定，由各自的纳税义务人来承担。

2. 征税对象

征税对象又称课税对象，在实际工作中也笼统地称为征税范围，它是指税收法律关系中权利义务所指向的对象，是区别不同税种的主要标志。

3. 税率

税率是对征税对象的征收比例或征收额度。税率是计算税额的尺度，每一种税的税率都在税法中有明确规定。我国现行的税率主要有比例税率、累进税率、定额税率。

4. 纳税期限

纳税期限是指纳税人按照税法规定缴纳税款的期限，如增值税的纳税期限通常为 1 天、3 天、5 天、10 天、15 天、1 个月、1 个季度。

5. 纳税环节

纳税环节是征税对象在流转过程中依税法规定应该纳税的环节。纳税环节的存在，取决于征税对象的运动属性，如所得税在分配环节纳税。

6. 减免税

减免税是国家对某些纳税人或课税对象的鼓励或照顾措施，它体现了税收的统一性与灵活性相结合的特点，并且有利于支持和照顾某些行业和某些纳税人的发展。减税是减征部分的应纳税款；免税是对应征收的税款免征。

7. 计税依据

计税依据也称计税标准，是指计算应纳税额的依据。征税对象与计税依据两者有所区别，征税对象规定对什么征税，计税依据根据征税对象解决如何计量。

8. 纳税地点

纳税地点是指根据各个纳税人经济活动发生地、财产所在地、报关地等所确定的具体纳税地点。

（二）税法

1. 概念

税法是指税收法律制度，是国家制定的用以调整国家与纳税人之间在纳税方面的权利及义务关系的法律规范的总称。

2. 分类

税法体系按税法的功能作用、法律级次、主权国家行使税收管辖权的不同划分。

（1）按照税法功能作用的不同，可分为税收实体法和税收程序法。税收实体法主要是指确定税种立法，具体规定各税种的征收对象、征收范围、税目、税率、纳税地点等。税收程序法是指税务管理方面的法律，主要包括税收管理法、纳税程序法、发票管理法、税务机关组织法、税务争议处理法等。

（2）按照税法法律级次的不同，可以划分为税收法律、税收行政法规、税收规章和税收规范性文件等。

（3）按照主权国家行使税收管辖权的不同，可分为国内税法、国际税法、外国税法等。

（三）税收职能

1. 经济职能

国家利用税收体现一系列经济政策，来实现管理社会和干预经济的职能，并使税收成为国家经济的重要杠杆。

2. 财政职能

国家需要大量的财政资金来实现职能，税收是财政收入的主要形式，并且是最基本的职能。

3. 监督职能

国家通过税收监督社会经济生活，促使纳税人依法履行纳税义务。

五、税收效应

（一）概念

税收效应是指纳税人因国家征税而在经济行为方面产生的各种反应，并通过国家征税影响纳税人的选择。

（二）分类

1. 收入效应与替代效应

税收效应最基本的形态是收入效应和替代效应。收入效应是指政府征税减少了纳税人可自由支配的所得，对纳税人的经济所产生的影响。税收的收入效应表明资源从纳税人手中转移到政府手中，其本身并不会造成经济的无效率。

替代效应是指政府实行选择性征税影响纳税人的行为，纳税人会选择某种非应税活动来代替应税活动。税收的替代效应一般会妨碍人们对消费或活动的自由选择，进而导致经济的低效或无效。

2. 正效应与负效应

政府实行征税会使纳税人或经济活动作出一定的反应。如果反应与政府征税目的一致，则称为正效应；如果反应与政府征税目的相违背，则称为负效应。政府应经常对税收的正负效应进行分析，以保持正效应。

3. 税收激励效应与阻碍效应

税收激励效应是指政府征税提高纳税人对某项活动的积极性，而阻碍效应则是指政府征税使纳税人不愿从事某项活动。纳税人对某项活动的需求弹性，决定了政府的征税是产生激励效应还是产生阻碍效应。

第二节　税收负担

一、税收负担的概述

（一）税收负担的概念

税收负担简称税负，是指纳税人承担的税收负荷，亦即纳税人在一定时期应缴纳的税款。从绝对额考察，它是指纳税人缴纳的税款额，即税收负担额；从相对额考察，它是指纳税人缴纳的税额占计税依据价值的比重，即税收负担率。税收负担具体体现国家的税收政策，是税收的核心和灵魂，直接关系到国家、企业和个人之间的利益分配关系，也是税收发挥经济杠杆作用的着力点。

（二）税收负担的理论

税收负担的轻重，同国家财政收入的多少、经济调控的力度和政权的兴衰等，都有密切关系。因此，它历来是税收理论研究和税收制度设计的一个重要问题。中外古今学者对税收负担都曾提出过各种不同的见解：有主张"敛从其薄"，即轻税负；有主张"取民有度"，即税负要符合能力原则；还有主张"世有事即役繁而赋重，世无事即役简而赋轻"，即税负轻重应视国家需要而定；更有探求"最佳税负"，即某种能够带来国家财政收入最大化的税负量度。

（三）税收的意义

税收负担，广义地讲，可以理解为一国公民承担的由政府赋予的经济负担，即该社会中的企业和个人向政府缴纳的所有支出。从这一角度理解，可以将宏观税负划分为三个不同层次：税收收入意义上的宏观税收负担、财政收入意义上的宏观税收负担和政府总收入意义上的宏观税收负担。以下将这三种意义上的宏观税负分别简称为税负一、税负二和税负三。税负一是指税收收入占同期 GDP 的比重；税负二是指财政收入占同期 GDP 的比重，此处的财政收入是指包括税收收入在内的预算内收入；税负三是指政府全部收入占同期 GDP 的比重，这里所讲的"政府全部收入"，不仅包括预算内财政收入，也包括预算外收入、社会保障基金收入，还包括各级政府及其部门以各种名义向企业和个人收取的没有纳入预算内和预算外管理的制度外收入等，即它是各级政府及其部门以各种形式取得的收入的总和。

二、税负的指标体系

税负的指标包括宏观税收指标和微观税收指标。

宏观税收指标包括国民生产总值税收负担率、国内生产总值税收负担率、生产消费税收负担率等指标。

微观税收指标包括居民税收负担率、企业综合税收负担率、企业所得税收负担率、企业流转税收负担率。

三、影响因素

（一）宏观税负的影响因素

1. 各区域间经济发展水平

在其他条件一定的情况下，宏观税负水平和经济发展水平呈同向变动。一方面，在经济发展水平较高的国家，其内部的各种社会经济联系往往较落后国家更为紧密和复杂，这就要求国家有雄厚的财政收入来加强对社会经济的宏观调控。另一方面，较高的经济发展水平会使整个社会和国民的税收负担能力大大增强，这是保持较高的宏观税负的可能条件。而较低的经济发展水平则会使社会经济无力承受较重的税收负担。因此，经济发展水平与宏观税负水平高度相关。在通常情况下，工业企业规模与宏观税负之间表现为正相关关系，工业企业规模大，集约化程度高，则宏观税负水平也较高；反之则较低。

2. 区域间产业结构

一国的产业结构决定该国的税源结构。产业结构的发展级次以及由低向高的变动趋势，与宏观税源的增长具有高度的关联性。当产业结构出现新旧交替时，税收制度应适应新的变化，及时进行调整或改革，使税源的分布与税收负担的结构相对应，从而达到产业间税负水平的公平，并有利于经济的增长与发展。同样，税收负担的高与低、轻与重对产业的兴衰也具有重要影响。产业结构优化程度的高低，能源、高新技术产业的多少，企业效益的好坏，对区域宏观税负的拉动能力大小都比较重要。

3. 各区域间政府职能范围

税收收入作为财政收入的重要来源，其数额必然受财政支出需要的影响，而财政支出的多少则取决于一国政府的职能范围。政府职能范围越大，政府的开支越多，必然要求提高区域宏观税负水平以增加财政收入。反之，政府职能范围越小，政府的支出越少，需要的税收收入也越少，区域宏观税负水平就可能降低。

4. 各区域间税收政策因素

各种税收优惠所占比重较大，企业实现增加值却不能产生税收效益，对宏观税负产生下拉作用。产品结构中应税消费品较少，对宏观税负水平有着直接影响。消费税政策是对特定消费品在生产环节直接课税，由于应税消费品实行增值税和消费税的双重课征制，等量的GDP可以同时产生增值税和消费税，对于应纳消费税的课税对象而言，较之非消费税产品可带来更多的税收收入，一定程度上直接对宏观税负产生上拉作用。

5. 其他因素

由于各地区统计口径和方法不一，GDP与实际情况存在一定差距，在计算宏观税负时，会受到GDP历史水分的影响。因经济发展程度不同，各地区GDP水分含量也是不一样的，大体上可以概况为两种情况。一种是近年来重点行业（如钢铁、煤炭、高新技术产业等）、重点企业增长较快的地区，GDP增量在统计上较为准确，而且在GDP总量中占有绝对的比重，这样就会逐步熨平GDP中的历史水分，也即在计算宏观税负时历史水分可被忽略，宏观税负与实际情况较为接近；另一种是经济增长相对较慢，没有新增的重点行业、重点企业的地区，GDP数据是按一定比例，一年一年推算的，GDP增量中含有相同比例的水分，因此GDP总量中累积了若干年的水分，对区域宏观税负的分析会造成一定影响。

（二）微观税负影响因素

微观税负分析着重反映微观领域税负、弹性水平，主要通过对企业生产经营活动的监控分析、与行业平均税负比较以及纳税评估等手段，及时发现企业财务核算和纳税申报中可能存在的问题，发现课征的薄弱环节，进而提出堵塞漏洞、加强课征的建议。仅有宏观税负分析还不能揭示税收管理深层次问题，宏观税负分析与微观税负分析必须紧密结合，通过"宏观上找问题，微观上找原因"，才能够从经济、政策和征管等三个方面揭示宏观税负偏低的深层次原因。例如，某县2015年GDP税负为1.97%，宏观税负偏低，在宏观层面上难以查找原因，只有通过对相关企业税负、生产经营活动、征管情况加以分析，才能总结出宏观税负偏低的经济、政策和征管方面的原因。

四、税收负担的分类

税收负担是一个总体概念，在实际运用中，又可以分为多种形式。

（一）按负担的层次划分

税收负担按负担层次的不同，可分为宏观税收负担和微观税收负担。宏观税收负担是指一个国家的总体税负水平，通常用国民生产总值（或国内生产总值）税收负担率来表示。研究宏观税收负担，可以比较国与国之间的税负水平，分析一国的税收收入与经济发展之间的关系。微观税收负担是指微观经济主体或某一征税对象的税负水平，可以用企业所得税收负担率或商品劳务税收负担率来表示。研究微观税收负担，便于分析企业之间、行业之间、产品之间的税负水平，为制定合理的税负政策提供决策依据。

（二）按负担的方式划分

税收负担按负担方式的不同，可以分为等比负担、量能负担和等量负担。第一，等比负担，即实行比例税的负担形式。实行等比负担，透明度高，便于鼓励规模经营和公平竞争。第二，量能负担，即根据纳税人负担能力的大小，实行累进课税的负担形式。实行量能负担，有利于促进收入和财富分配的公平。但是，对低收入者课低税，对高收入者课高税，不利于提高经济活动的效率。第三，等量负担，即按单位征税对象直接规定固定税额的负担形式。实行等量负担，税额的多少不受价格变动的影响，有利于稳定财政收入。但是，价格的变动对纳税人收益影响极大，征税不考虑价格变动的因素，往往导致税负分配的不合理。

（三）按负担的内容划分

税收负担按负担内容的不同，可以分为名义税收负担和实际税收负担。名义税收负担是指由名义税率决定的负担；实际税收负担则是指缴纳税款实际承担的经济负担。名义税收负担与实际税收负担往往存在背离的情况，一般是后者低于前者，究其原因，主要是存在减免税、税基扣除，以及由于管理原因导致的征税不足。

第三节　税收制度

一、税收制度概述

税收制度简称"税制"，它是国家以法律或法令形式确定的各种课税办法的总和，反映国家与纳税人之间的经济关系，是国家财政制度的主要内容，是国家以法律形式规定的各种税收法令和征收管理办法的总称。广义的税收制度还包括税收管理制度和税收征收管理制度。一个国家制定什么样的税收制度，是由生产力发展水平、生产关系性质、经济管理体制以及税收应发挥的作用决定的。

税收基本法规是税收制度的核心部分，可以分为三个层次：一是税收的各种法律、条例，是各种税收的基本法律规范；二是各种税收法律、条例的实施细则或实施办法，是对各种税收法律、条例所作的扩展性或限定性、解释性规范；三是各种税收的具体规定，是对税收法律、条例的实施细则或实施办法所作的补充性规定。

二、税收制度的构成要素

税收制度构成要素，主要包括纳税人、征税对象、税目、税率、纳税环节、纳税期限、纳税地点、减免税和违章处理等，其中，纳税人、征税对象、税率是税收制度的基本要素。

（一）纳税人

纳税人是税法规定的直接负有纳税义务的单位和个人，也称纳税主体。无论何种税法，都要规定相应的纳税义务人（即纳税人），因此，纳税人是税法的基本要素。

（二）征税对象

征税对象又称征税客体，是指对什么东西征税，是征税的标的物。征税对象反映了征税的广度，是一种税区别于另一种税的主要标志，是税制的基本要素。

（三）税目

税目是课税对象的具体项目。设置税目的目的，一是体现公平原则，根据不同项目的利润水平和国家经济政策，通过设置不同的税率进行税收调控；二是体现简便原则，对性质相同、利润水平相同且国家经济政策调控方向也相同的项目进行分类，以便按照项目类别设置税率。有些税种不分课税对象的性质，一律按照课税对象的应税数额采用同一税率计征税款，因此没有必要设置税目，如企业所得税。有些税种具体课税对象复杂，需要规定税目，如，消费税规定有不同的税目。

（四）税率

税率是应纳税额与征税对象数额之间的法定比例，是计算税额的尺度，体现着征税的深度。税收的固定性特征主要是通过税率来体现的。在征税对象确定的前提下，税率形式的选择和设计的高低，决定着国家税收收入的规模和纳税人的负担水平，因此，税率是税收制度的中心环节。科学合理地设置税率是正确处理国家、企业和个人之间的分配关系，充分发挥税收经济杠杆作用的关键。税率可分为比例税率、定额税率、累进税率三大类。

（五）纳税环节

纳税环节是商品在过程中缴纳税款的环节。任何税种都要确定纳税环节，有的比较明确、固定，有的则需要在许多流转环节中选择确定。如对一种产品，在生产、批发、零售诸环节中，可以选择只在生产环节征税，称为一次课征制；也可以选择在两个环节征税，称为两次课征制；还可以实行在所有流转环节都征税，称为多次课征制。

（六）纳税期限

纳税期限是负有纳税义务的纳税人向国家缴纳税款的最后时间限制，它是税收强制性、固定性在时间上的体现。

（七）纳税地点

纳税地点主要是指根据各个税种纳税对象的纳税环节和有利于对税款的来源控制而规定的纳税人（包括代征、代扣、代缴义务人）的具体纳税地点。

（八）减免税

减税是对应纳税额少征一部分税款；免税是对应纳税额全部免征。减免税是对某些纳税人和征税对象给予鼓励和照顾的一种措施。减免税的类型有：一次性减免税、一定期限的减免税、困难照顾型减免税、扶持发展型减免税等。

（九）违章处理

违章处理是对有违反税法行为的纳税人采取的惩罚措施。违章处理是税收强制性在税收制度中的体现，纳税人必须按期足额缴纳税款，凡有拖欠税款、逾期不缴税、偷税逃税等违反税法行为的，都应受到制裁（包括法律制裁和行政处罚制裁等）。

三、税制模式

税制模式，是指国家依据自身的政治经济制度和经济条件确定税收在国民收入分配中的地位，从而分别主次设置税类、税种所形成的整个税制调节的总体格局。因此，它关系到一国的主体税类在一个较长时期内如何设置的问题。税制模式通常具有高度概括性和整体性，集中反映税收制度的总体特征，其描述的对象为整个税制结构，并从税制内部表示各个税种之间的有机联系。

（一）税制模式的基本属性

1. 税制模式的内容

税制模式包括两个层次的含义：其一是指税收体系，即税种之间的相互关系和如何正确选择主体税种及其配套税种等内容；其二是指税收结构，即税制要素之间的相互关系及其所处的位置，包括税种结构、税目结构以及税率结构等内容。

2. 税制模式的构建因素

如何构建税制模式，主要取决于以下两个方面。

一是国家利用税收制度作用于经济生活所要达到的预期目标。

二是缺一不可，税收制度的运行目标是贯穿整个模式建立过程的一条主线。

世界各国大都采用由两个以上税种组成的复合税制。根据不同税种在税制中的地位不同，税收制度可以划分为以所得税为主体的模式，以流转税为主体的模式，以资源税为主体的模式，以及流转税和所得税双主体模式等。一个国家选择何种税制模式，取决于诸多因素，主要如经济发展水平、经营管理和税收征管的素质、税源分布及其结构、国家在一定历史时期的政治经济目的等。我国现行税制属于以流转课税和以所得课税为主体、其他税种相配合的复合税制模式。

3. 税制模式遵循的原则

税制模式的确定应当遵循以下几项基本原则：符合社会市场经济体制的总体要求；有利于发挥财政的、经济的、社会的效益；合理配置税种；要适合我国国情，建立一套有中国特色的税制模式。

（二）税制模式的分类

1. 以商品劳务税为主体的税制模式

该类税制模式的主要特征是：在税制体系中，商品劳务税居主体地位，在整个税制中发挥主导作用，其他税居次要地位，在整个税制中只起到辅助作用。该税制模式有以下几个优点：首先，商品劳务税伴随着商品流转行为的发生而及时课征，不受成本费用变化的影响，又不必像所得税那样规定一定的征收期，因此，税收收入比较稳定，并能随着经济的自然增长而增长；其次，该税制模式很好地体现了税收的效率和中性原则，减少了征税带来的"超额负担"，更有利于市场机制发挥基础性作用；最后，它便于征收管理。这种税制模式的缺陷在于其调节经济的功能相对较弱，特别是在抑制通货膨胀方面显得无能为力。另外，税收公平负担的原则也很难在该税制模式下得以体现。

2. 以所得税为主体的税制模式

该类税制模式的主要特征是：在税制体系中，所得税居主体地位。在西方的发达国家中，所得税的收入尤其是个人所得税的收入在整个税收收入中居主体地位。税制模式以所得税为主体有许多好处。首先，税收收入与国民收入关系密切，能够比较准确地反映国民收入的增减变化情况，税收弹性大；其次，所得税一般不能转嫁，税收增减变动对物价不会产生直接的影响；再次，所得税的变化对纳税人的收入，从而对消费、投资和储蓄等方面都有直接迅速的影响，比其他税种更能发挥宏观经济调节的税收杠杆作用；最后，所得税没有隐蔽性，对纳税人的税收负担清楚明了，比其他税种更能体现公平负担的原则，累进性质的所得税尤其如此。所得税的缺点是比较容易受经济波动和企业经营管理水平的制约，不宜保持财政收入的稳定。此外，稽查手续也复杂，要求有较高的税收管理水平。

3. 双主体税制模式

这类税制模式的主要特征是：在税制体系中，商品税和所得税并重，收入比重几乎各占一半，相互协调、相互配合。这类税制模式的特点是兼容上述两种模式的各自优势，能更好地发挥整体功能。这类税制模式多在一些中等收入的国家采用。

第四节　税收分类

一、商品课税

（一）商品课税的概述

商品课税同税收一样有古老的历史，它不仅是历史上各国取得财政收入的主要手段，而且在当今世界许多国家，尤其在众多发展中国家中仍占据重要乃至主导地位。

商品课税是指对生产、消费的商品或提供的劳务所课的税。这里所说的商品，既包括有形商品，如食品、服装、住宅等，也包括无形商品，如专利、技术等；既包括资本性商品——生产资料，也包括消费品——生活资料；既包括本国商品，也包括从外国进口的商品。劳务，通常只包括经营者提供的劳务，如宾馆向客人提供的食宿服务等，不包括被雇佣者提供的劳务，如公司职员受雇之后为本公司提供的劳务等，也不包括自我提供的劳务，如家务劳动等。

（二）商品课税的特征

（1）商品课税以商品和劳务的交换为前提，以商品和劳务流转额为计税依据。商品税以商品和劳务作为课税对象，具体的计税依据是商品劳务的流转额，即商品交换过程中的交易额。而流转额只能在商品和劳务的交换过程中产生，所以商品税是以商品经济为基础的，与商品经济有着密切的联系。

（2）商品课税是对物税。商品课税对商品和劳务的流转额课征，主要着眼于物，不考虑纳税能力，将人的关系排除在外，所以只对纳税人的销售（营业）额全部课税，而没有起征点、免征额等扣除规定，而且采用比例税率。

（3）多环节征税。从商品交换过程来看，商品从原材料到产成品，要经过产制、批发和零售等环节，才能最终进入消费领域，所经过的交易环节和交易次数比较多，而且是分合多变，所以商品税通常是一个以上的环节课征。正因为如此，商品税课税环节的确定——实行全环节课征，还是选择特定环节征税，即采用一次、两次课征，还是多次课征，就成为商品税建设中的一个特殊问题。

（4）易于转嫁。商品课税是在商品流通中进行的，纳税人很可能通过各种手段将所缴纳的税款转嫁出去。例如，通过提高商品价格，转嫁给消费者；或者压低收购价格而转嫁给生产者等，从而将税款部分或全部转嫁给他人。

（三）商品课税的优缺点

1. 商品课税的优点

在自由资本主义时期，商品税在资本主义国家的税制系统中占据重要位置，尤其在众多发展中国家中仍占据绝对优势。当然，这与它的优势有着紧密的联系。具体来看，商品税主要有以下优点。

（1）课税普遍。商品课税以商品和劳务的交换为前提，在现代社会中，商品生产和交换是经济运行的基本方式。因此，商品课税具有普遍课征的优势。

（2）收入及时可靠。商品课税范围广，只要生产经营者有销售（或营业）收入就要纳税，故可使国家均衡、及时、可靠地取得财政收入。而且商品税一般采用从价计征，税基广，只要纳税人发生了应税生产经营行为，取得了商品销售收入或劳务收入，不论其成本高低与利润盈亏，国家均能取得税金，从而保证了税收收入的及时性和可靠性。

（3）贯彻国家产业政策，促进经济稳定增长。对不同商品、不同行业设计不同税率，有利于调节生产、交换、分配，正确引导消费；对同一产品、同一行业，实行同等税负的政策，有利于在平等的基础上开展竞争，鼓励先进，鞭策后进，限制盲目生产、盲目发展；通过减税、免税、退税等优惠激励措施，有利于体现国家对某些商品、行业、企业或地区实行优惠的扶持激励政策，引导投资，这些都能促进国民经济协调发展，稳定增长。

（4）有利于调节消费，鼓励储蓄。家庭、个人收入的支出不外乎消费和储蓄，用于消费方面的多，用于储蓄方面的必然减少；反之，用于消费方面的减少，用于储蓄方面的就必然增加。商品税是价格的组成部分，通常使商品价格增高，人民购买消费品就要多付钱。故一般来说，物价提高，消费减少，尤其是对那些有害人民健康和社会利益的消费品，如烟、酒或易污染的产品、设施，施以高税率，既可增加财政收入，又可调节消费，抑制奢侈之风，增加储蓄。

（5）征收容易，管理方便，节省费用。商品税一般采用从价计征或从量计征，比财产税和所得税计算手续简单，易于征收。同时只向为数较少的企业厂商征收而不是向为数较多的个人征收，管理方便，课税容易，因而可节省税务费用。

（6）纳税人易于接受。商品税额平均摊在物品价格之中，而且每次为数很少，纳税人没有强烈的牺牲感受，对征税的抵抗力较弱。

2. 商品课税的缺点

当然，商品课税也存在一些缺点，而且随着社会经济和社会化大生产的发展，商品税的弊端日益暴露。具体来看，商品税主要有以下缺点。

（1）有悖于量能纳税原则。纳税人的所得未必与其消费成正比，比如一个家庭人口多而劳力少，劳动收入和其他收入一般，则较人口少、收入多的家庭来说，在两者的人均消费水平一样的情况下，前者消费要大于后者，而税收负担也大于后者，因而违反税负公平原则。尤其是在社会财富分配不均和所得悬殊的条件下，商品课税不区别纳税人的经济状况负担能力，一律按消费量的多寡承担税负，造成税收具有明显的累退性。就总体而言，商品课税不能反映纳税人负担税收的能力，其税负必然主要由居多数的相对贫穷的阶级和阶层负担，自然就无法做到量能纳税，实现税负公平。

（2）可能影响生产发展。商品税课征要转嫁，有赖于提高出售价格，价格提高，对商品的销售数量有相当大的影响，有时甚至无法将税负加入货价。同时，税款的缴纳，一般是由生产者垫付，即使能够顺利转嫁，也需要相当长的时间才能收回，影响生产资金周转，妨碍生产的发展。此时，生产者如果仍然保持价格不变，也将蒙受损失。因此，只有提高商品价格，才能将税负转嫁出去。而商品价格的上涨，又必然会导致销售数量的下降，最终会减少商品供给。

（3）存在重复课税。由于商品税存在多环节课征的特点，而且在不同的环节课税，除增值税外，一般存在重复课税，这不但使税负不公，而且影响社会经济结构的优化，特别是影响专业化协作生产的开展，不利于经济的发展。

（4）商品税缺乏弹性。如果提高商品课税税率，以期增加收入，可能由于抑制了人民消费，社会消费量减少，而使税收减少。

（四）商品课税的种类

我国现行的税收制度中，商品课税的主要税种有增值税、消费税、关税等。

1. 增值税

增值税是以商品（含应税劳务）在流转过程中产生的增值额作为计税依据而征收的一种流转税，有增值才征税，没增值不征税。增值税已经成为我国最主要的税种之一，增值税的收入占全部税收的60%以上，是最大的税种。增值税由国家税务局负责征收，税收收入中75%为中央财政收入，25%为地方收入。进口环节的增值税由海关负责征收，税收收入全部为中央财政收入。

2. 消费税

消费税（特种货物及劳务税）是以消费品的流转额为征税对象的各种税收的统称，是政府向消费品征收的税项，可从批发商或零售商征收。消费税是典型的间接税，是1994年税制改革在流转税中新设置的一个税种。消费税实行价内税，只在应税消费品的生产、委托加工和进口环节缴纳，在以后的批发、零售等环节，因为价款中已包含消费税，因此不用再缴纳消费税，税款最终由消费者承担。消费税的纳税人是我国境内生产、委托加工、零售和进口《中华人民共和国消费税暂行条例》规定的应税消费品的单位和个人。

3. 关税

关税是指进出口商品在经过一国关境时，由政府设置的海关向进出口商所征收的税收。1985年3月7日，国务院发布《中华人民共和国进出口关税条例》。1987年1月22日，第六届全国人民代表大会常务委员会第十九次会议通过《中华人民共和国海关法》，其中第五章为关税的内容。2003年11月，国务院根据海关法重新修订并发布《中华人民共和国进出口关税条例》。作为具体实施办法，《中华人民共和国海关进出口货物征税管理办法》已经2004年12月15日审议通过，自2005年3月1日起施行。

（五）营改增

全面实施"营改增"试点改革，意味着实行三十余载的营业税和增值税并行征收的格局宣告结束，流转税制重大结构转换基本完成，开启了税收发展新阶段，在中国税收改革和发展的历史上具有里程碑意义。

"营改增"的实质是税制转换，也是税收制度创新的集大成者，符合现代税收制度"税种科学、结构优化"的价值追求，具有鲜明的时代特征和前瞻性的前行脉络。与国际接轨的规范化增值税制的建立，将助推现代税收制度体系的改革和完善，开启了税收治理体系现代化的新征程。同时，税制转换必然带来税务管理方式的变革，推动税收治理能力现代化。

二、所得课税

（一）所得课税的概述

所得课税自1799年在英国产生以来，经过较长时期的曲折发展，在第一次世界大战以后，在西方发达税收体系中占据主导地位。

所得税是指国家以法人、自然人和其他经济组织为课税对象，对其在一定时期内的各种所得征收的一系列税种的总称。

（二）所得税的特征

1. 所得税以纯收入或净所得为计税依据

对于所得可分为两大类：利润所得和其他所得。前者是指从事生产经营活动的法人和自然人的营业收入扣除取得收入所支付的成本费用以及流转税后的余额；后者是指工资、劳务报酬、股息利息、财产租赁所得等。

2. 所得税是对人税

所得税对纳税人（自然人和法人）在一定时期内的净所得或纯收入课征，主要着眼于人，考虑了人的纳税能力和经济情况，规定起征点，免征额和其他一些必要的减免项目，最终确定课税基础。同时，课税针对人的纳税能力的考虑，一般实行超额累进税率，对应税所得额高者多征税，对应税所得额少者少征税。

3. 所得税不易转嫁

各种形式的所得税，包括个人所得税和企业所得税都是对纳税人的最终所得的征税。因此，所得税属于终端性质的税种。一般情况下，纳税人所承受的所得税负担是无法转嫁的，纳税人即负税人。

（三）所得税的优缺点

第一次世界大战后，所得税被西方国家广泛利用，其重要原因在于所得税具有能够充分体现公平、普遍课征、富有弹性和不存在重复征税以及能够有效调节经济等方面的诸多优点。这里，我们试着从财政方面、国民经济方面和社会政策方面来探讨所得税的优点。

1. 所得税的优点

（1）从财政方面来看：收入充足，作为课税基础的所得源于国家的经济资源和个人的经济活动，只要有所得就可以课征所得税，而且随着经济资源的不断丰富、经济活动的不断扩大，所得税收入也必然随之增长；收入具有弹性，所得税通过税率的变动，可使收入富有弹性。当国家遇有大的变故或面临战争，所得税可视实际情况，适当提高，即可使收入适应支出。

（2）从国民经济方面来看：所得税可以维持经济繁荣，可以抑制资本的过度集中和通货膨胀；所得税可以促进经济发展，因为政府课以所得税，获得巨额收入，可以重点运用，从事公共投资，增加国民所得，提高消费倾向，增加有效需求，促进经济发展；所得税不会打击人们的生产积极性。

（3）从社会政策方面来看：课征普遍，凡有所得，不论性质如何，任何个人都没有不纳税的特权；保障最低财富，提高免税点，抑制巨额财富，实施累进税率，不征穷人税，多征富人税，促进社会公平；政府推行社会保障制度，课征所得税，举办社会福利，使社会安定。

2. 所得税的缺点

当然，所得税制并非十全十美，也存在着一些问题。

（1）所得的概念十分不明确，因而导致应税所得的计算不尽一致。

（2）纯所得计算颇有困难，尤其是哪些费用可以列支，哪些费用需作为课税所得，界限很难确定，而且不同形态（或性质）的企业，其费用也有差异。

（3）所得税容易发生逃漏现象，稽征管理难度较大。如果采用申报办法，会引起虚报所得额，尤其是高所得者更容易逃税，同时，所得税的累进税率可能会在一定程度上抑制人们从事生产和劳动的积极性。

（4）所得税会泄露私人营业上的秘密，引起纠纷。

（四）所得税的种类

在我国现行的税种中，所得课税税种主要有企业所得税、个人所得税等。

1. 企业所得税

企业所得税是对我国内资企业和经营单位的生产经营所得和其他所得征收的一种税。企业所得税纳税人即所有实行独立经济核算的中华人民共和国境内的内资企业或其他组织，包括以下六类：①国有企业；②集体企业；③私营企业；④联营企业；⑤股份制企业；⑥有生产经营所得和其他所得的其他组织。企业所得税的征税对象是纳税人取得的所得，包括销售货物所得、提供劳务所得、转让财产所得、股息红利所得、利息所得、租金所得、特许权使用费所得、接受捐赠所得和其他所得。

2. 个人所得税

个人所得税率是个人所得税税额与应纳税所得额之间的比例。个人所得税率是由国家相应的法律法规规定的，根据个人的收入计算。下列各项个人所得，应当缴纳个人所得税：①工资、薪金所得；②劳务报酬所得；③稿酬所得；④特许权使用费所得；⑤经营所得；⑥利息、股息、红利所得；⑦财产租赁所得；⑧财产转让所得；⑨偶然所得。

三、财产课税

（一）财产税的概述

财产课税简称"财产税"，是按征税对象分类中的一个大类，是以纳税人拥有或支配的财产数量或价值为课税基础的税种。财产，是指在某个时点上纳税人拥有的财富存量，主要包括不动产、有形动产、无形动产等。在现代各国税制中，财产税一般作为辅助税种归入地方税。

（二）财产税的特征

在说财产税的特点前，一定要先认识到什么是财产。财产包括一切积累的劳动产品、自然资源和各种科学技术、发明创作的特许权等，国家可以选择某些财产予以课税。财产税是所得税的补充税，是在所得税对收入调节的基础上，对纳税人占有的会计财产进行进一步的调节。财产税具有以下明显特点。

（1）土地、房屋等不动产位置固定，标志明显，作为课税对象具有收入上的可靠性和稳定性。

（2）纳税人的财产情况，一般当地政府较易了解，适宜由地方政府征收管理，有不少国家把这些税种划作地方税收。如美国课征的财产税，当前是地方政府收入的主要来源，占其地方税收总额的80%以上。

（3）以财产所有者为纳税人，对于调节各阶层收入，贯彻量能负担原则，促进财产的有效利用，有特殊的功能。

（三）财产税的优缺点

1. 优点

（1）财产税比较符合纳税能力的原则，有利于调节产权所有人的收入水平。

（2）缓解社会财富分配不均的矛盾。

（3）促进投资和储蓄。

（4）限制奢侈性消费。

（5）可以弥补所得税、流转税的不足。

2. 缺点

（1）财产税收入比重偏低，限制了其应有功能的发挥。

（2）财产课税制度设计不尽规范，计税依据、税额标准不够科学。

（3）征税范围较小，税基偏窄。房产税对城镇个人所得的非营业性的房产、广大农村的经营性房产及位于农村企业房产均免税。

（4）内外税制不统一。目前，对内资征收的是房产税和城镇土地使用税，对外资征收的是房地产税（土地除外）和土地使用税（不由税务机关征收），两套制度在征收范围、税（费）率、计税（费）依据方面都有所不同。

（5）税制改革相对滞后，与经济发展脱节。1994年出台的税制改革，其侧重点是流转税和所得税的改革，而对财产税的触动不大。如现行房产税法是1986年颁布的《中华人民共和国房产税暂行条例》。另外还有一些应该开征的财产税税种至今尚未开征，如赠与税。

（四）财产税的税种

财产税按不同的标准有不同的类别。

1. 按课征范围的不同，可分为一般财产税和特殊财产税

一般财产税是指对纳税人所有财产综合课征，以财产的价值为计税依据，在一定时期内课征一次。

特殊财产税是指对纳税人的某种财产单独课征。

2. 按课征时间的不同，可分为静态财产税和动态财产税

静态财产税是指对纳税人一定时点的财产占有额的定期征收。

动态财产税是指在财产所有权转移时对所有权取得者或转移人按财产转移额一次征收的财产税，如遗产税。

四、资源课税

（一）资源课税的概述

资源课税是以资源为征税对象一类税的总称。资源，一般指自然界存在的天然物质财富，包括地下资源、地上资源和空间资源。作为征税对象的资源是具有商品属性的资源，它不仅具有使用价值，而且有交换价值。由于自然资源除少数属再生资源外，大多是非再生资源，一经开发利用必然相应减少。因此，一些国家对于资源征税项目的选择，多取积极而慎重的态度。在确定应税资源时一般基于两个目的：①选择本国蕴藏及开采量丰富的资源课税，通过征税充实国家财政收入；②运用税收杠杆，保护本国宝贵的资源财富，促进资源的合理开发和有效利用。

（二）资源税的特征

以资源税、盐税、城镇土地使用税和耕地占用税构成的资源税体系，选择的征税对象一般具有以下特点。

（1）纳入征税范围的资源大都为国家所有。

（2）应税资源与社会再生产和人民生活有重大关系。

（3）纳入征税范围的矿产资源都属于天然资源，有相对的耗竭性。对这些宝贵资源采取征税的办法加以调节，对国计民生有着重大的现实意义和深远的历史意义。

（4）实行有偿使用。凡开发和占用国家资源的，不论是国有企业、集体企业或其他单位和个人，都要依法向国家承担一定的纳税义务，作为占用和开发这部分资源的经济偿付。

（5）合理调节资源级差收入。从理论上说，资源级差收入不是企业主观努力的结果，而由资源条件差异（包括资源自然条件差异和社会条件差异）所形成，这一部分收入理应归国家所有。但另一方面，将国家自然资源天然存在的差异变为现实的级差收入，无不与开发单位的主观努力有着密切关系，因而，我国的资源税在提取级差收入方面十分注意其合理限度，既要有效缓解由于级差收入在分配上产生的苦乐不均，又要避免伤害企业主观努力的积极性，调节幅度力求恰当。

（6）实行从量定额征收，力求简化征纳手续。

（三）资源税的税种

资源税相关税法中将资源税课税对象分类规定的具体征税品种或项目，是资源税征收范围按产品类别或品种等的细化。现行资源税税目包括：能源、矿产、金属矿产、非金属矿原矿、水气矿产和盐。现行资源税税目的细目主要是根据资源税调节资源级差收入的需要（确定相应的税额）而设置的。

五、行为课税

（一）行为税的概述

行为课税是指以纳税人的某种行为为课税对象而征收的一种税。行为课税的最大特点是征纳行为的发生具有偶然性或一次性。征税目的因不同税种而异，有的出于限制某些行为发展考虑，有的基于对某种经济活动或权益的认可，有的则在于开辟财源以资某一方面财政支出的需要。行为税大都针对某种特定行为课税，征收对象单一，税源不大，收入零星分散，且大多归入地方财政。

（二）行为课税的特征

目前，我国现行税制中属于行为课税的有印花税、城市维护建设税、烟叶税等。它们具有以下主要特点。

1. 针对性和目的性较强

如烟叶税以在中华人民共和国境内收购烟叶的单位为纳税人，征税对象为烤烟叶和晾晒烟叶。

2. 收入划归地方财政

收入划归地方财政，保证其有较稳定的收入来源。

（三）行为税的优缺点

1. 优点

国家课征行为税，是为了达到特定的目的，对某些行为加以特别鼓励或特别限制。因此，行为税有以下几个主要优点。

（1）具有较强的灵活性。当某种行为的调节已达到预定的目的时即可取消。

（2）调节及时。能有效地配合国家的政治经济政策，"寓禁于征"，有利于引导人们的行为方向，针对性强，可弥补其他税种调节的不足。

2. 缺点

由于行为税中很多税种是国家根据一定时期的客观需要，大部分是为了限制某种特定的行为而开征的，因此，行为税也存在一些缺点。

（1）收入的不稳定性。往往具有临时性和偶然性，收入不稳定。

（2）征收管理难度大。由于征收面比较分散，征收标准也较难掌握，征收管理较复杂。

（四）行为税的税种

我国对行为的课税几经变动，我国现行行为税共三种，分别是印花税、城市维护建设税、烟叶税。

1. 印花税

印花税是对经济活动和经济交往中设立、领受具有法律效力的凭证的行为所征收的一种税，因采用在应税凭证上粘贴印花税票作为完税的标志而得名。印花税的纳税人包括在中国境内设立、领受规定的经济凭证的企业、行政单位、事业单位、军事单位、社会团体、其他单位、个体工商户和其他个人。国务院发出通知，决定自 2016 年 1 月 1 日起调整证券交易印花税中央与地方分享比例。国务院通知指出，为妥善处理中央与地方的财政分配关系，从 2016 年 1 月 1 日起，将证券交易印花税由现行按中央 97%、地方 3% 比例分享全部调整为中央收入。国务院通知要求，有关地区和部门要从全局出发，继续做好证券交易印花税的征收管理工作，进一步促进我国证券市场长期稳定健康发展。

2. 城市维护建设税

城市维护建设税简称为城建税，是我国为了加强城市的维护建设，扩大和稳定城市维护建设资金的来源，对有经营收入的单位和个人征收的一个税种，它是 1984 年工商税制全面改革中设置的一个新税种。1985 年 2 月 8 日，国务院发布《中华人民共和国城市维护建设税暂行条例》，从 1985 年起施行。1994 年税制改革时，保留了该税种，做了一些调整，并准备适时进一步扩大征收范围和改变计征办法。《城市维护建设税暂行条例》第三条规定，城市维护建设税，以纳税人实际缴纳的消费税、增值税、营业税税额为计税依据，分别与消费税、增值税、营业税同时缴纳。第五条规定，城市维护建设税的征收、管理、纳税环节、奖罚等事项，比照消费税、增值税、营业税的有关规定办理。

3. 烟叶税

2017 年 12 月 27 日，《中华人民共和国烟叶税法》公布。规定在中华人民共和国境内依照《中华人民共和国烟草专卖法》的规定收购烟叶的单位为烟叶税的纳税人，纳税人应当依照本法规定缴纳烟叶税。本法所称烟叶，是指烤烟叶、晾晒烟叶。烟叶税的应纳税额按照纳税人收购烟叶的收购金额和规定的税率计算。烟叶税实行比例税率，税率为 20%。

本章小结

税收是以国家为主体，为了满足社会公共需要，实现国家职能，凭借政治权力，由政府专门机构向居民和非居民就其财产或特定行为实施强制、不直接偿还的金钱或实物课征，是国家最主要的一种财政收入形式。税收具有强制性、无偿性、固定性。税收职能包括经济职能、财政智能、监督智能。税负的指标分为宏观税收指标和微观税收指标。税收制度构成要素，主要包括纳税人、征税对象、税目、税率、纳税环节、纳税期限、纳税地点、减免税和违章处理等。税制模式的分类有以商品劳务税为主体、以所得税为主体、双主体税的税制模式。

商品课税是指对生产、消费的商品或提供的劳务所课的税。中国现行的税收制度中，商品课税的主要税种有增值税、消费税、关税等。所得课税主要有企业所得税、个人所得税等。行为税共三种，分别是印花税、城市维护建设税、烟叶税。

课后练习

一、名词解释

税收　纳税人　税收效应　税收负担　商品课税　所得课税

二、问答题

1. 什么是税收的"三性"特征？认识税收"三性"特征的重要性意义何在？

2. 税负转嫁的方式有哪些？一般规律是什么？

3. 税收有哪些职能？研究税收职能的意义何在？

4. 试阐述 1994 年我国工商税制改革的主要内容。

5. 简述我国税制改革的发展趋势。

案例分析

纳税服务存在的问题

近年来，特别是 2001 年新《中华人民共和国税收征收管理法》把纳税服务确定为税务机关的一项法定义务以来，税务机关通过强化税法宣传、开展纳税咨询、开展办税服务、出台纳税服务工作规范、开通纳税服务热线、建设税务网站等措施，不断丰富服务内容、规范服务行为、改进服务方式手段，在探索创新中纳税服务工作取得了明显进展。2009 年 7 月 9 日，国家税务总局专题召开全国税务系统纳税服务工作会议，会议将纳税服务与税收征管并称为税务部门的核心业务，纳税服务工作被提到了一个新的高度。在纳税服务理念不断强化的背景下，保护纳税人的合法权益作为其重要的内容，也被提升到了一个新高度。纳税服务工作的主要职责可归纳为"十六个字"：税法宣传、纳税咨询、办税服务、权益保护。

（资料来源：凌太东，赵定顺，周道迁：《纳税服务理念下保护纳税人权益的思考》，中华会计网校）

分析：根据你的理解，你认为当前纳税服务存在的问题有哪些？应采取哪些提高纳税服务质量的措施？

第五章

财政政策

第一节 财政政策概述

一、财政政策的含义

在市场经济条件下，政府对社会经济进行宏观调控通常要采用一系列经济政策来实现，其中最常用的、最直接的是财政政策和货币政策。所谓财政政策就是以财政理论为依据，运用各种财政工具，为达到一定的财政目标而采取的各种财政措施的总称。财政政策就是概括化了的财政制度、措施，是政府经济政策的重要组成部分，也是政府制定的指导财政分配活动和处理各种财政分配关系的基本方针和准则。

（一）财政政策是政府有意识活动的产物，属于上层建筑的范畴

财政政策同其他任何经济政策一样，是基于人们对客观经济规律的认识，在一定理论指导下制定的，是主观见之于客观的东西。人们在财政的实践活动中，认识了财政活动的基本状况和一般规律，形成了各种各样的财政理论，这些认识的成果和理论不能直接规范人们的行为，要通过财政政策这一中介来完成。财政政策是政府基于财政发展规律来制定的，目的是规范人们的行为，因而是有意识的活动的产物，属于上层建筑的范畴。但制定的政策正确与否，既取决于政府主观认识程度，又必须通过财政实践来判断。

（二）财政政策是政府实施宏观调控的重要手段

财政政策是政府宏观经济政策的重要组成部分，其制定和实施的过程也就是政府实施宏观调控的过程，也就是说，政府宏观调控是借助财政政策的制定和实施来实现的。政府主要通过税收、支出、公债和预算等工具来指导财政分配活动，调节各种分配关系，从而达到和实现政府的宏观目标。财政政策就为经济运行最大限度地接近这些目标提供了手段和措施。

由于财政政策与宏观调控具有内在联系，因此财政政策制定和实施的主体，财政政策调节的客体，财政政策的目标、工具等与财政宏观调控的主体、客体、目标、手段等，是完全一致或者基本一致的。

二、财政政策的基本特征和主要功能

（一）财政政策的特点

1. 制度性

财政政策的制度性是指财政政策总是与一定的社会经济制度直接相关，即有什么样的社会经济制度就会有什么样的财政政策。自由资本主义时期与现代市场经济制度下的财政政策，在历史背景、政策目标和政策手段等方面都有明显的区别。而我国在计划经济制度和市场经济制度下实施的财政政策更是截然不同的。

2. 系统性

财政政策运行环境是一个系统有机的经济社会，存在众多的经济变量，这就要求财政政策在不同的政策之间，在政策的目标之间，在实施政策的手段之间，是一个有机协调的系统，否则将削弱财政政策的整体效应，甚至对整个社会产生负效应。

3. 间接性

财政政策作为调控经济的一种方式，与行政干预不同，不会直接干预经济运行，另外它与人们直接从事的经济活动也不同。财政政策采用的是间接的调控方式，即财政政策具有间接性的特点，它是用诱导的方式，使经济行为者从事符合国家经济政策的活动。财政政策的间接性要求政府运用财政、税收等经济杠杆来实现政策目标，或者通过相关的财政经济立法来体现政府的意图，进行宏观调控。如政府要抑制物价上涨的趋势，只能用经济杠杆对社会的供求关系进行影响，而不能采用行政限价的方式。

4. 时效性

财政政策发挥的效能是有时间限制的。对于不同的经济形势应采取不同的政策手段，同时注意实施政策的最佳时间。尽管政策的合理部分、共性特征可以超越阶段而连续存在，在一定程度上保持政策的连续性，但阶段的特殊性必然导致财政政策的特殊性，应当随着时间的推移和国民经济的发展变化，及时调整政策内容，以保持政策的活力。过时的财政政策必须停止实施，为新的、更加适应社会经济发展的财政政策所取代。

（二）财政政策的功能

1. 引导功能

财政政策的直接作用对象是财政分配和管理活动，而这种分配和管理关系能够左右人们的经济行为。财政政策的引导功能是指对居民个人和企业的经济行为以及国民经济的发展方向有导向作用。它的引导功能主要表现在以下方面。

（1）财政政策在制定和实施过程中，要配合国民经济总体政策和各部门、各行业政策，对国民经济和社会发展的过程及其变动趋势进行预测，并在预测的基础上作出决策，提出明确的调节目标。例如，在某一时期，宏观经济政策目标是稳定经济发展，为实现这一总目标，财政政策就要以抑制通货膨胀为目标。

（2）财政政策通过利益机制引导企业和个人的经济行为。例如，政府针对内需不足的经济环境，可以采取积极的财政政策，增加社会投资规模，刺激私人投资欲望。当这一政策出台后，投资者可能就要利用这一政策，这时可以通过提供多种优惠政策鼓励私人的投资欲望，如加速折旧、免税期、投资税收抵免、盈亏相抵、补助等。

2. 协调功能

财政政策的协调功能是指财政政策能够调节社会经济的发展，对某些失衡状态进行制约和调整。它可以协调地区之间、行业之间、部门之间、阶层之间等的利益关系。财政政策之所以具有协调功能，首先是由财政的本质属性决定的。财政本身就具有调节职能，它在国民收入分配过程中，通过收入和支出活动，改变着社会集团和成员在国民收入中占有的份额，调整着社会分配关系。比如，转移支付政策是为了协调居民个人之间的收入水平，从而达到公平收入、缓解社会矛盾的目的；又如，合理负担政策旨在公平税收负担，使纳税人在平等的基础上展开经济竞争。其次，财政政策体系的全面性和配套性为其协调功能的实现提供了可能性。在财政政策体系中，公共支出政策、税收政策、预算政策等，从各个方面协调着人们的物质利益关系。这种政策之间的相互配合、相互补充可以充分发挥出财政政策的整体效应。

3. 控制功能

财政政策的控制功能是指国家通过财政政策对人们的经济行为和宏观经济运行产生制约与促进，实现对整个国民经济发展和社会发展的控制。例如，对个人所得征收超额累进税，是为了防止收入分配上的两极分化。财政政策之所以具有控制功能，主要是由政策的规范性决定的。无论财政政策是什么类型的，都含有某种控制的因素在内。它们总是通过这种或者那种手段来对经济主体活动施加影响。

财政政策对社会经济的控制方式有直接控制和间接控制两种。直接控制是指财政政策对其作用的利益关系和经济活动直接进行的控制，如通过征收高额累进所得税直接减少高收入阶层的收入，通过转移支付制度直接增加低收入家庭的收入，从而达到缩小贫富差距的目标。间接控制是指财政政策通过间接的行为作用利益关系和经济活动。如政府出资兴建公共工程时，能带动工程项目周边地区的经济，增加当地的就业。

财政政策控制还有一个阶段的问题。可以进行预先控制，即在财政政策的制定阶段就实施控制，比如政府在采取一项财政政策时，在实施之前进行相关的可行性研究，对政策可能引起的后果进行分析和预测，及时修正政策，避免失误；也可以进行现场控制，即在财政政策实行之后，根据反馈回来的有关信息对财政政策的内容和实施强度进行相应的调整，保证财政政策实施的有效性。

4. 稳定功能

财政政策的稳定功能就是指通过财政政策，调整财政收支规模，进而影响社会总供需水平，促进供需平衡，从而保证国民经济的稳定发展。比如，在资源没有被充分利用时，政府可通过增加支出使其达到充分就业的水平；而在通货膨胀时，政府可通过减少支出，使总供给与总需求趋于平衡，从而抑制经济过热。

第二节　财政政策的目标和工具

财政政策作为政府运用国家财力实现宏观调控的重要工具，它的运作必然要受到一定的目标的引导，也就是财政政策目标的引导。财政政策的诸多目标有机联系，共同构成了财政政策的目标。

一、财政政策的目标

（一）财政政策目标的特征

财政政策目标是指财政政策所要实现的期望值。政策目标是政府制定包括财政政策在内的一切政策首先考虑的问题。如果目标不明确，或制定的目标不切实际，政府制定的政策就无法实施，同时也失去了实施的意义。在确定财政政策目标时，政府决策部门应注意财政政策目标的以下几方面特征。

1. 财政政策目标受财政政策功能的制约

政府确定的财政政策目标必须在财政政策功能所及的范围之内。如果政府所确定的目标超出了财政政策功能范围的话，无论政策实施部门如何努力，都是不可能实现其目标的。比如，如果政府将某项财政政策的目标确定为打击走私、贩毒等刑事犯罪的话，那么，这个目标是根本不可能实现的。因为财政政策本身不具备处理违法犯罪的功能。

2. 财政政策目标在时间上具有一定的连续性

政府的财政政策是通过税法、预算法等一系列法律程序来制定和贯彻的，具有法律严肃性，因此，财政政策目标在时间上必须保持一定的连贯性和一贯性，切不可朝令夕改。换句话说，财政政策适用于那些国民经济发展中经常遇到的、长期性的问题，如保证社会总供给和社会总需求的平衡、产业结构的合理等。而经济发展中遇到的一些局部性、暂时性问题，则应尽可能通过其他途径来解决，避免滥用财政政策目标的现象。当然，财政政策的目标具有时间上的连续性，并不等于财政政策目标是一成不变的。社会经济瞬息万变，财政政策目标也应随经济的变化而适当调整，但这种调整应适度，不可太频繁。

3. 财政政策目标在空间上具有一致性

财政政策目标是一个包含多重目标在内的完整体系。一个大目标，往往是通过几个小目标的贯彻来实现的。比如，我们目前实施的积极财政政策扩大内需的目标，就是通过税收政策目标、财政支出目标以及国债政策目标等子目标来实现的。这样，就要求在财政政策的总目标与子目标之间，以及各子目标之间保持一致性，才能保证财政政策实施的有效性。如果总目标与子目标或各子目标之间存在相互矛盾的话，就很可能产生政策内耗，其作用相互抵消，从而大大降低财政政策的有效性。比如说，政府为刺激社会需求总量，而采用赤字财政政策手段时，在收入政策上就不能同时实行增加税收收入的政策，否则，扩张性支出政策与紧缩性收入政策所产生的作用相互抵消，政府对经济所进行的调节就可能劳而无功。

（二）财政政策的目标

财政政策的目标具有多重特征，构成一个目标体系，一般包括经济稳定、经济发展、收入公平分配和预算平衡四大目标。

1. 经济稳定目标

经济稳定是财政政策的首要目标。一定时期内经济是否稳定，可以从内部和外部两方面来衡量。从本国经济内部衡量经济稳定与否的指标主要有两个：一个是物价的稳定，另一个是产量和收入的稳定。所谓物价稳定是指社会价格总水平的稳定。经济学上所讲的物价稳定，并不是说物价保持不动，通货膨胀为零，而是要求将通货膨胀控制在一定水平上。产量和收入的稳定与生产要素的投入有密切关系。因此，产量和收入的稳定与否，一般用就业情况来衡量，常用的指标是失业率。如果经济处于充分就业的状态，说明社会资源得到了充分利用，产量和收入实现了最大化。从外部衡量经济稳定与否的指标主要是国际收支的平衡状况。在现代开放经济条件下，国际收支不仅可以反映一国的对外经济交往情况，而且可以反映其整个经济稳定程度。

综上所述，财政政策的经济稳定目标又可分解为三个子目标，即物价稳定、充分就业和国际收支平衡。

2. 经济发展目标

经济发展是 20 世纪 80 年代以来经济学界提出的一个新的政府政策目标，用以取代过去各国政府所追求的经济增长目标。经济发展是一个综合性概念，是指伴随经济结构、社会结构和政治结构改革的经济增长。它克服了传统的政府经济结构目标单纯追求经济总量增长的弊端，不仅注重国民经济数量的增长，更重视国民经济质量的提高。具体来讲，经济发展目标本身也是一个政策目标体系，包括以下三个子目标：一是经济增长目标，所谓经济增长是指经济总量不断扩大，衡量经济增长的一个最基本指标就是国民生产总值增长率，经济总量的增长是各国政府所极力追求的目标；二是资源合理配置目标，资源配置是指资源在不同途径和不同使用者之间的分配，资源的合理配置及其使用效率的最大化，是经济增长的前提；三是社会生活质量的提高，经济活动的最终目标是满足全体社会成员的需要，需要的满足程度，不仅取决于个人消费需求的实现，而且取决于社会公共需要的满足程度，公共需要的满足程度代表着社会生活质量的高低。

3. 收入公平分配目标

收入公平分配指的是一国社会成员分配的平均程度。这个目标的内涵是使社会成员的收入分配既有利于充分调动社会成员的劳动积极性，同时又不至于产生过分的贫富悬殊。理论上讲，在完全竞争市场机制下，收入分配可以实现帕累托最优，即：某个人的经济地位好起来，而别人的经济地位并未因之而坏下去。但在实际经济生活中，帕累托最优所需要的条件较难具备，收入的公平分配很难自动实现，因此，就需要通过财政政策来对社会成员的收入分配状况进行有效的调节。收入公平分配不是一个纯粹的经济目标，它是经济的、道德的、社会的以及政治和历史的统一体。不同的历史时期，处于不同社会阶层的人，对公平内涵的理解和要求有所不同。

4. 预算平衡目标

预算平衡是指在一定时期内，国家预算的基本收支保持平衡。预算平衡有年度平衡、经济总量平衡与周期预算平衡等多种不同平衡方法。年度平衡是指每个财政年度的财政收支要保持基本平衡。经济总量平衡是指预算不以自身的平衡为目标，而是以经济总量，即社会总供给与总需求平衡为追求的目标。当社会经济发展需要预算保持盈余时，就实行盈余预算政策。周期预算平衡是指在一个经济周期内保持财政收支的基本平衡。在经济发展的高峰时期，财政收支有盈余，在经济危机时期，出现赤字，但在高峰、危机的周期内，总的看来，预算收支基本上是平衡的。在现代社会，政府负有干预经济的重要职责，许多国家政府放弃了传统的年度平衡的观念，将财政政策的预算平衡目标定位于经济总量平衡或经济周期平衡上。因为如果财政过分追求年度平衡，就会大大削弱财政政策对经济的干预能力。

二、财政政策各目标之间的冲突和协调

（一）物价稳定与充分就业的矛盾

按照凯恩斯经济学的理论观点，充分就业与物价稳定之间本来是可以协调的，因为需求不足引起失业，过度需求引起通货膨胀，只要消除了需求不足而又不造成过度需求，那就可以既充分就业，又物价稳定了。也就是说，在充分就业之前，不会出现真正的通货膨胀，只有达到充分就业之后，需求继续增大，形成过度需求，才会有真正的通货膨胀。

菲利普斯曲线表明，失业率与货币工资增长率之间存在负相关关系，即失业率越低，货币工资增长率越高；失业率越高，货币工资增长率越低。物价稳定和充分就业难以两全，要降低通货膨胀率，就必须以失业率的提高为代价；要降低失业率，就必须以通货膨胀的上升为代价。

但经济运行的现实往往是在充分就业之前，社会上的物价往往已经上涨。在这种情况下，也并不存在有限需求不足问题，如果再实行扩张性的财政政策来扩大就业，只能使通货膨胀更加严重。

从上面的分析来看，在财政政策的实施过程中，要同时达到这两个目标是很困难的，这时便需要各种经济政策的配合了，如辅之以货币政策、收入分配政策等。

（二）物价稳定与经济增长之间的矛盾

在政策情况下，物价稳定是有利于促进经济增长的，但在市场经济中，由于物价稳定通

常以牺牲充分就业为代价，而充分就业才是促使经济增长的主要动力，这样在物价稳定和经济增长之间便产生了矛盾。这两者也被认为是鱼与熊掌不可兼得的。各国政府只能根据实际情况，以某一目标为主要目标而牺牲其他目标，或者通过财政政策、货币政策和收入分配等结合使用来协调这些矛盾。

（三）经济增长、充分就业和国际收支平衡之间的矛盾

一般情况下，经济增长和充分就业这两个目标是可以同时实行的，也就是说，在经济快速增长的情况下，一般能保证较高的就业水平。但经济增长和充分就业目标与国际收支目标在一定程度上是具有冲突性的。

一方面，充分就业通常带来物价上涨和通货膨胀，通货膨胀通常会导致经济不稳定，导致本国商品和劳务在国际市场上的竞争地位下降，不利于扩大出口，也不利于吸引外资，从而给国际收支平衡带来威胁。另一方面，扩张性的财政政策会导致国民收入的增加，这时一般会增加对进口商品和劳务的需求，使贸易收支状况更加趋于恶化，有时虽然由于经济繁荣而吸引了一些外国资金，使资本性项目出现一定的顺差，但仍不足以确保经济增长和国际收支平衡的目标同时实现。

要解决国际收支不平衡或国内经济衰退的失衡问题，财政政策常常必须在这两种目标中作出合理的选择。当国际收支出现赤字时，通常需要压缩国内的有效需求，其结果可能消除赤字，但可能同时带来经济衰退；在经济衰退的情况下，通常采取扩张性财政政策，其结果可能刺激经济增长，但也可能因进口增加和通货膨胀而导致国际收支失衡。要协调国内和国外经济的均衡，可交替使用财政政策、货币政策以及汇率政策等。在情况较为严重时，还可以采取某些行政措施限制进口、实现贸易保护主义等。

（四）经济增长与公平分配之间的矛盾

经济增长与公平分配之间的矛盾，实际上就是存在于公平和效率之间的矛盾，而公平和效率在很大程度上是不相容的。为实现经济高速增长，必须有高素质的劳动力供给、较高的投资规模、不断创新的技术，这些条件的实现都需要以一定程度的收入不均等为前提。然而这种不均等发展到一定程度之后，将造成许多社会问题，反过来阻碍经济发展。因此，当经济发展到一定程度后，必须把收入和财富的分配均等化作为财政政策主要目标之一。

另外，地区间的收入分配公平，从整体来看，有可能会降低整个国民经济增长率。从比较利益的角度来看，政府把大量资金用于落后地区，与把这部分资金用于专业化程度高、技术力量雄厚的地区，效益要低得多。如果对经济发达地区实施重税政策而对经济落后地区实施轻税政策，则会减缓经济的总体增长速度。

发展时期的政府应当使社会维持一定的收入分配差距，以刺激社会发展增长的动力。而社会发展到一定阶段之后，应当更多采用福利分配政策，避免由社会问题带来的经济动荡。

三、财政政策工具

财政政策工具是为实现财政政策目标所选择的组织方式和操作工具。有目标而没有工

具，目标就只能流于形式，再好的目标也不能实现，政策工具是为实现政策目标服务的。实现财政政策目标的工具很多，但正确工具的选择决定着目标的实现。理论和实践表明，财政政策工具选择不当，会导致政策目标的偏离，甚至产生不同程度的扭曲和破坏。一般来说，财政政策工具主要包括政府预算、公共收入政策工具、公共支出政策工具等。

（一）政府预算

政府预算作为一种控制财政收支及其差额的机制，在各种财政政策工具中居于核心地位，是财政政策的主要工具。它能系统地反映财政政策的意图和目标。政府预算的调节功能主要体现在财政收支规模和收支差额两方面。

由于政府预算全面反映政府财政收支的规模和平衡、状态，因而可以通过政府预算收支规模的变动及平衡状态有效地调节社会总供给和总需求的平衡关系，乃至国民经济的综合平衡。由各级预算安排的收支总量分别构成社会总供给和总需求的一部分，因此，预算收支对比关系可以直接调节总供需的对比关系。预算制度调控着财政收入、支出及其差额，进而调节总需求流量，引导经济沿着财政政策目标的要求运行。

政府预算可以两种形态来实现调节作用，即赤字预算和盈余预算。赤字预算是在有效需求不足时，通过增加支出来刺激总需求，体现的是一种扩张性财政政策；盈余预算是在总需求膨胀时，通过增加收入、减少支出来抑制总需求，体现的是一种紧缩性财政政策。

（二）公共收入政策工具

公共收入政策工具主要指税收工具和公债工具。

1. 税收

税收在国民经济中具有最广泛的调节作用，是实施财政政策的主要工具。税收可以调节总供给和总需求的平衡关系，可以调节产业结构、优化资源配置；可以调节各种收入，实现社会公平。在市场经济运行中，政府通过税收调节总供求，一般会经历两个过程，在经济出现波动初期，政府会先发挥税收自动稳定器作用，如果效果不明显，政府就会通过改变原有税制、税种、税率、税收优惠等办法来解决。

（1）税制。税制对国家经济总量特别是国民经济结构有重大影响，直接关系总供给和总需求的平衡状况。不同的税制起着不同的作用。在国民经济结构不合理时，政府通过实施复合税制，改变税收总量，优化产业结构、产品结构和所有制结构等。

（2）税种。大部分税种的设置既是为了增加财政收入又是为了调节社会经济的运行，每一类税的设置都有一定的经济目的和发挥作用的范围，但都不外乎这两点。因此，政府可以通过合理设置税种对国民经济运行进行调节。

（3）税率。税率的高低，关系到纳税人的经济利益。宏观税率对经济总量的调节起作用，微观税率对经济结构调节起作用。一般来说，降低税率、减少税收都会引致社会总需求增加和国民产出的增长；反之亦然。因此，在需求不足时，可采取减税措施来抑制经济衰退；在需求过旺时，可采取增税措施来抑制通货膨胀。

（4）税收优惠。税收优惠可以弥补税收工具刚性有余而弹性不足的缺陷，从而有利于社会经济效益的提高，配合政府宏观调控政策的实施。但优惠应有利润上缴。国有企业利润上缴是国有资产收益上缴的重要形式。它作为财政政策工具是我国社会主义市场经济所独有的工具，通过利润上缴基数和比例的变动，也可产生与税率变动大致相同的宏观经济效应。利润上缴一方面形成国家财政收入的一部分，影响财政支出的变动；另一方面，又关系企业的利润水平和工人工资高低，影响企业的投资水平和私人消费支出水平，从而影响国民收入的产出，进而影响社会总供需的平衡。当社会总需求不足时，政府可以通过降低利润上缴指标，提高企业留利水平，增强企业再投资欲望，提高私人消费水平，达到刺激有效需求的目标。反之，就会抑制有效需求。

2. 公债

公债作为一种有效的财政政策工具，一方面通过发行公债可以筹集财政资金，弥补财政赤字；另一方面，通过公债发行与在资金市场的流通来影响货币供求，从而调节社会总需求水平，对经济产生促进或抑制作用。政府的公债政策更多地是作为一种调节经济的工具，因而与一般意义上的债权债务关系不同。因为借贷双方地位并不对等，政府用来偿还本息的钱并不来自政府本身，而是来自向债权人——公众征税，正所谓"羊毛出在羊身上"。公债政策的经济杠杆作用主要体现在它对经济社会利率的影响上，这种影响是通过公债利率水平的确定和公债价格的改变来实现的。

（1）公债利率水平的确定。当经济萧条时，社会总需求不足，政府通过调低公债的发行利率带动金融市场利率水平下降，人们就会抛售手中的债券、持有货币，投资需求相对会增加；当经济繁荣时，政府通过调高公债的发行利率，推动金融市场利率上升，人们会大量购买公债而不进行消费和投资，抑制总需求。

（2）公债价格的改变。公债价格与利率成反向变化。在经济衰退时，政府可大量买进债券，以刺激公债价格上升，使利率水平降低，刺激投资。在经济繁荣时，政府可以抛售债券，促使公债价格下跌，使利率水平上升，抑制投资需求。

（三）公共支出政策工具

公共支出政策工具主要是扩大支出规模、压缩支出规模或调整支出结构等。扩大支出规模是针对经济疲软、物价波动、社会购买力不足而采取的措施，目的是通过增加总需求以刺激经济复苏。压缩支出规模的经济目的正好与之相反。由于造成经济疲软或过热的情况十分复杂，因而运用公共支出政策的工具也是多种多样的，主要有以下一些。

1. 消费性支出

消费性支出作为公共支出政策工具，其作用体现在两个方面。

（1）消费性支出规模的增减直接影响社会总需求并呈同向变化。增加消费性支出，就会相应增加社会购买力，缓解需求不足的压力；相反，减少消费性支出规模会抑制需求，对过热的经济起到"降温"的作用。

（2）在公共支出总量一定的条件下，增减消费性支出必然会使公共支出中的其他项目如转移性支出的支出水平发生逆向变化，从而导致公共支出的结构发生变化，影响到社会稳定和经济发展，因为消费性支出主要是维持政府机构正常运转、满足社会基本需要的部分，其规模的增加只会增加社会负担。所以在运用这一工具时要认真全面分析整个经济发展态势，既要达到政策目标，又不产生负面效应。

2. 转移性支出

转移性支出代表政府在收入分配方面的影响力，它是实现收入公平分配、进行反周期调节的重要工具。这类支出主要包括社会保障支出、财政补贴和政府公共投资支出等。

（1）社会保障支出。社会保障支出包括社会保险、失业救济和养老保险等。其调节作用表现在：一是促进收入的公平分配和社会稳定。社会保障支出实际上是以税收的形式从高收入者手中取得一部分收入，再通过政府无偿地、单方面地转移到低收入者手中，以促进国民收入分配的社会公平，起到稳定社会的作用。二是以间接方式影响社会总需求，从而影响经济发展。在经济萧条时期，失业人数会增加，失业保险费支出就会相应增加，转移支付水平的提高，增加了人们的可支配收入和消费支出水平，社会有效需求因而增加。相反，在经济繁荣时期，失业率降低，政府相应减少社会福利支出，人们可支配收入或购买力会相对减少，在一定的程度上抑制了社会需求。

（2）财政补贴。财政补贴作为一种转移性支付行为，是从支出方面体现政府的调控意图，贯彻扶持与保护政策的财政政策工具。财政补贴是一种财政援助，是为政府的特定目标或目的服务的，具有鲜明的政策意图。财政补贴主要包括：一是以财政支出的形式直接向企业或个人提供财政补贴，二是以减少财政收入的形式间接提供财政援助。

财政补贴具有灵活性和单向性特点。所谓灵活性是指财政补贴可以根据国民经济和社会发展的要求来灵活地选择调节对象，选择余地大；所谓单向性是指财政补贴是政府在分配终结之后单方向给予补贴者以利益的方式，因而不会影响其他相关方面的利益。

财政补贴在我国财政支出中占有重要地位，它是协调各方面利益分配关系、促进和支持经济体制改革的重要手段。但由于其对经济的调节具有双重性，如果补贴规模过大，不仅会增加财政负担，补贴不当还会对市场调节产生扭曲效应。因此，运用财政补贴工具时，应注意补贴数额控制在政府财力所能承受的范围内，补贴目标应具体化和明确化，尽量避免扭曲性，定期对补贴效果进行评估并进行相应的调整。

（3）政府公共投资支出。政府公共投资的领域主要集中于基础性、垄断性、公益性等公共性产业和设施，其最大特点是社会性效益。公共投资是经济发展的动力之一，公共投资支出对社会经济具有连动性影响，可以直接刺激生产资料生产的增长，同时，又可以刺激需求的增长，增加供给。政府公共投资是现代市场经济条件下国家干预经济的重要工具，合理的政府公共投资规模和结构会促进经济和社会的协调发展，否则会起阻碍作用。如果政府公共投资规模过大，不仅增加财政负担，而且会对私人投资产生挤出效应；如果政府公共投资规模过小，就不能满足基础产业和公益性基础设施的发展需要，制约其他经济的发展。另外，政府公共投资支出对社会总供需也起到调节作用。当经济疲软时，增加公共投资支出，刺激投资需求，实现经济复苏；反之，当经济过热时，通过减少公共投资来抑制经济增长。

当然，由于政府公共投资项目金额大，涉及面广，工期长，在运用这一工具调节经济时要认清经济发展趋势，慎重考虑，认真做好可行性研究。

四、财政政策效应

所谓财政政策效应是指财政政策实施的最终反应和结果。这些反应和结果不仅仅是财政政策对社会经济活动的影响，而且社会经济各方面也将对此产生相应的反应。一般来讲，财政政策效应主要包括以下几个方面。

（一）内在稳定器效应

内在稳定器效应是指财政政策在宏观经济不稳定的情况下，无须借助外力，可以直接产生调控效果，自动发挥作用，使宏观经济趋向稳定。财政政策具有这种内在的、自动产生稳定效果的内在功能，并且可以随着社会经济的发展自行发挥调节作用，不需要政府专门采取干预行动。这种内在稳定器效应主要体现在税收自动变化、政府支出自动变化、农产品价格的维持等方面。

（二）财政政策乘数效应

财政政策乘数效应是指财政政策的运用如增减一定量的财政收支导致国民收入倍增或倍减，从而影响经济、影响总供求关系的效果。

1. 税收乘数效应

税收乘数效应是指由于税收的增加或减少导致国民收入成倍地减少或增加。如提高税率，就会增加税收，同时，消费和投资需求就会下降。一个部门收入的下降又会引起另一个部门收入的下降，如此循环，国民收入就以税收增加倍数而下降。相反，国民收入会以税收减少倍数而增加。

2. 投资或公共支出乘数效应

投资或公共支出乘数效应是指投资或政府公共支出的增减变化引起社会总需求变动对国民收入增加或减少的程度。如增加政府支出，就会增加社会消费量，引起生产部门投资增加，导致国民收入倍数的增加，即因政府增加公共支出而带来数倍于政府支出的增加量。

3. 平衡预算乘数效应

平衡预算乘数效应是指政府收入和支出同时以相等数量增加或减少时，国民收入增加了一个政府支出和税收变动相等的数量。

（三）货币效应

财政政策货币效应表现在两个方面：一是政府投资、公共支出、财政补贴等本身形成一部分社会货币购买力，增加流通中的货币量；二是公债，公债发行无异于纸币发行，公债发行数量过大，引起流通中货币量的增加，产生通货膨胀效应。

第三节　财政政策与货币政策

一、货币政策

货币政策是指政府及其货币当局为了实现一定的宏观经济目的所制定的关于货币供应和货币流通的基本方针和措施，主要由信贷政策、利率政策、汇率政策等构成。

同财政政策目标相似，货币政策目标也具有层次性特征，即由总目标、中介性目标两个层次目标构成。

（一）货币政策的总目标

国家货币政策的总目标也称货币政策基本目标。货币政策作为国家经济政策的一个组成部分，它的基本目标应当与国家宏观经济管理目标相一致。从目前来看，发展经济、稳定经济是我国宏观经济管理的重要目标，与之相适应，我国现行货币政策的基本目标是：发展经济，稳定币值。

所谓发展经济，不仅是指经济发展的速度正常和总量增长，而且更重要的是指经济效益的提高和经济结构的协调，以促进社会生产力的稳步发展。所谓稳定币值，一是指货币供给量与经济发展对货币的客观需求量相一致；二是指货币供给量的变动幅度不是很大，从而防止人民币贬值，保持物价和人民币购买力的稳定，这就是通常所讲的"双重目标"。

客观上，在发展经济与稳定币值这两大目标之间存在着内在统一性，这种内在统一性主要表现在两个方面。一方面，发展经济是稳定币值的物质基础，即经济发展了，日益增长的商品与劳务的供给就为币值的稳定奠定了坚实的物质基础。供给不足，势必导致需求过剩，进而引发币值波动。因此，币值稳定必须以经济发展为基础。另一方面，稳定币值又是发展经济的前提条件。币值稳定，意味着物价平稳、货币流通正常，这正是经济发展所必需的重要前提条件。国内外的事实均已证明，只有在物价稳定、货币流通正常的条件下，经济才能健康、稳定、快速地向前发展；反之，如果币值不稳、通货膨胀严重，其结果必然阻碍经济发展，甚至将经济发展的成果葬送掉。

（二）货币政策的中介目标

货币政策的中介目标是指供中央银行进行信用调控时能够直接操作和掌握的目标。

货币政策的中介目标一般具有三个特点：一是可测性，即作为一种可操作性目标，它的金融变量必须十分清楚，能够具体测度，数字获取容易，便于进行计量分析；二是可控性，即中央银行要有能力对这些变量进行有效控制和灵活调节；三是相关性，即这些中介目标必须与货币政策总目标密切相关，必须保证通过中介目标的调控，可以实现货币政策总目标。

二、财政政策的种类和手段

（一）财政政策的种类

1. 自动稳定的财政政策和相机抉择的财政政策

根据财政政策调节经济周期的作用来划分，可将财政政策分为自动稳定的财政政策和相机抉择的财政政策。

（1）自动稳定的财政政策是指财政制度本身存在一种内在的、不需要的政府采取其他干预行为就可以随着经济社会的发展自动调节经济运行的机制，这种机制也被称为财政自动稳定器，主要表现在两方面。一方面是包括个人所得税和个人所得税的累进所得税自动稳定作用。在经济萧条时，个人和企业利润降低，符合纳税条件的个人和企业数量减少，因而税基相对缩小，使用的累进税率相对下降，税收自动减少。因税收的减少幅度大于个人收入和企业利润的下降幅度，税收便会产生一种推力，防止个人消费和企业投资的过度下降，从而起到反经济衰退的作用。在经济过热时期，其作用机理正好相反。另一方面是政府福利支出的自动稳定作用。如果经济出现衰退，符合领取失业救济和各种福利标准的人数增加，失业救济和各种福利的发放自动增加，从而有利于抑制消费支出的持续下降，防止经济的进一步衰退。在经济繁荣时期，其作用机理正好相反。

（2）相机抉择的财政政策，是指政府根据一定时期的经济社会状况，主动灵活选择不同类型的反经济周期的财政政策工具，干预经济运行行为，实现财政政策目标。在 20 世纪 30 年代的世界经济危机中，美国实施的罗斯福–霍普金斯计划（1929—1933 年）、日本实施的时局匡救政策（1932 年）等，都是相机抉择的财政政策选择的范例。相机抉择的财政政策具体包括汲水政策和补偿政策。汲水政策是指在经济萧条时期进行公共投资，以增加社会有效需求，使经济恢复活力的政策。汲水政策有三个特点：第一，它以市场经济所具有的自发机制为前提，是一种诱导经济恢复的政策；第二，它以扩大公共投资规模为手段，启动和活跃社会投资；第三，财政投资规模具有有限性，即只要社会投资恢复活力，经济实现自主增长，政府就不再投资或缩小投资规模。补偿政策是指政府有意识地从当时经济状况反方向上调节经济景气变动的财政政策，以实现稳定经济波动的目的。在经济萧条时期，为缓解通货紧缩影响，政府通过增加支出、减少收入政策来增加投资和消费需求，增加社会有效需求，刺激经济增长；反之，在经济繁荣时期，为抑制通货膨胀，政府通过财政增加收入、减少支出等政策来抑制和减少社会过剩需求，稳定经济波动。

2. 扩张性财政政策、紧缩性财政政策和中性财政政策

根据财政政策调节国民经济总量和结构中的不同功能来划分，财政政策可划分为扩张性财政政策、紧缩性财政政策和中性财政政策。

（1）扩张性财政政策又称积极的财政政策，是指通过财政分配活动来增加和刺激社会的总需求，主要措施有增加国债、降低税率、提高政府购买和转移支付。

（2）紧缩性财政政策又称适度从紧的财政政策，是指通过财政分配活动来减少和抑制

总需求，主要措施有减少国债、提高税率、减少政府购买和转移支付。

（3）中性财政政策又称稳健的财政政策，是指财政的分配活动对社会总需求的影响保持中性。

（二）财政政策的手段

财政政策的手段主要包括税收、预算、国债、购买性支出和财政转移支付等。例如减少税收可以刺激消费，增加政府的支出能够刺激生产，这两种方式都可以刺激经济增长。

财政政策的手段是指国家为实现财政政策目标所采取的经济、法律、行政措施的总和。经济措施主要指财政杠杆；法律措施是通过立法来规范各种财政分配关系和财政收支行为，对违法活动予以法律制裁；行政措施指运用政府机关的行政权力予以干预。

财政政策手段的选择是由财政政策的性质及目标所决定的。财政政策的阶级性质和具体目标不同，所采取的手段也不同。

三、财政政策与货币政策的功能差异

（一）传导过程差异

从对国民经济宏观需求管理的角度看，财政政策和货币政策都是通过对社会总需求的调节来达到宏观调控目标的，但是，两者的手段不同、操作方式不同，因而从政策调节到实现政策目标过程的传导机制也不同。

中央银行的货币政策措施一般是通过商业银行传导到企业和居民，影响企业和居民的经济行为，进而达到宏观调控目标的。由此可见，货币政策的传导过程具有多层次的特点，如图5-1所示。

图5-1　货币政策的传导过程

财政政策措施一般是直接作用于企业和居民的，例如，通过调整税率或累进的个人所得税率的自动稳定功能，以及对个人转移支付，财政政策会直接影响到个人的经济行为；财政政策对企业的作用过程也是直接的，具有直接性的特点，如图5-2所示。

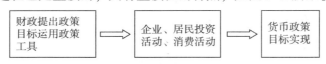

图5-2　财政政策的传导过程

（二）政策调整时滞差异

由于政策运行本身是在不断变化的，为了实现既定的宏观经济管理目标，政策制定与操纵当局必须适时调整政策。然而，从政策制定与操纵者对经济形势的确认到政策调整再到调整后的政策作用于市场经济行为主体进而实现政策目标，需要耗费一定的时间，经济学称这种时间耗费为政策调整时滞。财政政策和货币政策之间存在政策调整时滞差异。

首先看货币政策。一般情况下，中央银行或者政府及其财政部门对经济形势变化情况的确认时间是相近的，但中央银行从其对形势的确认到政策的调整，一般不需要花太多的时间，它可以随时调整货币政策。因此，货币政策的调整时滞比较短。

财政政策则不同，财政政策的制定与调整必须依法按财政年度进行。因此，它不像货币政策那样可以随时调整，政策调整的时间比较长。此外，财政政策的调整必须经过必要的法律程序，进一步延长了财政政策的调整时滞。

（三）政策调节的侧重点差异

货币政策侧重于对总量的调节，而财政政策则侧重于对结构的调节。各种货币政策工具的运用，基本上是以对货币量或货币流通的规模调节为中介目标的，诸如利率调节、存款准备金调节乃至计划手段的调节等，最终都导致货币规模的变动，进而实现对需求的调节。因此，货币政策的侧重点在总量。

除以上内容以外，财政政策和货币政策之间还存在着其他差异，如货币政策的透明度较差，而财政政策的透明度较高，等等。财政政策和货币政策之间的差异表明，两种政策的作用是不可相互替代的，只有相互配合、相互协调，才能有效地达到对国民经济进行宏观调控的目的。

四、财政政策与货币政策的四种组合形式

从需求管理的角度看，无论是财政政策，还是货币政策，都可以根据不同时期社会总需求与总供给的对比状态，采取"松"的政策、"中性"政策和"紧"的政策。其中，"松"的财政政策或货币政策，是以扩张社会总需求为目的的政策，"紧"的政策是以收缩社会总需求为目的的政策，而"中性"政策则介于二者之间。财政政策与货币政策的配合协调运用，就是这三种类型政策的不同组合，如表5-1所示。

表5-1 财政政策与货币政策的不同组合

财政政策	货币政策		
	紧	中性	松
紧	双紧	—	紧—松
中性	—	—	—
松	松—紧	—	双松

"中性"政策实质上属于一种对市场经济不产生"干扰"的政策，在实践中，无论是对于货币政策还是对于财政政策来说，要使其对市场经济不产生任何"干扰"是不可能的，对经济无"干扰"的政策是不存在的。因此，经济学家通常只研究其中的四种组合形式。

（一）紧的财政政策和紧的货币政策

紧的财政政策和紧的货币政策简称"双紧政策"。紧的财政政策一般是指旨在抑制社会

需求的政策，主要是通过增加税收、削减政府支出规模等手段来限制支出、抑制社会总需求。紧的货币政策是指以紧缩需求、抑制通货膨胀为目的的货币政策，主要通过提高法定准备率等市场经济手段以及紧缩信贷计划（是我国目前的手段）等行政计划手段减少货币供给，进而达到紧缩的目的。这种政策组合通常可以有效地制止和压缩需求膨胀和通货膨胀，但同时也会对经济增长产生抑制作用。

（二）紧的财政政策和松的货币政策

紧的财政政策和松的货币政策是以扩大社会需求以刺激经济增长为目标的货币政策。由于紧的财政政策具有抑制需求的作用，所以它和松的货币政策相配合，一般可以起到既控制需求，又保持适度经济增长的作用。但两者有个松紧搭配适度的问题，过松的货币政策可能会在总量上抵消紧的财政政策对需求的抑制作用，进而产生通货膨胀；而过紧的财政政策则可能会进一步放慢经济增长速度，甚至产生经济停滞。

（三）松的财政政策和紧的货币政策

松的财政政策具有刺激需求、加大对经济结构调整力度的作用；而紧的货币政策则可以防止过高的通货膨胀。因此，这种政策组合既可以使经济保持适度增长，实现对经济的结构性调整，又可以尽可能避免通货膨胀。但若松紧搭配不当，可能会产生其他不良后果。例如，过松的财政政策有可能造成赤字累积，并且同时造成社会总需求过于旺盛，进而在总量上抵消紧的货币政策的抑制需求作用；反之，如果货币政策过紧，也往往会对经济增长产生阻碍作用。

（四）松的财政政策和松的货币政策

松的财政政策和松的货币政策简称"双松"政策。松的财政政策主要通过减少税收和增加政府财政开支来扩大社会总需求，同时，由于政府支出和税收一般都带有明显的方向性，对经济结构和资源配置结构产生重要影响；松的货币政策在总量上会扩大货币供给，进而扩大社会需求总量，因而在方向上同财政政策是一致的。在社会总需求不足的情况下，采取这种政策组合可以起到扩大需求、刺激经济、增加就业的作用。但是，与此同时，这种政策组合往往会造成严重的通货膨胀。

通过对以上四种政策组合的介绍，我们可以看出，所谓"松紧"搭配，主要是利用财政政策和货币政策各自的特殊功能，达到在总量上平衡需求、在结构上调整市场资源配置的目的。此外，对政策组合的选择，往往还要考虑政治和体制上的因素。

五、中国现行的财政政策与货币政策

想让货币政策与财政政策在实际中有效地发挥其作用，就要找到货币政策与财政政策共同发挥对经济调节作用的最佳结合点。当然，这个因素既可能是货币政策实施的结果，又可能是财政政策实施的结果。货币政策与财政政策的最佳结合点应当一头连着财政收支的管理结构，另一头关系到货币供应量的适度调控，有互补互利的作用。因为财政收支状况的变动是财政政策的直接结果，而货币供应量则是中央银行货币政策的主要目标。

在社会主义市场经济体制下，特别是在市场经济的初级阶段，我们必须注意财政政策与货币政策的结合点。一般来说，两大政策的协调有两种方式：一种是各自以自己的调控内容与对方保持某种程度的协调，也就是常说的政策效应的相互呼应；另一种则是两大政策的直接联系，也就是所谓政策操作点的结合。经济转轨时期的财政体制和金融体制处在变革之中，其结合点也会因此而变动。因此，在经济转型过程中，我国货币政策与财政政策协调配合有两大基点：一是国债；二是财政投融资体制改革。

第四节　西方国家财政政策理论

一、古典经济学派的财政政策理论

古典经济学派产生于 17 世纪中叶，完成于 19 世纪初期，这一时期资本主义正处于自由竞争发展阶段。在这一历史发展阶段，由于整个资本主义世界经济处于相对平稳的发展时期，虽然也发生了经济危机，但经济危机危机的规模小、波及的范围窄，对资本主义经济与社会的发展还没有构成足够的威胁。在这一历史背景下，古典经济学派创立了"自由放任"学说，并成为该学派财政政策的理论基础。古典经济学派认为，实际工资率和就业是由劳动的供求决定的，劳动的供给量取决于实际工资水平，劳动的需求量取决于劳动的边际生产力。当实际工资价格实现均衡时，劳动量的供求相等，意味着劳动市场实现了充分就业。一定的固定资本存量决定一定水平的实际产量，而实际产量是按利率决定储蓄与消费之间的分配比例。古典经济学派认为，充分就业通过工资、价格和利率变动可以自动实现，自由竞争是资本主义经济发展的动力，单纯依靠市场机制完全可以确保资本主义经济的稳定发展，供给可以创造需求。

古典经济学派作为新兴资产阶级利益的代表，创立了公平、简便、轻赋的税收政策、"廉价政府"的财政支出政策、收支平衡的预算政策、慎重举债的公债政策。古典经济学派的财政政策理论主张反映了新兴资产阶级要求废除繁重的税收负担、开拓海外市场，以促进资本主义经济发展的客观要求。

二、凯恩斯学派的财政政策理论

凯恩斯学派产生于 20 世纪 30 年代，它是由英国著名经济学家约翰·梅纳德·凯恩斯所创立的。凯恩斯学派的诞生并不是偶然的，它是 20 世纪 30 年代经济大萧条的直接产物，是国家垄断资本主义发展的必然产物。1929—1933 年，资本主义世界爆发了严重的经济危机，这次经济危机影响之大、范围之宽、破坏力之强都是空前的。它导致股市暴跌、企业大批破产、银行纷纷倒闭、失业人员激增。经过长达 4 年的经济危机后，资本主义世界又陷入了长期的经济萧条之中。面对空前严重的经济危机的严酷现实，古典学派的经济理论已经无法自圆其说，资本主义世界迫切需要一种新的经济理论来解释经济危机与失业现象，并在维护资本主义制度继续存在的前提下，为防治经济危机与失业提出相应的对策。凯恩斯学派正是适应这一需要而产生的。经济危机爆发后，各主要资本主义国家纷纷放弃了"自由放任"的政策，而转向对国民经济的积极干预，国家垄断资本主义得到了空前的发展。面对国家垄断资本主义的快速发展，客观上需要从理论上对资本主义国家经济干预的做法加以论证，为适应这一需要，凯恩斯经济学应运而生。

凯恩斯学派的经济理论及财政政策思想主要体现在凯恩斯的划时代著作《就业、利息和货币通论》中。在该著作中，凯恩斯对西方资本主义国家已经实施的经济干预政策进行了理论论证，而凯恩斯理论又成为资本主义国家实施经济干预的理论依据。凯恩斯经济学的核心是就业理论，就业理论的逻辑起点是有效需求原理。凯恩斯认为，失业除了摩擦失业和自愿失业外，还存在非自愿失业。资本主义世界之所以未能实现充分就业，其原因在于有效需求不足。对于什么是有效需求，凯恩斯认为，有效需求是指总供给和总需求处于均衡时的总需求，它由消费需求和投资需求两部分组成。有效需求是由"消费倾向""资本边际效率"和"流动偏好"三个"基本心理规律"与货币数量决定的。边际消费倾向递减，引起消费需求不足、资本边际效率下降以及流动偏好，导致投资需求不足。有效需求的不足进一步引起大量失业。

在上述理论的基础上，凯恩斯提出了相应的经济政策主张，其核心是反对自由放任，主张国家对经济的积极干预。国家对经济干预的重要手段是宏观财政政策。凯恩斯认为，在有效需求不足时，应实行赤字财政政策，通过扩大财政支出、增加公共投资，以维持就业的高水平。凯恩斯学派对古典学派的财政收支平衡政策主张持批评态度，认为在经济危机时期，财政收支是无法平衡的，硬性地通过压缩财政支出来实现预算平衡，只会导致经济状况的进一步恶化。而赤字财政政策则有利于促进经济繁荣和增加就业。凯恩斯学派还十分注重税收对经济的调节作用。凯恩斯主张"国家必须用改变租税体系、限定利率以及其他方法，指导消费倾向"。其中，改变租税体系包括两方面的内容：一是改变税制结构，即从以间接税为以主转变为以直接税为主；二是由固定税率和比例税率转向累进税率。通过租税体系的改变，消除收入分配方面的不公平现象，刺激消费需求。在公债政策方面，凯恩斯学派把公债作为国家干预经济和弥补财政赤字的重要手段。在弥补财政赤字的措施中，举债显得更为有利。他认为，在萧条时期，发行公债有利无弊。因为公债的债权人是本国公民，债务人是政府，而政府是公民的代表，所以债权人与债务人在总体上是一致的，因而政府举债等于自己欠自己的债。其次，只要政府不垮台，公债的增加不会给债权人带来危险，政府的债务可以一届届传下去，公民的债权也可以一代代传下去。再次，政府债务总额与国民收入总额总是保持一定比例，经济繁荣时，债务总额相应少一些，经济萧条时，债务总额相应增大。克服了经济萧条，公债的发行也就相应减少或终止，因而不必为公债的发行担心。

第二次世界大战后，根据西方国家公债不断增长的现实，凯恩斯主义的继承者对公债理论进行了广泛补充。以美国汉森等人为主要代表的西方经济学家继承和发展了凯恩斯的公债理论。汉森对公债持赞成的态度，他认为，要想维持经济繁荣、充分就业、人民致富，最简单的办法就是大量举债。他认为，公债对国民收入的分配产生有利的影响，因为公债是分散的，而税收是征自富人的。汉森还认为，公债是国民保险制度。他认为，大众持有公债事实上接近于国民保险制度，公众一方面按其能力交税，另一方面按持有公债取得利息，公债持有人可通过出售公债或以公债为担保向银行借款，以应不时之需，甚至还可作为防止经济衰退的保证。汉森同时认为，政府举债应有限度，如果超过这一限度就会产生不良影响，但该限度是动态的，而不是静态的。

三、新古典综合学派的财政政策理论

20 世纪 30 年代，凯恩斯从理论上论证了国家干预国民经济运行过程的必要性，凯恩斯理论在第二次世界大战期间成了资本主义各国调控经济的行动指南。第二次世界大战后，凯恩斯主义成了在西方经济学中占支配地位的主流经济学。从 20 世纪 30 年代中后期到 60 年代中期，资本主义各国纷纷推出各种经济政策，进一步强化了对经济的干预力度。20 世纪 50 年代以后，凯恩斯的追随者进一步发展了凯恩斯理论，提出了长期增长政策和补偿性财政政策。包括美国在内的西方国家在这一时期都未发生严重的经济危机，经济处于相对稳定的发展时期。在资本主义世界各国经济相对持续稳定增长的历史背景下，新古典经济学开始渗入诸如经济增长、经济波动和经济危机理论等凯恩斯主义经济学的研究领域，新古典经济学与凯恩斯主义经济学逐渐由对立走向融合，在此基础上产生了新古典综合学派。"新古典综合"一词是萨缪尔森所创立的，其实质是将以马歇尔为代表的新古典经济学与凯恩斯主义经济理论融合在一起，其核心思想是：只要通过凯恩斯主义的财政货币政策调控国民经济活动，使资本主义经济趋于稳定增长，实现充分就业，在这种经济背景下，新古典经济学仍然适用。

由于资本主义各国长期推行赤字财政政策，造成日趋严重、猛烈的通货膨胀，并进一步演变为 20 世纪 60 年代后期的严重通货膨胀和大量失业并存的"滞胀"局面。自 20 世纪 50 年代以来，新剑桥学派和货币学派一直对新古典综合学派的理论及政策主张进行攻击。在这一背景下，萨缪尔森将新古典综合学派改称为后凯恩斯主流经济学派，借以突出凯恩斯主义经济理论色彩。

在财政政策主张方面，新古典综合学派认为，现代资本主义经济是一种混合经济，在混合经济中，国家干预经济生活的力度会越来越强。国家对经济的干预主要依赖于财政政策和货币政策，其中财政政策更为重要。在税收政策上，该学派认为，税收对经济的调节作用主要表现在两个方面。一是通过累进所得税的内在稳定器功能，减轻国民经济的波动。在经济繁荣时期，国民收入增长，税收收入以更快的速度增长，从而有利于控制社会总需求，防止通货膨胀。在经济危机和萧条时期，国民收入下降，税收收入以更快的速度下降，从而有利于刺激消费和投资，促进经济走向复苏。二是通过相机抉择的税收政策来"熨平"经济波动，推动国民经济的持续稳定地增长。政府应根据不同时期国民经济运行的具体情况制定和执行不同的税收政策，通过税收政策的相应调整来有效地调控经济生活。

在财政支出政策上，新古典综合学派认为，在国民经济运行程中，会存在"通货膨胀缺口"和"通货紧缩缺口"。要弥补这两种缺口，必须依赖财政政策和货币政策。就财政支出政策而言，政府应通过控制投资与消费来实现自己的政策意图。在控制投资方面，该学派在继承凯恩斯学派乘数原理和加速原理的基础上，在理论上作了进一步深化研究。该学派认为，政府的公共投资不只是为了扩大就业，而主要是要服从经济稳定目标。政府的公共投资并不是万能的，由于存在"时滞"问题，其作用短期内并不十分明显。当公共投资开始见效时，经济运行状况往往又发生了变化，使其甚至发生负的作用。公共投资不能作为一种权宜之计，而应根据需要进行长期规划。在控制消费方面，比较灵活、有效的措施是政府的转移支付。在需求不足、失业严重时，政府增加失业保险及失业救济等社会保障支出，以增加社会总需求；当总需求过旺、出现通货膨胀时，政府相应减少社会保障支出，以抑制社会总需求，控制物价水平。

在预算政策方面，新古典综合学派主张实行"充分就业预算"的财政政策。所谓"充分就业预算"的财政政策是指政府按照凯恩斯主义财政思想设计的实现充分就业、缓解经济危机的一种政策措施，事实上是一种预算政策。在公债政策方面，新古典综合学派继承和发展了凯恩斯学派的公债理论，主张不仅在经济衰退时要实行赤字预算，而且在经济上升时期也应实行赤字预算，因而公债就成为弥补财政赤字经常加以运用的手段。在新古典综合学派看来，公债除了弥补财政赤字这一作用外，持有公债还会使一般人感到富有，会提高人们的消费倾向，增加消费和投资，从而有助于减少失业。公债为中央银行的公开市场业务提供了广阔的余地，中央银行通过买进和卖出公债等公开市场业务的开展，可以影响利率水平，从而进一步影响货币供求。

为了应对20世纪70年代的"滞胀"局面，新古典综合学派提出了多种经济政策配合运用的主张。一是财政政策与货币政策相互搭配。通过扩张性财政政策与收缩性货币政策的搭配，或扩张性货币政策与收缩性财政政策的搭配，以保证在增加产量和就业的同时，有效地防止通货膨胀。二是财政政策与货币政策微观化。货币政策的微观化包括实行差别利率、对不同行业和部门实行不同的信贷条件和借款数量等。财政政策的微观化是指不同行业和部门，以及不同市场实行不同的税收方案，制定不同的税率，个别地调整征税范围，调整财政支出的结构等。财政政策与货币政策的微观化，使政府对经济的调控更加灵活有效。三是实行收入政策和人力政策，通过对工资和物价的指导线和管理政策，防止货币工资的过快增长，避免出现严重的通货膨胀；通过就业指导和对劳动力的重新训练，尽可能减少失业。

四、新剑桥学派的财政政策理论

凯恩斯的《就业、利息和货币通论》于1936年发表后，在西方经济学界产生了极大的影响。但凯恩斯的经济理论作为经济萧条的产物，存在许多局限性。在分析方法上，他使用短期的、比较静态的分析方法，缺乏对经济运行过程的动态分析。在研究的范围方面，只注重宏观经济问题的研究，缺乏对诸如价值、收入分配等微观经济问题的研究。第二次世界大战后，萨缪尔森、索洛等著名经济学家将传统的微观经济理论用来弥补凯恩斯经济理论的不足，形成了新古典综合经济理论。

新古典综合学派的做法遭到了琼·罗宾逊等经济学家的批评。他们认为，新古典综合经济理论是对凯恩斯经济理论的歪曲，是一种倒退。以琼·罗宾逊为首的英国剑桥大学的一些经济学家，同以萨缪尔森为首的麻省理工学院的一些经济学家就经济学的分析方法、价值理论、收入分配理论和经济增长理论等问题展开了激烈的争论。新剑桥学派就是在与新古典综合学派的争论中形成的。

在财政政策理论与主张方面，新剑桥学派认为，资本主义社会的"病症"就在于分配制度的不合理及收入分配的失调。资本主义现有的分配制度是造成收入分配不公的原因，要改变收入分配格局，依靠市场机制是行不通的，必须改变收入分配制度。在财政政策理论方面，他们认为，税制的设计应体现区别对待、合理负担的原则。在所得税方面应使税收负担与纳税人的纳税能力相适应，因而应实行累进税制；在消费税方面，对生活必需品和奢侈品应区别对待。政府应运用税收杠杆调节需求，通过增税或减税来抑制或刺激需求。新剑桥学派强调，政府的减税政策应尽可使低收入者得到好处。新剑桥学派对公债也有独到的看法。他们认为，公债是否有害，要视具体情况而定。当有效需求不足、大量失业存在时，政府应通过扩大财政支出，以增加需求，扩大就业量，由此而产生的财政赤字通过公债来弥补。这时的公债是有益的，因为公债的存在刺激了有效需求，拉动了经济增长，扩大了就业。同时，政府扩大公共投资规模，为子孙后代提供更多的房屋及公共设施，可造福于后代。他们认为，公债并非越多越好，而应有一定的限度，当经济处于充分就业时，应实行赤字财政政策来平衡财政政策。

在财政政策主张方面，新剑桥学派主张实行累进的税收制度，通过对高收入者课以重税，以改变收入分配不公的状况。实行高额的遗产税和赠与税，抑制食利阶层收入的增加，同时还将此收入用于社会公共目标和增加低收入阶层的收入。通过政府救助对失业人员进行培训，提高其文化程度和技术水平，以增加就业机会。制定适应经济稳定增长的财政政策，减少财政赤字，逐步实现财政预算平衡；制定实际工资增长率与经济增长率相挂钩的工资政策，借以改变劳动者在收入分配中的不利局面，改变收入分配的不公。政府应当压缩军备费用，将更多的资源转向民用部门，以增加社会福利。

五、供给学派的财政政策理论

供给学派是 20 世纪 70 年代后期在美国兴起的一个与凯恩斯学派相对立的经济学流派。该学派坚决反对凯恩斯学派的有效需求管理理论和政策主张，注重供给管理，主张更多地发挥市场机制对经济的自动调节作用。就供给学派产生的历史背景来看，在 20 世纪 20 年代末发生经济危机后，以美国为首的西方资本主义国家开始放弃古典经济学派所倡导的"自由放任"政策，转向经济的积极干预。第二次世界大战后，凯恩斯主义取代古典经济学成为西方的正统经济学，各主要资本主义国家纷纷推行凯恩斯主义，通过不同形式和多种措施加强了对经济的干预。凯恩斯主义政策措施的普遍实施，确实给资本主义世界带来了一定时期的繁荣局面。但到了 20 世纪 70 年代，西方资本主义经济陷入了"滞胀"的局面。凯恩斯主义理论无法对此做出令人信服的解释，资产阶级正统经济学出现了严重危机。正是在这种历史背景下，供给学派应运而生。

供给学派认为，凯恩斯主义所倡导的需求管理政策，只注重刺激需求，而忽视了对经济发展真正起作用的供给方面的因素，这实际上是主次颠倒。他们认为，对经济发展起决定性作用的不是需求方面，而是供给方面。只有注重供给管理，通过增加供给，才能有效解决"滞胀"问题。供给学派正是在否定凯恩斯学派需求管理的基础上，提出供给管理政策主张的。

在供给学派看来，高税率特别是高的边际税率会挫伤工农积极性，并导致劳动生产率的下降。他们认为，当进行边际分析时就会发现，当税率提高时，劳动者为了使收入不下降，确实会更加卖力地工作，但其生产率却下降了。而且边际税率过高时，劳动者会做出休闲、消遣、享受等方面的选择。高的边际税率还会导致储蓄和投资的不足，从而使经济陷入停滞不前的状态。因为边际税率太高，使得用于消费的价格越便宜，用于储蓄和投资的价格变得相对昂贵，从而人们更愿多消费、少储蓄和投资；而且高的边际税率还会使大批妇女和临时工加入劳动大军，使其愿意雇用低薪工人，而不愿增加设备投资，导致维持高生产率职位的新投资严重不足。供给学派认为，过高的边际税率还会抹杀个人投资者的革新、发明和创造精神。

在理论分析的基础上，供给学派提出了减税主张。他们认为，税率的下降会促使人们更多地工作和储蓄，投资者更多地投资和生产，从而使产品供给得到相应的增加。税率的降低，并不会导致税收收入的减少；相反，若在税率降低的同时，税基相应扩大，且税基扩大的幅度大于税率下降的幅度，税收收入不但不会减少，反而会增加。

供给学派认为，大量的社会福利支出会妨碍贫困问题的解决，导致生产率和生活水平的下降。如供给学派著名代表人物乔治·吉尔德认为，从富人那里拿走他们的收入，就会减少他们的投资，把资金给予穷人，就会减少他们的工作刺激，就会降低生产率并限制就业机会，从而使贫穷永远存在。

供给学派反对政府对经济的过多干预，主张应更多地发挥市场机制的作用。他们认为，20 世纪 20 年代末 30 年代初发生的空前的经济危机，并不是市场机制本身的缺陷所致，而是由于资本主义各国采纳了凯恩斯学派的政策主张，采取了一系列不完善措施而引起的。因此，政府应尽可能减少对国民经济的干预。要做到这一点，一是要削减政府支出，特别是社会福利方面支出；二是要减少政府对私人企业的各种管制，以提高企业的投资积极性。

六、货币学派的财政政策理论

货币学派又称货币主义或现代货币主义，它是 20 世纪 50 年代中期在美国兴起的一个经济学流派，其代表人物是芝加哥大学经济学教授米尔顿·弗里德曼。货币学派的兴起，与资本主义各国的经济在第二次世界大战后所发生的变化有着密切的关系。长期推行凯恩斯学派所倡导的赤字财政政策，使资本主义国家的财政赤字越来越大，通货膨胀越来越严重，而经济却陷入了停滞增长的境地。在这种历史背景下，货币学派在美英等国异军突起。该学派以货币数量说为依据，强调货币的重要性，主张通过控制货币数量来消除通货膨胀，保持经济的正常发展。

货币学派认为，货币量的增长率同名义收入的增长率保持着一致的关系，货币量的增长会导致名义收入的相应增长，但货币量的变化对收入的影响需要一定的时间，即存在时滞问题。货币量的变化对收入的影响并不是直接的，它最初影响的是人们的资产选择行为。当货币量增加时，现有资产的价格会上升，利息率会降低，人们支出会扩大，相应地，产量和收入会增加。从货币量的变化对产量的影响来看，其只能在短期内对产量产生影响，在长期中只影响价格水平。货币学派同时认为，通货膨胀只是一种货币现象，要消除通货膨胀，要求政府在制定货币政策时，重视的不是控制利率，而是控制货币数量。

在经济政策主张方面，货币学派反对国家对经济的过多干预，提倡应充分发挥市场机制的作用。在反对凯恩斯的赤字财政政策的同时，强调货币政策在经济调控中的重要作用。由于货币量的变化对名义收入、产量及价格的影响存在时滞效应，因而如果货币当局有意识地通过改变货币量来克服经济的不稳定，反而会进一步加剧经济的波动。货币学派主张实行"单一规则"的货币政策，通过控制货币供应量，使货币增长率长期维持在与预期的经济增长率大体相当的水平，确保经济的稳定。针对各资本主义国家推行的"收入政策"见效不大的状况，货币学派提出了"收入指数化"方案。按照该方案，应当将工资、债券收益及其他收入同物价指数联系起来，根据物价指数的变化进行相应的调整。货币学派极力反对凯恩斯学派的赤字财政政策，认为如果政府增加财政支出，而货币量并没有相应地增加，那么财政政策的作用只是暂时的或微小的；如果财政支出的扩大是通过印发货币或银行信贷实现的，这样的财政政策就是通货膨胀政策。凯恩斯学派所倡导的赤字财政政策不能减少经济的不稳定性，而是加剧了经济的不稳定性。在货币学派看来，要确保没有通货膨胀的经济稳定增长，必须减少政府对经济的干预，削减财政开支，实行平衡预算政策。

七、合理预期学派的财政政策理论

20世纪70年代，资本主义各国陷入"滞胀"的困境之中，流行了多年的凯恩斯主义经济理论及政策主张发生了深刻的危机，而货币学派的经济理论及政策主张在治理"滞胀"方面并没有发挥神效。在这种历史背景下，一批年轻的经济学家从货币学派中分流了出来，形成了一个新的经济学流派，即合理预期学派（又称理性预期学派）。

西方学者使用预期因素分析经济现象由来已久。按照西方经济学家的解释，预期是指从事经济活动的人在进行经济活动之前，对未来经济形势及其变化的估计和判断。按照穆思的观点，在理性预期概念产生以前，经济研究中所涉及的预期理论有三种类型。一是静态预期，这种预期完全是根据已经发生的情况来推断未来的经济发展趋势，如蛛网理论假定，生产者通常以当前的价格作为下期价格的预期，这就是静态预期。二是非理性预期，这是凯恩斯提出来的，意指在资本主义社会，经济形势的变化是无常的，经济发展前景是事先无法确知的，因而人们的预期是没有可靠基础的，是非理性的。三是适应性预期，这最先由菲利普·卡根所提出，后由弗里德曼加以运用和推广。适应性预期理论认为，人们的预期是以其过去的经验和客观经济活动的变化及政府经济政策的变化为基础的，人们可以利用过去的预期误差来修正现在的预期。

所谓理性预期，是指经济主体在拥有相关信息，并对这些信息进行理智整理的基础上，经济主体对未来经济变化趋势的预期是有充分根据和明智的，是可以实现的。从理性预期理论出发，该学派在许多经济问题上都与其他经济学流派持不同的见解，并对凯恩斯学派、货币学派等经济学流派的政策主张持否定的态度，认为其他经济学流派所提出的财政政策及货币政策不仅长期内无效，而且短期内也是无效的。他们认为，凯恩斯主义所倡导的经济政策在防止经济波动方面是不会有任何成效的，不可能克服经济周期。凯恩斯主义经济政策的结果大部分是不确定的，而且即使知道了政策的结果，也无法判断这种结果是否符合公众的意愿。基于以上看法，理性预期学派坚决反对国家对经济的过多干预，认为应充分发挥市场机制的作用。政府的任务只是为市场经济活动提供一个良好的外部环境，为此，政府必须制定和执行稳定的政策，而不是积极行动主义政策。他们认为，政府干预越少，经济效率越高。

具体在财政政策主张方面，合理预期学派认为，政府应放弃相机抉择的财政政策，并消除财政支出等变量的不规则变动。财政政策的目标应放在防止和减少通货膨胀上，而不是减少失业上。该学派认为，财政政策不会对国民经济中的实际变量产生影响，但会对价格水平等名义变量产生影响。政府要防止通货膨胀，不是去变更财政政策，而是制定并公布一些永恒不变的规则，如制定一个能使预算平衡的税率等，以维持价格水平的稳定。

第五节　财政政策的实践

改革开放以来，我国财政政策的实施大致可分为三个阶段：1978—1997 年为第一阶段，宏观经济面临的矛盾是总需求大于总供给，宏观调控要解决的根本问题是在增加供给的同时如何预防通货膨胀，这个阶段的财政政策总体表现为紧缩的财政政策，成为短缺经济条件下的财政政策；1997—2003 年为第二阶段，宏观经济面临的矛盾总是总需求小于总供给，宏观调控要解决的根本问题是如何扩大内需，因此把这个阶段的财政政策称为需求不足条件下的财政政策，即积极财政政策；2003 年至今为第三阶段，宏观经济面临的矛盾是经济供求关系发生变化，经济结构任务调整突出，宏观调控所要解决的根本问题是转变经济增长方式，建设资源节约型、环境友好型社会，走新型工业化道路，这一阶段财政政策形式表现为稳健型，也称协调发展政策。

一、积极财政政策

（一）积极财政政策的含义

积极财政政策，是财政政策中相机抉择因素的积极运用，表现为扩张性财政政策，即在有效需求不足时通过财政活动来增加和刺激社会总需求，以达到供给和需求平衡或者其他特定目的。

保罗·萨缪尔森对积极财政政策的解释是："积极财政政策就是决定政府税收和开支的方法，以便有助于削弱经济周期的波动，维持一个没有过度通货膨胀和通货紧缩的不断成长和高度就业的经济体制。"斯坦福·费希尔、鲁迪格·多恩布什也表达了同样的思想。这些实质上都表达了财政政策具有积极调控之意。

我国的实际情况是，在1998年以前，受财政自身困难和多种经济因素制约，财政调控经济能力较弱，财政政策总体表现为紧缩性。这一"低调"情况一直持续到1998年，我国实现经济"软着陆"之前的时期。自1992至1999年，我国经济增长率连续7年下滑，国民经济总需求严重不足，投资和经济增长并现乏力，1997年又爆发了亚洲金融危机。这些冲击和影响，客观上要求我国财政政策尽快从调控能力弱化的困境中走出来，对经济增长发挥更加直接、更为积极的促进和拉动作用。正是这种"更加积极"的含义被赋予到财政政策中，并成为积极的财政政策的主要含义，自1998年起，我国开始实施积极财政政策。

（二）积极财政政策的实施

为力求1998年实现8%的GDP增长目标，我国政府决定采取增加投资、扩大内需的新方针，并且把增加投资的重点确定在基础建设上。1998年8月，新的财政政策预算方案在全国人民代表大会常务委员会上提请审议并获得批准，由此揭开了我国以政府投资引资、需求拉动为主的积极财政政策的序幕。

1998年新的财政政策预算方案要点有二：其一，增发1 000亿元长期债券，投向基础设施建设和企业技术改造，并主要向中西部地区倾斜；其二，将年初预算中原用于基础建设的180亿元调整为经常性项目支出。两项调整在中华人民共和国成立以来的几十年间是极罕见的，但符合《中华人民共和国预算法》规定，反映了我国积极利用财政政策的意图，以及我国宏观经济调控水平的提高。

随后，积极财政政策继续得到加强和贯彻。1999年，根据经济中表现出来的固定资产投资幅度回落、出口下降、消费需求持续不振的情况，政府决策层决定对积极财政政策的实施力度和具体措施进行进一步调整，重心集中到三个方面，即国债发行规模、收入分配政策和部分税收政策利用。

我国财政政策的调控力度和效应超越了历史。1999年我国国债发行量为3 000亿元，累积国债余额为7 838亿元；2000年国债发行量上升到4 000亿，累积国债余额为13 011亿元；2003年国债发行量达到6 283.4亿元，累积国债余额为18 810亿元。通过这些国债，各级政府安排了万余个投资项目，大规模的国债投资不仅有效遏制了经济增速下滑的局面，而且控制了通货紧缩。积极财政政策的实施使国民经济在内外紧缩的条件下避免了衰退，实现持续平稳的增长。

（三）积极财政政策的内涵

我国政府提出和实施的积极财政政策，是有其特定的经济社会背景和政策内涵的。

1. 积极的财政政策是就政策作用大小的比较意义而言的

改革开放以来，由于多种原因，我国财政收入占 GDP 的比重，以及中央财政收入占全部财政收入的比重不断下降，出现了国家财政的宏观调控能力趋于弱化、"吃饭财政"难以为继的窘境。面对中国经济成功实现"软着陆"之后出现的需求不足、投资和经济增长乏力的新形势及新问题，特别是面对亚洲金融危机的冲击和影响，必须使我国财政政策尽快从调控功能弱化的困境中走出来，对经济增长发挥更加直接、更为积极的促进和拉动作用，这是积极的财政政策的主要内涵。

2. 积极的财政政策是就我国结构调整和社会稳定的迫切需要而言的

随着改革开放的深入，市场化程度的不断提高，我国社会经济生活中的结构性矛盾也日渐突出，成了新形势下扩大内需、开拓市场、促进经济持续快速健康发展的严重障碍。而作为结构调整最重要手段的财政政策，显然应在我国的结构优化和结构调整中，发挥比以往更加积极的作用。此外，由于社会收入分配差距扩大，国有企业改革中下岗、失业人数增加，城市贫困问题日渐显现等，作为社会再分配唯一手段的财政政策，也必须在促进社会公平、保证社会稳定方面发挥关键的调节功能。这是市场机制和其他政策手段所无法替代的。形势的变化、紧迫的客观需要，使我国的财政政策不能不走上前台，充分发挥其应有的积极作用。

3. 积极的财政政策不是一种政策类型，而是一种政策措施选择

中外的经济理论表明，现代市场经济条件下的财政政策，大体可分为扩张性财政政策、紧缩性财政政策和中性财政政策三种类型。如 20 世纪 30 年代美国的"罗斯福新政"，及其与之配套，至少实行了 10 年之久的扩张性财政政策；日本自 20 世纪 60 年代以来所奉行的扩张性财政政策等，都具有这种政策特征和政策取向。而我国当前实施的积极的财政政策，是在适度从紧财政政策大方向下，根据变化了的新情况、新问题和始料不及的某些外部因素而采取的一种应对性财政政策举措，并不是一种政策类型。

（四）积极财政政策的正面效应

作为一项反周期的宏观政策，积极财政政策总体上是恰当的。积极财政政策的实施，使国民经济在面临内外紧缩的条件下避免了经济衰退，实现经济的持续、平稳增长，对我国经济社会的相对平衡发展起到了不可低估的作用。

1. 积极财政政策拉动了经济增长

投资一向被视为驱动经济增长的主要因素之一。在政府投资主导模式尚未转变的条件下，国债投资及其乘数作用放大了固定资产投资规模，加快了基础设施建设步伐。1998—

2003 年，年均社会固定资产投资增长速度达到 14.2%，对于在外部市场低迷形势下保持适度的经济增长起了极为关键的作用。据测算，国债建设资金年均拉动经济增长 1.5 ~ 2 个百分点。

2. 积极财政政策加快了基础设施的完善步伐，促进了经济结构优化和升级

自 1998 年起，我国财政在国债安排上刻意增加对基础设施建设的投入。期间安排了数千个大型基础设施建设项目，不仅弥补了一些过去多年的基础建设的欠账，并且新建了大批经济发展中迫切需要的基础设施工程，如城市污水治理工程，高速公路、铁路建设，新建和改建机场，加固长江堤坝，治理河流污染工程等。

在国债资金直接投入基础设施建设的同时，技术改造和高新技术项目建设也如期跟上。这不仅使企业的技术水平有了较大提高，还同步优化了产业结构，增强了产品的更新换代和出口能力，为经济持续发展提供了新的动力源。

3. 积极财政政策直接增加了就业岗位数，促进了区域经济发展

积极财政政策的实施，总体上改善了经营环境，为经济各方面的持续稳定发展打开了局面。其间，国债资金支持的大批新项目及其配套项目的建设，使平均每年增加就业岗位 120 万 ~ 160 万个，这对拉动相关产业发展起到了很好的刺激作用。其直接效应就是就业岗位数急速增加，城镇居民可支配收入稳步增长，社会福利得到提升。

（五）积极财政政策的负面效应

诚然，积极财政政策对拉动内需、加快基础设施建设、增加就业、促进西部开发和从整体上保持国民经济快速增长势头产生了积极作用，但是，这些效益的获得显然需要较大成本，并且可能遗留若干问题，必须重视。

1. 债务风险加大

国债的连续增速发行，引起国债负担率的上升。与此同时，我国隐性的债务负担还有很多，这些将无疑加大财政债务风险。2003 年，我国国债负担率为 20%，计算时如果加上隐性债务负担，则实际债务负担率可能高达 100%，远高于 60% 的国际警戒线标准。并且，我国经济发展状况总体仍处于较低水平，国家财力集中程度又很低。因此，国家对债务的总体承受能力相对较弱，债务负担相对比重过大，潜在风险自然加大，并随时有可能转为实际风险。

2. 经济结构矛盾依然突出

由于国债投入具有严格的定向性，在经济结构的优化和升级过程中，有些问题不能得到完全解决，这突出表现在三点：其一，国债投资建设的迅速扩张挤占了消费规模的相应增长，消费需求的"被动拉升型"特征并没有从根本上得到改变，投资与消费比例失调或更为严重；其二，收入分配和消费结构性仍然失衡，不同行业、地区间职工的收入差距在拉大，我国居民个人收入的基尼系数一度呈扩大趋势；其三，地区经济发展不均衡并未得到抑制，产业结构失调及市场供给结构失衡状况仍然存在。

3. 国债资金边际投资效率下降

显然，国债资金配置上延续并保留了严重的计划经济色彩，预算软约束导致国债资金的安排使用中存在大量浪费和低效率现象。例如，国债项目可能因为准备工作不到位而不能按时进行，使得国债资金闲置、浪费；有些项目设计上存在问题，致使技术上不可行，成为"半拉子"工程；有些项目资金贪污浪费和挪用现象时有发生；而重投入、轻产出、亏损严重在国债项目中更是屡见不鲜。若干现象表明，国债资金使用效率低下，并在一定程度上导致全社会固定资产投资效率降低。

4. 对民间投资形成挤压

国债资金的计划安排具有很大的计划性、主观性、不规范性和不透明性。为了实行积极的财政政策，政府必然尽力向企业、居民和商业银行借款，这不仅造成投资主要由政府来完成，并且可能引起利率上升，或引起对有限信贷资金的竞争，导致民间部门投资减少。2003年的数据表明，全社会固定资产投资为55 566.6亿元，首次突破5万亿元。从投资规模上看，投资主要来自政府，集体和个体投资总额只有全社会固定资产投资总额的28%，其中城乡居民个人投资增长仅18.4%，这与经济市场化的国际趋势相悖。此外，居民银行存款保持快速上升势头，这表明我国缺乏储蓄转化为投资的有效市场机制，积极财政政策客观上形成对民间投资的挤压。

5. 诱发通货膨胀压力等

积极财政政策的理论来源是凯恩斯主义的有效需求不足理论。供给学派、货币主义经济学派和理性预期学派认为，"滞胀"是长期执行凯恩斯主义经济学派的扩张性财政政策所致，额外增加的政府购买支出的部分将形成推动通货膨胀的力量之一。有关数据和实证研究也表明，通货膨胀与财政赤字具有较强的相关性。20世纪70年代西方国家普遍发生的"滞胀"现象就是一个佐证。

正因为如此，为了维持币值的稳定，普遍认为，财政赤字占GDP的比重不能超过3%。如果较多的国债投资项目最终效益不佳的话，也会造成财政状况的恶化，从而导致价格上涨压力，形成通货膨胀。2003年以后，我国物价持续攀升，这点可以从CPI指数不断向上突破看出。CPI突破正常增长范围，表明通货膨胀压力加剧，这实际上是自1998年起，连续多年国债增速发行而形成巨大的基本建设规模，以及由财政投资乘数带动的累积和滞后效应的客观反映。

二、稳健财政政策

稳健财政政策，是指财政收支保持平衡，不对社会总需求产生扩张或紧缩影响的一种财政政策。就宏观经济调控的主要任务而言，稳健财政政策的基本要求就是不给经济运行带来扩张性的影响，其典型特征就是政府尽量不去人为地刺激经济，而应该在宏观上让经济保持平稳，财政手段既不"扩张"，又不"紧缩"，而是保持中立。

（一）稳健财政政策的出台

2004 年 12 月，我国召开中央经济工作会议。明确指出，根据我国宏观经济形势的发展变化和巩固宏观调控成果的要求，自 2005 年起我国调整财政政策取向，由扩张性的积极财政政策转向稳健财政政策。

实施七年的扩张性的积极财政政策转为中性的稳健财政政策，这一重大财政政策的调整，不仅意味着扩张性的积极财政政策"功成身退"，而且体现了来自国民经济发展周期中的阶段转换的必要性。这次调整具有系统性，足以称为一种政策转型。稳健财政政策基本内涵包括四个方面：①基本维持现有规模的水平，保持政策的连续性和稳定性；②合理调整财政收入的增长速度，增强市场对资源配置的基础作用；③优化支出结构，加强管理，提高效率；④促进经济增长方式向集约型转变。

（二）稳健财政政策的三重内涵

从"积极"到"稳健"，虽然仅仅是两个字的变化，但其中却蕴含着三重含义，即适度、避险和公平，稳健财政政策意味深长。

1. 适度

适度一方面是指财政政策力度适中，政府财政支出在保证对经济增长有效刺激的前提下适当减少，政府财政收入在保证微观主体消费、投资需求不受较大影响的前提下适当增加，将财政赤字缩减到合理边界；另一方面，稳健财政政策的适度性来源于渐进式改革的轻微震荡性。

2. 避险

避险即规避经济过热和赤字激增两方面的风险。一方面，稳健财政政策通过对政府支出的抑制避免了通胀风险的集中；另一方面，七年间发行的国债使财政赤字居高不下，国民储蓄下降，长期利率上升，进而导致国内资本存量较少，经济缺乏长久增长的动力。而稳健财政政策的适时推出避免了我国经济陷入赤字旋涡的风险，保障了我国经济增长的安全性。

3. 公平

公平即促进了财富在代际间的合理分配。政府的赤字财政政策可能刺激了一代人的消费，但如果这种积极财政长期化，将造成财富在代际间的不公平转移。财政赤字要靠税收来弥补，而负担这一税收义务的很可能是下一代人。这种财富跨代再分配造成了福利天平的倾斜，稳健财政政策及时终止了赤字财政政策长期化的趋势，重新将国债负担交回受益的一代人，促进了长期社会财富的公平分配。

三、稳健财政政策的实施原则

我国顺利实施稳健财政政策的关键是财政政策体系的改善并在此基础上实现各项政策工具的协调配合，发挥出政策的整体优势。

（一）适当减少财政赤字和长期建设国债发行规模

GDP 增长的同时，财政赤字比重会下降。但短期内大幅减少长期国债发行和财政赤字，会遇到各方面的阻力，最终影响到财政自身运作的可行性。逐步减少增发国债的数额是可行的。并且，将增发国债的部分收入在经济建设方面的用途限制于在建工程的后续上，不再支持新增设项目，而将主要资金转向支持卫生、教育、社会保障等公共事业和支持进一步改革。

（二）调整结构

结构调整是宏观经济政策要实现的重要目标之一。财政政策应发挥资金导向作用，着力调整财政支出结构和国债资金投向结构，资金安排应有保有压、有促有控。具体体现为：既要保证在建国债项目按期完成，发挥作用，又要将主要资金投入到农村公共基础设施建设中去，支持粮食生产、基础教育、公共卫生体系、公检司法、生态建设和环境保护、资源节约和循环经济等方面的建设项目；与此同时，财政还必须明确目标，支持西部开发、东北地区等老工业基地调整改造和中部崛起的重点项目，以及加强边境国防安全、能源安全和反恐的基础设施建设。

（三）推进改革

转变主要靠国债项目投资拉动经济增长的方式，按照既立足当前又着眼长远的原则，在继续安排部分国债项目投资，整合预算内基本建设投资，保证一定规模中央财政投资的基础上，适当调减国债项目投资规模，腾出部分财力用于推进体制和制度的改革创新，为市场主体和经济发展创造相对宽松的财税环境，建立有利于经济自主增长的长效机制。

（四）增收节支

实现结构性减税和财政收入同步增加的立体组合，也就是说，在总体税负不增或略减的基础上，严格依法征税，确保财政收入稳定增长，同时严控支出增长，切实提高财政资金的使用效率。

总之，稳健的财政政策是包括财政调控目标方向、手段组合、方式方法转变在内的重大政策转型。虽然长期建设国债和财政赤字规模"双减"，但并不意味着紧缩；虽然在宏观调控中退居幕后，财政政策却肩负结构调整等多种要务和重责。

四、稳健财政政策的实施现状

稳健财政政策在政策取向上体现了松紧适度、稳妥平衡的特征。实施以来，不仅较为深入地体现了科学发展观和构建社会主义和谐社会的要求，而且体现了加强和改善宏观调控的实际需要。总体上，稳健财政政策在支出政策、收入政策和财税体制机制改革三个方面形成了比较完备的政策体系。

（一）支出政策

一方面，控制赤字，中央财政预算赤字逐渐减少，以 2005 年为例，该年预算赤字为

3 000 亿元，比上年减少 198 亿元，财政预算赤字相当于 GDP 的比重比上年也降低了 0.5 个百分点；同时适当减少长期建设国债的发行规模。另一方面，按照科学发展观和公共财政的要求，大力调整财政支出结构和国债项目资金的投向结构。政策实施中，严格控制一般性开支，政府资金使用重点集中于国家发展规划确立的战略发展目标和经济社会事业发展的薄弱环节，包括加大财政资金支持力度，加大对教育、卫生等社会事业的投入，加大西部大开发、东北地区等老工业基地振兴投入，以及支持重大基础设施建设和加大财政转移支付力度。

（二）收入政策

配合经济社会协调发展和宏观调控需要，调整了税收政策。一是大范围、大幅度减免农业税。在全国范围内免征牧业税，全国共有 28 个省份免征农业税。二是调整出口环节税收政策。三是调整住房转让环节税收政策。四是调整资本市场税收政策，包括资本市场的证券交易印花税以及企业所得税和个人所得税政策，促进资本市场健康发展。五是调整资源税政策，如提高煤炭资源税标准，调整油田企业原油、天然气资源税税额标准，促进资源合理开发和利用。六是继续调低关税税率。

在调整税收政策、促进健康发展的基础上，努力促进财政增收。清理、规范税收优惠政策，挖掘非税收入潜力，规范非税收入管理，严格依法征税，确保财政收入稳定增长。

（三）财税体制机制改革

这是稳健财政政策的又一表现：加强体制改革和制度创新，改变体制转变经济增长方式的要求，建立有利于经济自主增长和健康发展的长效机制，主要做法包括：①加快投资体制改革；②推进增值税转型改革试点；③改革出口退税负担机制；④推进各级财政体制改革。

五、稳健财政政策的效应分析

相对于积极财政政策，稳健财政政策更注重区别对待，有保有控。更为突出的是，稳健财政政策更多地体现了政策功能上的积极转向。

稳健财政政策实施的成效是积极的、明显的，可以从两个方面来分析：从总量上看，财政政策在促进经济持续较快增长上发挥了重要作用；从结构上看，财政政策在"保"和"控"两方面促进了国民经济持续、快速、协调、健康的发展和社会的全面进步。

1. 稳健财政政策的总量效应

2005 年财政赤字和国债发行额都比上年减少，这一调整对国民经济的紧缩效应实际上有限，但是重在发出信号。从总量效应来看，初期的稳健财政政策仍属积极财政政策淡出阶段，对经济增长仍然具有积极的拉动效应。

也就是说，在促进经济持续快速增长的政策效应方面，稳健财政政策同积极财政政策一样，也具有显著作用，但二者在政策取向和作用机制上明显不同。积极财政政策着眼于逆经济周期的需求管理，主要目的是通过扩张政府购买、发挥乘数效应，弥补有效需求不足，刺激经济增长。而稳健财政政策是需求管理和供给管理相结合，在扩张有效需求的同时调整和优化产业结构，更能充分发挥财政政策针对性的特点，使政策着力点从应急的、解决短期问题的目标转移到经济的可持续发展上来，政策设计的主要目的不是以财政政策的扩张加速经济增长，而是要理顺经济增长各要素之间的关系，为经济的内生增长提供一个健康的、有保障的平台。

2. 稳健财政政策的结构效应

稳健财政政策在调整经济结构上主要通过"有保有控"、截长补短，促进经济社会协调健康发展。

"保"的方面，其一是保农业增产，农民增收。财政各项支农惠农政策措施，重在有效调动农民积极性。其二是保国民经济重点行业，如煤、电、运输等对经济增长形成瓶颈的行业，使其供给能力明显增强。其三是保就业和社会保障工作。其四是保各项社会事业全面发展。

"控"的方面，一是部分行业过快增长的势头得到了有效遏制。冶金、水泥、电石、焦炭等前期过热行业的投资增幅出现理性回归。房地产市场调控政策的效应初步显现，二是投资调控得到加强。三是抑制高耗能产品出口取得初步成效。

本章小结

积极财政政策是在有效需求不足时，通过财政活动来增加和刺激社会总需求，以达到供给和需求平衡的目的。积极财政政策的实施，也带来了债务风险加大、经济结构矛盾依旧突出、国债资金边际投资效益下降、对民间投资形成挤压、诱发通货膨胀压力等问题。

稳健财政政策，是指财政收支保持平衡，不对社会总需求产生扩张或紧缩影响的一种财政政策。适度、避险和公平是稳健财政政策的三重内涵。从总量上说，稳健财政政策在促进经济持续较快增长方面发挥了重要作用；从结构上看，财政政策在"保"和"控"两方面促进了国民经济持续、快速、协调、健康的发展和社会的全面进步。

课后练习

一、名词解释

积极财政政策　稳健财政政策　财政政策　货币政策　紧缩性政策　扩张性政策

二、问答题

1. 简述财政政策的目标。

2. 为什么财政政策和货币政策必须相互配合？

3. 财政政策对经济增长有什么影响？

4. 财政政策可以分为哪些类型？

5. 稳健财政政策的实施原则有哪些？

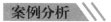

案例分析

金人庆谈稳健型财政政策

（一）稳健型财政政策实施的宏观经济背景

2003 年下半年以来，我国经济走出了持续数年的低迷状态，呈现出快速增长，甚至是全面扩张的势头。伴随着宏观经济环境的变化，连续实施了六年之久的积极财政政策是否需要进行调整受到了人们的广泛关注，成为学术界议论的焦点。虽然各方面所持观点不一，但财政政策始终没有脱离"积极"的轨迹。2003 年年末召开的中央经济工作会议作出了继续实施积极财政政策的决策。继而，2004 年 3 月份举行的十届全国人大二次会议又根据积极财政政策的思路，确定了 2004 年的财政收支预算。

但是，2004 年 4 月份之后，我国的经济形势发生了急剧变化，随着第一季度固定资产投资规模增长 43% 以及其他方面统计数字的发布，投资过热的压力骤然增大。4 月上旬的国务院常务会议和下旬的中央政治局会议，进一步发出了宏观调控的强烈信号。虽然决策层并未使用"过热"一词，但以中央银行为代表的政府各部门所采取的一系列措施都属于"防止"过热的措施。此时，以"增债+扩支（其中主要是基本建设投资）"为基本内容的积极财政政策显然已经不再适应形势的变化，需要进行调整。2004 年 5 月 27 日在上海举行的"全球扶贫大会"接近尾声时，时任财政部部长金人庆在记者的一再发问下提出，为确保中国经济持续稳步健康发展，中国将采取中性财政政策。当年 12 月召开的中央经济工作会议确定了 2005 年调整财政政策取向，由扩张性的积极财政政策转向稳健财政政策。

（二）稳健财政政策的内涵

金人庆指出，实行稳健财政政策，是包括财政调控目标方向、手段组合、方式方法转变在内的重大政策转型。稳健财政政策不仅是财政政策名称和赤字规模的调整变化，更是财政政策性质和导向的根本变化。他说，实行稳健财政政策，是为了加强和改善宏观调控，绝不等于财政政策在加强和改善宏观调控中不作为或无所作为。相反，中央财政将继续坚定不移贯彻落实西部大开发和振兴东北老工业基地等的各项财税政策。在减少国债项目资金的同时，中央财政将适当增加预算内经常性投资，这些建设资金及其他支出也将遵循调整结构、区别对待的原则，向经济社会发展薄弱环节倾斜。

"控制赤字、调整结构、推进改革、增收节支"是稳健财政政策的主要内涵。控制赤字，就是适当减少财政赤字，适当减少长期建设国债发行规模。继续保持一定的赤字规模和长期建设国债规模，是坚持发展这个第一要务的要求，也是保持一定宏观调控能力的需要。这样做的必要性是：第一，政策需要保持相对连续性，国债项目的投资建设有个周期，在建、未完工程尚需后续投入。在经济高速增长和部分行业、项目对国债资金依赖较大的时候，"收油过猛"会对经济造成较大负面冲击。第二，按照"五个统筹"的要求，确实有许多"短腿"的事情要做，保持一定的赤字规模，有利于集中一些资源，用于增加农业、教育、公共卫生、社会保障、生态环境等公共领域的投入。第三，保持一定的调控能力，有利于主动应对国际国内各种复杂形势。

调整结构，就是要进一步按照科学发展观和公共财政的要求，着力调整财政支出结构和国债资金投向结构。资金安排上要区别对待，有保有压，有促有控。对与经济过热有关的、直接用于一般竞争性领域的"越位"投入，要退出来、压下来；对属于公共财政范畴的、涉及财政"缺位或不到位"的，如需要加强的农业、就业和社会保障、环境和生态建设、公共卫生、教育、科技等经济社会发展的薄弱环节，不仅要保，还要加大投入和支持的力度，努力促进"五个统筹"和全面协调发展。

推进改革，就是转变主要依靠国债项目投资拉动经济增长的方式，按照既立足当前，又着眼长远的原则，在继续安排部分国债项目投资，整合预算内基本建设投资，保证一定规模中央财政投资的基础上，适当调减国债项目投资规模，腾出一部分财力，用于大力推进体制和制度改革创新，为市场主体和经济发展创造一个相对宽松的财税环境，建立有利于经济自主增长的长效机制。这主要是考虑到我国经济运行中存在的突出问题，从根本上讲还是体制和增长方式问题，解决这些问题必须靠深化改革。推进改革的内容概括地讲有以下两大类。

首先，从财政自身讲，要在保持财政收入持续稳定较快增长的基础上，大力推进有增有减的结构性税制改革。我国现行税制在保证财政收入稳定增长等方面发挥了重要的作用，但仍存在不完善、不合理之处，影响税收职能的发挥。通过完善税制，让市场主体——企业的"包包"里多一点钱，不断增强企业自我发展的能力，有利于鼓励企业扩大投资，加快技术改造，建立经济自主稳定增长的内在机制，不仅比政府直接投资效果好，也符合世界税制改革和发展趋势。第一，要坚定不移地推进增值税转型改革。推进增值税转型改革虽然短期会导致财政减收，但有利于推动企业发展，有利于培植财源，会为做大财政经济蛋糕进一步打造坚实基础。自2004年7月1日起，国家已在东北地区装备制造业等行业率先进行增值税转型改革试点。第二，要积极推进内外资企业所得税合并，为企业公平竞争创造良好的税收环境。上述两项改革最好能同步推进，同时内外资企业所得税合并改革要给一个过渡期，以使外资企业的宏观税负水平总体不出现大的变化。第三，要改革和完善农业税费制度。要继续深化农村税费改革，继续推进减免农业税改革试点工作。在完善对种粮农民实施财税优惠政策的同时，研究促进中部崛起和对产粮大县的财政扶持政策。第四，要继续完善出口退税制度。

其次，要继续坚定不移地大力支持推进教育、社会保障、医疗卫生、收入分配等四项改革，以进一步鼓励和扩大消费。市场经济的基本原理表明，投资作为生产性消费，只是消费需求的派生需求，只有投资完成后产生新的供给并创造新的需求的时候，才能拉动经济增长。如果没有最终消费的支撑，仅靠扩大投资拉动经济增长，虽然短期内可行，但从长远看，不仅难以持久，而且会使大量资金沉淀在生产环节进而造成严重的经济结构问题。消费需求作为社会再生产的最终环节和最终实现形式，是拉动经济长期增长的根本动力和决定性力量，而且作用更加直接有效和稳定持久。

增收节支，就是在总体税负不增或略减税负的基础上，严格依法征税，确保财政收入稳定增长，同时严格控制支出增长，在切实提高财政资金的使用效益上花大力气，下大功夫。

当前，我国经济结构调整和体制改革的任务还很艰巨，经济社会发展的一些薄弱环节亟待加强，国内外政治经济环境也面临一些不确定因素，需要花钱的地方还很多，增收节支工作绝对不能放松。在部分地区、行业投资仍然偏热的情况下，强调增收节支还有利于控制总需求。为此，一要依法加强税收征管，堵塞各种漏洞，切实做到应收尽收。依法清理和规范税收优惠政策，严格控制减免税。二要严格控制一般性支出，保证重点支出需要，各项财政支出都要精打细算。三要在继续深化预算管理制度改革的基础上，积极探索建立财政资金绩效评价制度，加强监督检查，严格管理，坚决制止铺张浪费、花钱大手大脚的行为，把该花的钱花好、管好、用好，切实提高财政资金使用的规范性、安全性和有效性，通过提高财政资金的使用效益来替代一定的财政资金的增量需要。四要科学使用预算执行中的超收，一般不能做刚性支出和投资安排。

（资料来源：金人庆：实行稳健的财政政策，中国网）

　　分析：如何把握稳健财政政策？

第六章

公债与公债市场

第一节　公债概述

一、公债的含义与性质

（一）公债的含义

公债指的是政府为筹措财政资金，凭借其信誉按照一定程序向投资者出具的，承诺在一定时期支付利息和到期偿还本金的一种格式化的债权债务凭证。

（二）公债的性质

1. 公债是一种虚拟的借贷资本

公债体现了债权人（公债认购者）与债务人（政府）之间的债权债务关系。公债在发行期间由认购者提供其闲置资金，在偿付阶段由政府以税收收入进行还本付息。公债资本与其他资本存在的区别在于，公债资本（用于非生产性开支）并不是现实资本，而只是一种虚拟资本。用于生产性开支的公债则表现为不能提取的公共设施等国家的现实资本。

2. 公债体现一定的分配关系，是一种"延期的税收"

公债的发行，是政府运用信用方式将一部分已进行分配并已有归宿的国民收入集中起来；公债资金的运用，是政府将集中起来的资金，通过财政支出的形式进行再分配；而公债的还本付息，则主要由国家的财政收入（主要是税收）来承担。因此，从一定意义上讲，公债是对国民收入的再分配。

（三）公债的分类

1. 按发行期进行分类

按发行期的不同，公债可分为短期公债、中期公债和长期公债。

短期公债又称流动公债，是指发行期限在1年之内的公债。短期公债流动性大，因而成为资金市场主要的买卖对象，是执行货币政策、调节市场货币供应量的重要政策工具。

中期公债是指发行期限在1年到10年之内的公债，政府可以在较长时间内使用这笔资金，因此在许多国家占有重要地位。

长期公债是发行期限在10年以上的公债，其中还包括永久公债或无期公债。发行长期公债，政府长期使用资金，但由于发行期限过长，持券人的利益会受到币值和物价波动影响，因此长期公债的推销往往比较困难。

2. 按发行地域进行分类

按发行地域的不同，公债可分为国内公债和国外公债。

政府在本国的借款和发行债券为国内公债，简称内债。发行对象是本国的公司、企业、社会团体或组织以及个人。发行和偿还用本国货币结算支付，一般不会影响国际收支。

政府向其他国家的政府、银行或国际金融组织的借款，以及在国外发行的债券等，为国外公债，简称外债。

3. 按可否自由流通进行分类

按可否自由流通，公债可分为上市公债和不上市公债。

可以在债券市场上出售，并且可以转让的公债，称为上市公债。上市公债增强了公债的流动性，在推销时比较顺利。多数公债是可以进入证券市场自由买卖的。

不可以转让的公债，称为不上市公债。为了保证发行，政府通常必须在利率和偿还方法上给予某些优惠。

4. 按举债形式进行分类

按举债形式的不同，公债可分为契约性借款和发行公债券。

契约性借款，是指政府和债权人按照一定的程序和形式共同协商，签订协议或合同，形成债权债务关系。

发行公债券，即向社会各单位、企业、个人的借债采用发行债券的形式。发行公债券具有普遍性，应用范围广。

5. 其他分类方法

按发行主体的不同，可分为中央公债和地方公债；按公债计量单位的不同，可分为实物公债和货币公债；按利息状况的不同，可分为有息公债和有奖公债；按公债用途的不同，可分为生产性公债和非生产性公债。

（四）公债与税收

公债和税收都是现代世界各国政府财政活动的重要内容，二者的区别和联系有如下几点。

1. 公债和税收的根本依据不同

税收活动的根本依据是国家的政治权力，具有政治上的强制性和经济上的无偿性。政府通过税收取得财政收入，既不需要偿还，也不需要对纳税人付出任何代价。公债活动的根本依据是政府信用，政府必须承担归还本金和支付公债利息的义务。

2. 公债与税收所组织的财政收入的性质和来源不同

税收收入来源于国民收入分配和再分配环节。而公债收入来源于社会的闲置资金。

3. 公债与税收各自的经济效应不尽相同

从总体上看，政府运用公债和税收均可在一定程度上对社会需求水平进行调控，进而实现对社会经济宏观控制的目的。但从实践上看，税收和公债在运用过程中对社会经济影响的侧重点有所不同。税收对社会经济影响的针对性较强，往往通过征税环节、税率高低及减免税等方式实现经济结构调整的目标。而公债对经济的影响通常具有总量效应，公债是通过改变货币流通量或货币供应量进而对经济总量进行调节的。

4. 公债与税收存在一定的替代关系

由于税收具有固定性特征，当政府收不抵支时，开征新税或提高税率都难以济急，此时公债便成为税收的替代手段而被政府采用，公债还本付息的资金最终来源于税收。因此，公债与税收存在着天然的替代关系。

二、公债的起源

公债的起源晚于税收。恩格斯说："随着文明时代的向前发展，甚至捐税也不够用了。国家就发行期票、借债，即发行公债。"可见，公债的产生与国家职能的扩展密切相关。

据有关文献记载，公债在奴隶社会就开始萌芽了。在公元前4世纪，古希腊和古罗马曾出现国家向商人、高利贷者和寺院借债的情形。到了封建社会，公债有了更进一步的发展。但在前资本主义时期，由于生产力发展水平较低，商品经济规模较小及封建势力的束缚，封建制国家在社会经济生活中所起到的作用远远不如现代。在封建时代，政府发行的公债具有规模较小、制度不完整等特征。公债真正大规模地发展，是在资本主义时期。

三、公债的特征

公债作为政府财政活动的重要内容，与其他政府财政活动相比，具有明显的形式特征。

（一）有偿性

所谓有偿性，是指政府发行公债必须如期偿还本金，并且按照预先的规定支付一定数额的利息。公债发行是政府作为债务人以还本付息为条件，而向公债认购者借取资金的暂时使用权，政府和认购者之间具有直接的返还关系。有偿性的特征使得公债与税收、利润等财政收入形式相区别。

（二）自愿性

所谓自愿性，是指公债的发行或认购建立在认购者自愿承购的基础上，认购者买与不买、购买多少，完全由认购者自己决定。公债发行以政府信用为依托，政府发行公债以借贷双方自愿互利为基础，按约定条件与公债认购者结成债权债务关系。当然，在某些特定时期，政府也可以通过强制摊派的方式发行公债，这时发行的强制公债类似于税收。

（三）灵活性

所谓灵活性，是指公债的发行与否及发行多少，通常由政府根据财政资金的需求情况灵活确定，而不通过法律形式预先规定，这是公债所具有的一个非常重要的特征。公债的发行既不具有发行时间上的连续性，也不具有发行数额上的相对固定性，而是何时需要何时发行，需要多少发行多少，这也是公债与税收、国有企业上缴利润等财政收入形式相区别的重要标志。

公债的以上三个特征是紧密联系的，公债的有偿性决定了公债的自愿性，因为如果是无偿的分配形式就不会是自愿认购；而公债的有偿性和自愿性，又决定了发行上的灵活性。公债的有偿性、自愿性和灵活性是统一的整体，缺一不可。只有同时具备这三个特征，才能称为公债。

四、公债的功能

现代公债不仅是政府筹集资金的手段，也是政府调节经济运行的重要工具。它的功能表现在以下三个方面。

（一）弥补财政赤字，平衡财政收支

随着社会经济的发展，政府职能不断扩大，财政支出也日益增加，仅仅依靠税收已经不能满足政府支出的需要，政府只能采取借债的方法来弥补财政资金的不足，公债便由此产生。弥补财政赤字是公债最原始、最基本的功能。从历史的角度考虑，政府发行公债的原因很多，例如，筹集军费，这是发行公债最古老的原因，无论是战争经费，还是养兵维持费，都构成各国财政支出的重要部分。军费激增导致财政预算失衡，是许多国家发行公债的重要原因。再如，调剂季节性资金余缺，在一个预算年度内，政府财政资金在季节上存在不均衡，有时财政收入多而财政支出少，有时财政支出多而财政收入少，为解决这一矛盾，许多国家采取发行短期债券的办法进行调剂，在资金紧张时发行债券，在资金有余时还本付息。

（二）筹集建设资金

发行公债为政府从事经济建设提供了重要的资金来源。许多国家在发行公债时对公债资金来源、公债资金用途有明确规定，有些国家还以法律的形式对公债发行加以约束。如中华人民共和国成立初期发行的"国家经济建设公债"和改革开放初期发行的"国库券"，就明确规定了发行的目的是筹集建设资金。从公债收入的性质上看，公债筹集建设资金的功能隐含着公债可以是稳定的、长期的收入，政府发行公债就可以在经常性收入之外安排更多的支出。

（三）调节宏观经济

随着社会经济的发展、政府职能的不断扩大，对国民经济运行实施宏观调控已经成为国

家的重要任务。适时适当地利用公债政策，可以有效地调节和影响国民经济的发展。公债作为政府宏观调控的工具，它的作用主要表现在调节国民收入的使用结构、调节国民经济的产业结构、调节社会的货币流通和资金供求等方面。

第二节　公债制度

一、公债的发行

（一）公债发行的条件

公债的发行是指公债售出或被银行、企业和个人认购的过程。公债发行是公债进行的起点和基础环节。公债发行条件是指国家对所发行公债及其与发行有关的诸多方面以法律形式所作的明确规定。发行条件主要包括以下几个方面：公债发行权限，公债发行对象和发行额度，发行价格、利率和票面金额，发行时间和公债凭证等。

1. 公债发行权限

政府是公债的债务主体，除了按约定条件承担还本付息的义务外，还具有发行公债的权利。从各国公债的实践看，公债的债务主体并不一定拥有发行公债的全权，一般来说，国债的发行权属于国家的最高立法机关或行政机关。而地方公债发行权限或者由国家最高立法机关或行政机关授权，或者在国家宪法等有关法律许可范围内由地方当局自己予以规定和行使，但往往要受最高立法机关或行政机关的制约。

2. 发行对象和发行额度

公债的发行对象也就是公债认购者的范围。一般来说，凡未被列入公债发行对象的，即不属于公债认购者范围，不得认购该类公债。确定公债发行对象的依据一般有政府对债务收入投向、特定范围内公债认购者的承受能力等因素，而这又是决定公债发行额度的重要因素。

政府发行公债数量的多少，一般取决于发行者对资金的需求量、市场的承受能力、未来的债务负担、发行者的信誉及债券的种类等因素，此外，还取决于政府贯彻实施有关财政政策的客观需求。公债发行额度一经确定，合理确定公债发行对象便是决定能否完成公债发行计划的重要因素。公债发行对象与发行额度是两个密切相关的发行条件。

3. 发行价格、利率和票面金额

公债的发行价格是债券票面价值的货币表现。在债券市场上，受债券供求关系的影响，公债券的发行价格围绕公债券票面价格上下波动，而造成这种变动的基本原因则是利率。一般情况下，公债券发行价格与公债利率成正比，同市场利率成反比。在债务发行时规定的公债利率如果高于或低于市场利率，债券发行价格就可能高于或低于票面值。

依据公债发行价格与其票面值之间的对比关系，通常将公债的发行价格分为三类：①平价发行，即公债发行价格与公债票面值相同，公债利率与市场利率相当；②溢价发行，即公债券的发行价格高于债券票面值；③折价发行，即公债发行价格低于债券票面值。

公债利率是指公债利息与本金的比率。对于发行者来说，公债利率的高低影响其未来利息支付水平，构成未来的支出；利率越高，发行者成本越高，认购者收益越大。公债利率的确定要考虑发行的需要，也要兼顾偿还的可能，权衡政府的经济承受能力和发行收益及成本的对比。利率有固定利率和浮动利率两种形式。公债利率确定有两种方式，一种由债务人决定，即政府直接决定利率；另一种由市场决定，通常是由发行者公布每一次公债的期限、规模等条件，然后由国债一级自营商或机构投资者投标竞价，决定公债利率。此外，公债利率还可以由债务人和债权人协商确定。

公债票面金额是指由政府核定的一张公债券所代表的价值。因为该价值印制在公债券的正反两面，故称票面价值或票面金额。公债票面金额的大小应根据公债的性质、发行对象及其购买力的大小来决定，上市的公债还应适应证券市场交易的习惯，以利于市场交易。

4. 发行时间与公债凭证

何时发行，应募者缴款的截止日期及有关公债凭证问题的规定，也是公债发行的基本条件。在我国，规定公债发行截止日期是历年历次公债条例均须载明的条款，公债发行时间比较集中，一般从年初开始，一直持续到 9 月份。大量的公债集中在一次或几次发行，发行任务比较繁重，公债款项入库时间也比较集中，没有形成在一年内各季度之间的合理分布。

公债凭证即给债权人以何种凭证及何时给凭证问题。公债凭证的发放时间一般有两种：第一种，即时发放凭证，即在收款时当即发给债券凭证；第二种，延时发放凭证，即在收款时仅发给收条，待收足款项后再发给债券凭证，或予以登记。

公债凭证一般采用三种形式，即登记公债、公债券和公债收款单。登记公债是对应募者认购公债的事项，逐一登记在公债登记簿上，作为其债权依据。公债券作为债权凭证表明持有人凭此向债务人索取利息、索回本金及享有其他相关权益。公债收款单即在认购者交毕认购款时，由公债发行部门开具的债权凭证，它是介于登记公债与公债券之间的一种公债凭证形式。

（二）公债发行的方法

公债发行方法是指采用何种方法和形式来推销公债。公债发行方法很多，可以从不同角度根据不同标准对公债发行方法进行分类。

1. 直接发行法和间接发行法

按照政府在公债发行过程中同应募者之间联系方式的不同，可以将公债发行方法分为直接发行法和间接发行法。

直接发行法是政府直接向应募者发行公债，中间不经过任何中介机构，政府直接承担发行组织工作、直接承担发行风险的方法。而间接发行法则是政府不直接担当发行业务，而委托给专业的中介机构进行公债发行的方法。

2. 公募法与非公募法

按公债发行对象角度的不同，可以将公债发行方法分为公募法与非公募法。

公募法是指政府向社会公众公开募集，不指定具体公债发行对象的公债发行方法。它包括直接公募法、间接公募法和公募招标法三种。直接公募法是指政府国库或其他代理机关自任发行公债之职，或者由总发行机关委托全国邮政局代办发行业务，向全体国民公开招募，其发行费用与损失皆由政府负担。直接公募法可分为强制招募法和自然认购法两类。间接公募法是政府将发行事项委托银行机构、集团，规定一定的条件，由银行分摊认领一定金额，然后转向公众募集。同时，政府按推销额向接受委托的银行支付一定比例的手续费。间接公募法通常采用两种方式，即委托募集和承包募集。公募招标法就是政府提出一个最低的发行条件，向全社会的证券承销商招标，应标条件最优者中标，负责包销发行，政府按包销额的一定比例支付给中标者手续费。

非公募法也称私募法，是指不向社会公众公开募集，而是对有些特别的机构发行公债的方法。通常包括银行承受法和特别发行法。

3. 市场销售法和非市场销售法

从政府是否通过市场发行公债的角度，可以将公债发行方法分为市场销售法和非市场销售法。

市场销售法是指通过证券市场销售公债的方法，银行承受法和公募法等就属于市场销售法。非市场销售法则是指不通过债券市场发行公债的方法，这种发行方法具有行政分配的特点。

二、公债的偿还

公债的偿还是指国家依照事先约定，对到期公债支付本金和利息的过程，它是公债运行的终点。公债的偿还主要涉及两个问题：一是偿还的方法；二是偿还的资金来源。

（一）公债偿还方法

公债偿还的方法大致有以下几种。

1. 买销法

买销法又称购销法，或买进偿还法，是指政府委托证券公司或其他有关机构，从流通市场上以市场价格买进政府所发行的公债。这种方法对政府来说，虽然要向证券公司等支付手续费，但不需要花费广告宣传费用，偿还成本较低，操作简单，同时以市场价买进债券，可以及时体现政府的政策意图。

2. 比例偿还法

比例偿还法是政府按公债数额，分期按比例偿还的方法。该方法是政府直接向公债持有者偿还，不通过市场，所以又称直接偿还法。这种方法包括平均比例偿还、逐年递增比例偿还、逐年递减比例偿还等具体形式。比例偿还法的优点是能够严格遵守信用契约，缺点是偿还期限相对固定，政府机动灵活性小。

3. 抽签偿还法

抽签偿还法是指政府通过定期抽签确定应清偿公债的方法。一般以公债的号码为抽签依据，一旦公开抽签确定应清偿公债的号码之后，该号码的公债即同时予以偿还。这种方法也是一种直接偿还方法。中国 1981—1984 年发行的国库券，都是采用抽签偿还法。

4. 一次偿还法

一次偿还法是指政府定期发行公债，在公债到期后，一次还清本息。中国自 1985 年以来发行的国库券，都是规定发行限期届满一次还本付息完毕。

（二）公债偿还的资金来源

政府公债的偿还，需要有一定的资金来源。偿还债务的资金来源主要依靠预算直接拨款、预算盈余、发行新债偿还旧债及偿债基金。

1. 预算直接拨款

这是指政府从预算中安排一笔资金来偿还当年到期公债的本息。预算直接拨款的具体数额，取决于当年到期公债券本息的数额。

2. 预算盈余

这是指以政府预算盈余资金作为偿清资金来源的做法，使用这种方法的前提是政府预算有盈余。从目前世界各国的财政收支状况看，这个前提条件并不具备，因而这种方法不具有实践价值。

3. 发行新债偿还旧债

这是指从每年新发行的公债收入中，提取一部分来偿还旧债的本息。从本质上说，这并不是一种好的偿还方法，容易使政府陷入恶性的债务循环之中。

4. 建立偿债基金

这是指政府每年从预算收入中拨出一定数额的专款，作为清偿债务的专用基金。基金逐年累积、专门管理，以备偿债之用。其优点是，为偿还债务提供了一个稳定的资金来源，它可以均衡各年度的还债负担，有利于把政府的正常预算和债务收支分离，对制定正确的财政政策十分有益。

第三节　公债市场

一、公债市场的作用

1. 为政府的发行和交易提供了有效的渠道

一方面，它使政府能够通过债券的发行来吸收社会闲散资金，用于投资活动和进行公共建设方面的开支；另一方面，它又使债券持有者在必要时能够通过债券市场迅速脱手转让而获利，从而大大增强了债券的吸引力。

2. 可以进一步引导资金流向，实现资源要素的优化配置

资金统一由公债市场实现再分配，通过利益和风险引导筹资者和投资者，因而使债权债务关系依赖于利益的变化。资金不断流向效率高、经营好的筹资者手中，优胜劣汰，进而实现资源的优化配置。

3. 它是传播和获取经济信息的重要场所

公债市场行情可以反映各种债券及金融状况，债券交易者通过相互转手买卖，可以彼此了解各行业的情况，并从债券价格行情中选择投资目标。公债市场是反映金融状况的晴雨表。由于债券交易的需要，交易所有大量专门人员长期从事商情研究和分析，并且经常和各类工商企业直接接触，故能了解企业的动向。

4. 为社会闲置资金提供良好的投资场所

由于政府债券风险小，投资收益回报稳定，故而成为投资者青睐的理想对象。

二、公债发行市场

公债的发行市场，是指以发行债券的方式筹集资金的场所，又称为公债的一级市场。公债的发行市场没有集中的具体场所，是无形的观念上的市场。在发行市场上，政府具体决定公债的发行时间、发行金额和发行条件，并引导投资者认购及办理认购手续、缴纳款项等。公债发行市场的主体由政府、投资人和中介人构成。公债发行市场的中介人主要有投资银行、承购公司和受托公司等证券承销机构，它们分别代表政府和投资人处理一切有关债券发行的实际业务和事务性工作。在间接发行时，债券的发行手续由政府委托中介机构办理；在直接发行时，债券的发行手续由政府自行办理。因此，公债发行市场由政府、投资银行等中介机构和投资者三方面构成。

我国公债发行市场自1981年恢复发行国内公债以来，现已基本成形。其基本机构是以差额招标方式向一级承销商出售可上市公债，以承销方式向商业银行和财政部所属国债经营机构等承销商销售不上市的储蓄国债（凭证式国债），以定向私募方式向社会保障机构和保险公司等出售定向国债。这种发行市场是一种多种发行方式搭配使用并适应我国目前实际的发行市场结构。

三、公债交易市场

交易市场是指投资者买卖、转让已经发行的公债的场所，又称公债流通市场、转让市场或二级市场。交易市场一般具有明确的交易场所，是一种有形的市场。它为债券所有权的转移创造了条件，是公债机制正常运行和稳步发展的基础和保证。

（一）公债交易市场的功能

公债交易市场的功能主要有以下方面。

（1）为短期闲置资金转化为长期建设资金提供了可能性，有利于政府运用信用形式筹集长期资金，能有效解决投资者希望资金的短期性和发行者希望资金的长期性之间的矛盾。

（2）增强公债投资者信心和风险承受能力，是公债发行顺畅有效的基本保证。如果禁止转让，投资人就会担心在未来资金周转不开时无法及时兑现。公债交易市场降低了诸如此类的风险，增强了投资者对公债的信心。

（3）有利于发挥公债的筹资、投资、融资等经济职能。随着流通性的增强，公债可部分代替高利率的作用，吸引投资者，因此公债市场有利于降低发行成本。

（4）便于中央银行开展公开市场业务，进行金融宏观调控。当市场货币供应量超过预定指标、物价上涨时，中央银行抛售政府债券、吸收资金，使货币市场利率上升，以收缩信用；反之，中央银行可从市场中大量购进公债、放出资金，使货币市场利率下跌，以扩大信用。

（二）公债交易市场类型

通常，公债交易市场由场内交易和场外交易两大交易系统构成，介于场内交易和柜台交易的还有第三市场和第四市场两种新型的市场。

1. 场内交易

场内交易指在证券交易所进行的债券买卖，又称交易所交易。场内交易的交易主体主要有证券经纪商和交易商等。证券经纪商代理客户买卖债券，赚取手续费，不承担交易风险；交易商为自己买卖债券，赚取差价，承担交易风险。公债的转让价格是通过竞争形成的，交易原则是"价格优先"和"时间优先"。场内交易的特点包括：①有集中的、固定的交易场所和交易时间；②有较严密的组织和管理规则；③采用公开竞价交易方式；④有完善的交易设施和较高的操作效率。

2. 柜台交易

柜台交易指在证券交易所以外的市场进行的债券交易，又称店头交易或场外交易。交易的证券大多数为未在交易所挂牌上市的证券，但也包括一部分上市证券。柜台交易的特点有：①为个人投资者投资于公债二级市场提供更方便的条件，可以吸引更多的投资者；②覆盖面和价格形成机制不受限制，便于中央银行进行公开市场操作；③有利于商业银行低成本、大规模地买卖公债；④有利于促进各市场之间的价格、收益率趋于一致。

3. 第三市场

第三市场指在柜台（店头）市场上从事已在交易所挂牌上市的证券交易。近年来这类交易量大增，地位日益提高。但准确地讲，第三市场既是场外交易市场的一部分，又是证券交易所市场的一部分，它实际上是"已上市证券的场外交易市场"。

4. 第四市场

第四市场是指各种机构投资者和个人投资者完全绕开证券商，相互间直接进行公债的买卖交易。第四市场目前只在美国有所发展，其他一些国家正在尝试或刚刚开始。这种市场虽然也有第三方介入，但一般不直接介入交易过程，也无须向公众公开其交易情况。

第四节　公债的管理

一、公债规模

政府对公债运行过程所进行的组织、决策、规划、指导、监督和调节，就是公债管理。政府对公债的管理是从内债、外债两方面来进行的。

公债规模是一个国家政府在一定时期内举借债务的数额及其制约条件。公债规模是一个事关国家全局的宏观经济问题，必须把公债规模放在国民经济发展的大环境中去研究，把握好公债规模与宏观经济政策、经济增长率、宏观经济发展水平、金融市场化程度、政府管理债务水平之间的关系。

（一）影响公债规模的因素

一个国家在不同历史时期维持经济良性发展所需的债务规模是不同的，不同国家在同一时期所需的债务规模也是不同的。影响债务规模的因素很多，主要有以下几个。

1. 政治背景

不同的政治背景决定着不同的公债发行量限制。一般来说，当政治背景允许发行强制性公债时，公债规模就相对大一些，如在西方国家，战争时强制发行了远比平时规模大得多的公债；反之，当公债进行经济发行时，其规模要相对小一些。此外，公众舆论的压力，以及像美国国会对公债发行规模规定最高限额等，也是影响公债规模的因素。

2. 生产关系类型

不同生产关系、不同社会经济制度的国家，其举借公债的规模有很大的不同，最明显的是社会主义制度与资本主义制度的区别。由于资本主义公债主要用于弥补财政赤字，是将生产经营资本转用于非生产性方面，这样相对于其经济规模来说，资本主义赤字公债的举借就应小一些；社会主义公债则不同，它主要用于筹集建设资金，而且社会主义公债的发行对社会再生产的正常运行的危害性可能相对小一些，这样，社会主义公债的发行规模可以相对大一些。当然，社会主义公债的发行也有其客观限制，并不因公债收入被用于经济建设而例外。

3. 经济发展水平

经济发展水平是影响公债规模的主要因素，经济发展水平高低是政府债务规模大小的决定因素。对于债务人政府来说，经济发展水平越高，意味着社会所创造的财富越多，政府从社会所创造的国民收入中能够筹集到的税收等其他财政收入也就越多，这无疑会提高政府的偿债能力。此外，对于债权人来说，经济发展水平越高，意味着他们的收入水平越高，从而手中闲散的资金也就越多，而这些闲置资金的存在是公债收入的最终来源。

4. 国家职能范围

国家职能范围的大小在某种程度上决定了一国财政赤字的规模，而财政赤字的存在则是公债产生的最初动因。19世纪末，德国财政出现了以瓦格纳和施泰因为代表人物的社会政策学派。瓦格纳在总结德国预算支出逐渐增长的基础上提出了"经费膨胀规律"的观点，他认为，一是由于扩充和坚强国家职能内容的经费增加引起的内涵性经费膨胀；二是由于国家新职能的产生而导致的外延性经费膨胀。既然经费膨胀不可避免，租税收入不足以支付经费开支，发行公债就在所难免。

5. 财政政策选择

一个国家在特定时期实行何种财政政策也会在一定程度上影响公债的规模。财政政策通常包括扩张性财政政策和紧缩性财政政策。如果实行紧缩性财政政策，财政赤字规模就小，公债规模也会相对减小；但若实行扩张性财政政策，拉动总需求必然以扩大公债发行为条件。

6. 金融市场状况

公债作为货币政策的一种重要工具，主要是通过公开市场业务来操作的，而公开市场业务能否顺利进行要看金融市场的发育状况。中央银行开展公开市场业务要以一定规模的公债为条件。就公开市场业务而言，如果公债规模过大导致公债难以卖出，或者公债规模过小，中央银行吞吐的公债规模量不足以影响货币供应量，公开市场业务就难以发挥应有的作用。

7. 公债管理水平

政府对债务管理方面的水平也会影响公债的规模。如果政府的债务管理水平很高，具体表现在公债发行费用很低，公债的种类结构、利率结构、期限结构合理，公债资金使用效率较高等方面，以相对较小规模的公债就能产生较高的经济效应和社会效应；反之，如果政府管理公债的水平较差，那么就需要较大量的公债才能产生同样的效益。

（二）公债规模的衡量

通常来说，判断公债适度规模的标准有：①社会上是否有足够的资金来承受债务的规模；②政府是否有足够的能力在今后偿还逐渐累积的债务；③政府债务将在多大程度上影响价格总水平；④政府债务有多大的"挤出效应"；⑤证券市场需要和能够容纳多少政府债券。

1. 国民应债能力

公债分为国内公债和国外公债两种形式。国外公债来源于国外，它形成对国外居民的负担。而国内公债的资金来源是储蓄，这里的储蓄包括国内储蓄和国外储蓄。银行存款、股票和各种债券都是将储蓄转化为投资的形式。一国筹集资金的最大限度就是该国的储蓄水平。

2. 社会资金应债能力

社会资金主要包括社会保险基金、企事业单位预算外资金及证券投资基金等。我国财政部每年向国内企业职工养老基金和失业保险基金管理机构发行一部分定向国债。

3. 公债适度规模的衡量指标

目前国际上衡量公债适度规模的指标通常有四个，即公债依存度、公债负担率、借债率和偿债率。

（1）公债依存度。公债依存度是指一国当年的公债收入与财政支出的比例关系。

$$公债依存度 = （当年公债发行额/当年的财政支出额）×100\%$$

公债依存度反映了一个国家的财政支出有多少是依靠发行公债来维持的。公债的发行过大，公债的依存度过高，表明财政支出过分依赖公债收入，财政处于脆弱状态，并对财政未来的发展构成潜在的威胁。根据这一指标，国际上公认的控制线（或安全线）是国家财政的公债依存度为15%～20%，中央财政的公债依存度为25%～30%。

（2）公债负担率。公债负担率衡量一定时期公债累积额与同期国内生产总值的比重。

$$公债负担率 = （当年公债余额/当年 GDP）×100\%$$

这个指标从国民经济总体和全局，而不仅仅是从财政收支上来考察和把握公债的数量界限。根据各国经验，发达国家公债累积额度最多不能超过当年 GDP 的45%，由于发达国家财政收入占国内生产总值的比重较高，所以公债累积额度大体相当于当年财政收入总额，这是公认的公债最高警戒线。

（3）借债率。借债率是指一个国家当年公债发行额与当年 GDP 的比率。

$$借债率 = （当年公债发行额/当年 GDP）×100\%$$

这个指标反映了当年 GDP 增量对当年公债增量的利用程度，反映当期的债务状况。这个指标的高低，反映了一国当年对公债利用程度的高低，也说明国民负担的高低。世界各国经验表明，该指标一般为3%～10%，最高不得超过10%。

（4）偿债率。偿债率是指一年的公债还本付息额与财政收入的比例关系。

$$偿债率 = （当年公债还本付息额/当年财政收入总额）×100\%$$

这个指标反映了一国政府当年所筹集的财政收入中有多大份额用来偿还到期债务。关于这一指标，一般认为应控制在10%左右。

二、建立合理的内债结构

（一）合理的期限结构

合理的公债期限结构，能促使公债年度还本付息的均衡化，避免形成偿债高峰，也有利于公债管理和认购，满足不同类型投资的需要。公债期限结构的形成是十分复杂的，它不仅取决于政府的意愿和认购者的行为取向，也受到客观经济条件的制约。对政府而言，发行更多的长期公债是有利的；而对于认购者而言，长期公债的流动性和变现力较差，他们更愿意购买中、短期公债。政府必须兼顾自身和应债主体两个方面的要求和愿望，同时考虑客观经济条件，对公债的期限结构作出合理的抉择。

（二）合适的持有者结构

应债主体的存在是公债发行的前提，应债主体结构对公债发行具有较大的制约作用。应债主体结构是指社会资金或收入在社会各经济主体之间的分配格局，即各类企业和各阶层居民各自占有社会资金的比例。公债持有者结构是政府对应债主体实际选择的结果。合适的公债持有者结构，可以使公债的发展具有丰裕的源泉和持续的动力。

（三）合适的公债利率水平与结构

公债利率水平及其结构是否合理，直接关系到偿债成本高低。公债利率的选择和确定也是公债管理的重要内容。在发达国家，公债利率具有多极化和弹性化特征，制约公债利率的主要因素是证券市场上各种证券的平均利率水平。公债利率必须与市场利率保持大体相当的水平才能使公债具有吸引力，才能保证公债的发行不遇到困难。

三、外债及外债结构

（一）外债的主要形式

1. 外国政府贷款

这是指一国政府利用本国财政资金向另一国政府提供的优惠贷款，其利率较低，甚至是无息；贷款期限较长，一般可达 20~30 年，是一种带有经济援助性质的优惠贷款。但这种贷款往往规定专门的用途，且一般以两国政治关系较好为前提。

2. 国际金融机构贷款

这主要包括国际货币基金组织贷款和世界银行集团贷款。

3. 外国银行贷款

这是由国际商业银行用自由外汇（即硬通货）提供的商业性贷款，有的要求借款国的官方机构予以担保，利率大多以伦敦银行的同业拆借利率为基础，加上一定幅度的差价。其用途不受限制，资金期限以中、短期为主，利率较高且大部分是浮动利率，信贷方式灵活多样。

4. 出口信贷

这是指国家专门机构或银行以利息补贴或信贷国家担保方式，对出口贸易提供的含有官方补贴性质的贷款，包括卖方信贷和买方信贷。出口信贷是国家支持商品出口、加强贸易竞争的一种手段。

5. 发行国际债券

这是指以各种可兑换货币为面值发行的国际债券，这种形式正在成为国际信贷的主要形式。其特点是：对发行国和发行机构的资信要求较高；筹资金额较大；期限较长；资金可以自由使用；发行手续比较烦琐；发行费用和利率均较高。

（二）建立合理的外债结构

建立合理的外债结构意义重大，可以扩大本国借款的能力，维护国际信誉，有效减轻债务负担，避免出现偿债高峰期和在国际环境发生变化时产生债务危机。

1. 外债的来源结构

外债的来源结构包括两层含义：①债务资金的地区、国别来源；②债务资金的机构来源。在债务资金来源上，不能依靠某一国或某一机构，而应采取多来源、多渠道、多方式的借债策略，以使债务国有可靠、稳定、均衡的外部资金来源，避免因国际金融市场动荡而出现借入困难和偿还成本提高的问题。另外，从国际政治角度考虑，也应拓宽来源渠道。

2. 外债的期限结构

合理的外债期限结构要求各种期限的债务之间保持适当的比例，长、中、短期搭配合理，以适应多方位、多层次的需要。在债务的期限分布上要求不同时间到期的外债数量要与本国在各个时期内的偿债能力相适应，尽量避免形成偿债高峰。

3. 外债的币种结构

外债的币种结构指借入外债时所作的外币币种选择、不同外币在债务中所占的比重及其变化情况。应结合汇率、利率，以及需要进口商品的轻重缓急，从总体上安排币种的选择，调整"篮子"中各种币种的比重，以降低借债的实际成本。国际金融市场是动荡多变的，为了避免因汇率变化所导致的损失，建立适当的外债币种结构十分必要。

4. 外债的利率结构

利率是构成债务总成本的主要内容。利率结构要均衡，浮动利率与固定利率的比重需适当控制。其中，浮动利率债务的控制是关键，因为国际金融市场变化多端，浮动利率外债过多，很有可能因为利率上升而导致债务增加，当然也有可能得到好处，但比较而言，风险相对大些。同时，浮动利率易使债务总额变化不定，不便于国家对外债进行宏观控制，也无法计算某年确切的偿还额。如果恰逢国内经济不景气，国际债务利率上升，债务负担加重，偿还债务就会陷入困境。对外债利率结构的合理规划，是外债结构管理的重要环节。

5. 外债借入者结构

外债借入者结构指债务国内部借款人（公共部门、私人部门和金融机构）的构成及其相互间的关系。公共部门借款主要是指政府部门、国有企业的借款；私人部门借款主要是指私营企业、事业单位的对外借款；金融机构借款主要是指各种银行和其他金融组织的对外借债。通常来说，外债借款人与外债的使用投向是紧密联系的。如果债务国内部借款人结构合适，外债资金的投向就合理，使用效益会比较好，也就不容易出现债务支付困难；反之，则容易造成还债困难。国家应对外债借入者结构进行适当的计划和控制，以防债务负担过重。

本章小结

公债是政府信用的主要形式，是政府实施宏观调控、促进经济稳定的一种工具。公债的特征：有偿性、自愿性、灵活性。公债的功能：弥补财政赤字，平衡财政收支；筹集建设资金；调节宏观经济。公债发行条件：公债发行权限，公债发行对象和发行额度，发行价格、利率和票面金额，发行时间和公债凭证等。公债偿还的方法：买销法、比例偿还法、抽签偿还法、一次偿还法。公债市场通常由发行市场（一级市场）和流通市场（二级市场）组成。公债一级市场和二级市场是紧密联系、相互依存的。公债的管理要考虑适度的规模及内外债结构。

课后练习

一、名词解释

公债　中央公债　地方公债　政府信用　短期公债　中期公债　长期公债　国内公债　国外公债　有期公债　无期公债　货币公债　实物公债

二、问答题

1. 简述公债的特征与功能。
2. 公债发行的条件有哪些？
3. 影响公债规模的因素有哪些？
4. 试述如何确定合理的内外债结构。

案例分析

公债的利弊

（一）公债的利好

公债相当于凭借自身信用，从国内和国外筹集资金。从国内筹集资金相当于将社会闲散资金集中起来，发挥政府集中力量办大事的效用，用于提升国家经济发展的项目，例如投资大、见效慢但对经济运行起到保障作用的基础设施，以及风险高、门槛高但对经济发展起引领作用的技术研发项目，有效弥补社会资金投资过于追求利润的缺点。从国外筹集资金相当于将国际资本引向本国，在规模上一般比国内有更大的余量，尤其是当国内经济发展急需大量资金时能起到惊人的作用。

从历史上看，发行公债对激发经济活力、发挥政府引导经济的作用都有显著效果，特别是发行外债对国际竞争能够起到不可估量的影响。第二次世界大战前，德国在美国发行了大量国债，使德国从第一次世界大战的战败国，在短时间内一跃成为欧洲军事最强大的国家，在第二次世界大战初期所向披靡。20世纪80年代，美国一方面通过"星球大战计划"诱使苏联军备竞赛，一方面向苏联展示了"点纸成金"的能力，即美国任意印钞就能购买东西的能力，击溃了苏联的信心，使其对自身体制产生了怀疑，为苏联解体埋下了伏笔。实质上，这种能力就是美国向其控制的盟国发行公债，从而调动整个西方世界的资源。而苏联虽然拥有巨大的资源，但缺乏这种便捷高效的手段。

（二）公债的弊端

公债对内发行，会对民间投资产生挤出效应，即公债吸收了社会的一部分资金，使这部分资金脱离了民间投资循环，而且会随着公债规模和优惠条件而愈加严重，造成民间融资成本上升，不利于经济的发展。根据经济学分析，银行系统（包括中央银行和商业银行）认购公债会引起货币供应量的扩张，增大通货膨胀程度。日本为了应对 90 年代以来的经济困境，对内发行了大量的公债，政府难以偿还本息，不得不超发货币，造成通货膨胀严重，国民财富严重缩水，收入实质下降，从而导致消费不振，内需持续减弱，更为严重的是青年人因为生活压力大而不愿结婚生育，对前景感到迷茫，演变成社会危机。

公债对外发行，弊端会严重得多。一旦外债规模超过财政可以承担的水平，财政支出难以满足外债偿还的需要，就成为直接的财政风险。过分依赖外债，风险会越来越大，不仅如此，这种由外债引起的财政风险往往会演变成国家主权风险。风险来源可分为三个方面：一是借入、偿还过程与汇率有关，可能受到汇率波动冲击；二是国际持债人比国内持债人难以控制，赖账或者转记的风险较大，可能遭遇经济制裁甚至战争；三是一旦经济出现问题，甚至被人为制造出问题，有可能产生利率波动，被趁火打劫、落井下石。以阿根廷为代表的拉美国家，在经济发展初期借入了过多外债，在汇率和利率的冲击下，演变为债务危机，导致发展的成果被窃取，国家命脉行业被控制。美国作为世界头号强国，巨量发行国债，已经达到还不起债务导致政府关门的境地，可以想象其他的政府公共支出必然得不到保障。2008年爆发的次贷危机演变成金融危机，美国至今仍然没有走出困境，因为资金的短缺美国逐渐失去军事、经济、金融、技术优势。

分析： 如何评价公债的利弊？

第七章

国家预算

第一节　国家预算概述

一、国家预算的概念

国家预算是国家财政的收支计划，是以收支一览表形式表现的、具有法律地位的文件，是国家财政实现计划管理的工具。财政收入反映着国家支配的财力规模和来源，财政支出反映着国家财力分配使用的方向和构成，财政收支的对比反映着国家财力的平衡状况。这样，通过编制国家预算就可以有计划地组织收入和合理地安排支出，贯彻国家的方针政策，保证国家各项职能的实现。

从国家预算同综合财政计划的关系而言，国家预算是国家的基本财政计划。综合财政计划是国民经济和社会发展计划在资金方面的综合反映，不具有法律地位，是内部平衡计划。通过编制综合财政计划可以审查与保证国民经济和社会发展中各项资金之间的平衡，资金同物资、劳动力之间的协调，从而促使国民经济有计划、按比例地发展。综合财政计划包括国家预算收支、预算外收支、银行信贷收支、现金收支，企业部门财务收入相当大的一部分也是通过国家预算集中进行分配的，而且，国家预算对其他收支计划有着更大的影响和制约作用，是综合财政计划的中心环节。

二、国家预算的分类

最初的国家预算是通过将财政收支数字按一定程序填入特定的表格来反映的。随着社会经济生活和财政活动逐步复杂化，国家预算逐步形成包括多种预算形式和预算方法在内的复杂的系统。具体来说，包括以下几种分类方式。

（一）根据国家预算编制形式划分

根据国家预算编制形式包括的范围不同，国家预算分为单式预算和复式预算。

单式预算是在预算年度内，将全部财政收支编制在一个总预算内，而不再按各类财政收支的性质分别编制预算。其预算结构和编制方法比较简单，便于从整体上综合反映国家财政收支的全貌，缺点是没有按财政收支的经济性质分别编列和平衡，看不出各收支项目之间的对应平衡关系，不利于进行宏观调节与控制。以前我国采用这种预算编制形式，现已改为复式预算编制形式。

复式预算是在预算年度内将全部财政收支按经济性质分别编成两个或两个以上的预算。编制复式预算，可以根据财政收入的不同性质，分别进行分析和管理，有利于国家职能的分离，有利于提高财政支出的经济效益，有利于实行宏观决策和管理。

（二）根据预算内容的分合关系不同划分

根据预算内容的分合关系不同，国家预算分为总预算和单位预算。

总预算是各级政府汇总本级政府预算和下级政府的预算所编成的预算。单位预算是各级政府机关、社会团体、事业单位的经费预算和国有企业的财务收支计划。

（三）根据国家预算组成环节的层次不同划分

根据国家预算组成环节的层次不同，国家预算分为中央预算和地方预算。由于各个国家的政权组成结构不同，预算体系的组成环节也不尽相同。包括我国在内的一些国家，国家预算是由中央预算和地方预算汇总而成的，即地方预算包括在国家预算之中。但包括美国、法国、英国、日本在内的另一些国家，中央（联邦）预算与地方预算是各自独立的，地方预算不参与中央（联邦）预算的汇总，即国家预算只包括中央（联邦）预算，而不包括各级地方预算。

中央预算集中了国家预算资金的主要部分，担负着国家重点建设和全部国防、援外支出，负有调剂各个地方的预算资金以促使其预算收支平衡和支持经济不发达地区的任务，是国家履行其职责的基本财力保证，在国家预算管理体系中居于主导地位。地方预算负有组织实现大部分国家预算收入的重要任务，另外，地方行政事业，支援农业、地方工业、商业和城市建设等也均由地方预算负责，它在国家预算体系中居于基础地位。

（四）根据国家预算编制期限长短的不同划分

根据国家预算编制期限长短的不同，国家预算分为年度预算和中长期预算。

年度预算亦称财政年度或会计年度，是指编制和执行国家预算的起止期限，通常为一年。世界上大多数国家的预算年度采用历年制，即从公历 1 月 1 日起至 12 月 31 日止。中国、法国、德国、意大利、西班牙、俄罗斯和一些东欧国家都采用历年制。有些国家采取跨历年制，如英国、日本、加拿大、印度等国采取从 4 月 1 日起至次年 3 月 31 日止的预算年度；澳大利亚、巴基斯坦、埃及等国采取从 7 月 1 日起至次年 6 月 30 日止的预算年度；美国、泰国、尼泊尔等国采取从 10 月 1 日起至次年 9 月 30 日止的预算年度。

国家预算通常都是按年度编制的，即年度预算。预算的年度性最初同农业生产的周期有密切的联系。因此，年度性是早期提出的预算原则之一。后来，随着经济危机周期性地出现，西方国家加强了对经济的干预，提出了周期的补偿性财政政策的主张，即预算平衡不应当是年度的，而应当是较长时期的。就经济波动的一个周期来考察，在经济萧条时，可以实行赤字财政，刺激需求的增长和经济的发展；在经济繁荣时，可以实行盈余财政，抑制经济的过快增长。这样一来，就某个年度来看，财政收支是不平衡的，但在一个周期之内财政收支是可以达到平衡的，这就要求编制较长期限的国家预算。现在世界上许多国家在年度预算之外再编制不同形式的多年预算，有三年、五年甚至更长期的预算。

（五）根据预算的方法划分

根据预算的方法不同，国家预算分为零基预算和增量预算。

零基预算就是政府各部门的收支计划以零为起点，不考虑以往年度的财政收支情况，只以社会经济发展为依据，编制收支预算计划。它要求首先确定政府的发展计划和目标，其次是寻求实现政府计划的各种可行办法和措施，最后根据预定目标和实施办法确定政府的预算。1976 年美国众议院通过了《1976 年政府经济与支出改革法》，决定对联邦政府机构的预算实施零基预算编制方法。零基预算编制方法的最大特点是政府可以根据轻重缓急重新调整安排支出项目，从而有利于控制支出、平衡收支和提高效益。但此法运用需具备的经济技术条件较为苛刻，因而尚未成为确定的编制预算的一般方法，通常只用于具体收支项目。

增量预算是指财政收支计划指标在以前财政年度基础上，按新的财政年度的经济发展加以调整之后确定。世界各国的预算，无论是单式预算还是复式预算，主要采用增量预算。

三、国家预算的原则

国家预算的原则是指国家选择预算形式和体系应遵循的指导思想，也就是制定政府财政收支计划的方针。自国家预算产生之后，人们就开始了对预算原则的探索，逐步形成了各种各样的思想和主张。现在，影响较大并为世界大多数国家所接受的主要有下述五条原则。

（一）公开性原则

国家预算反映政府的活动范围、方向和政策，与全体公民的切身利益息息相关。国家预算及其执行情况必须采取一定的形式向人民公布，让人民了解财政收支情况并进行监督。

（二）可靠性原则

每一收支项目的数字指标必须运用科学的方法、依据充分翔实的资料来确定，不得假定、估算，更不能任意编造。

（三）完整性原则

该列入国家预算的一切财政收支都要反映在预算中，不得在预算外另加预算。国家允许的预算外收支也应在预算中有所反映。

（四）统一性原则

尽管各级政府都设有财政部门，也有相应的预算，但这些预算都是国家预算的组成部分，所有地方政府预算连同中央预算共同组成统一的国家预算。这就要求设立统一的预算科目，每一个科目都要严格按统一的口径、程序计算和填列。

（五）年度性原则

任何一个国家预算的编制和实现都要有时间上的界定，即所谓的预算年度。预算的年度性原则是指政府必须按照法定预算年度编制国家预算，这一预算要反映全年的财政收支活动，同时不允许将不属于本年度的财政收支内容列入本年度的国家预算之中。

应当指出，上述预算原则不是绝对的，一种预算原则的确立不仅要以预算本身的属性为依据，而且要与本国的经济实践相结合，要充分体现国家的政治、经济政策。一个国家的预算原则一般是通过制定国家预算法来体现的。

四、国家预算的编制和执行

（一）国家预算的编制

国家预算的编制是预算管理的起点，是预算管理过程中的一个关键性步骤。预算收支计划安排是否妥当，是国家预算能否顺利实现的前提。一般来说，预算编制工作是由政府主管财政的行政机关负责的。

1. 国家预算编制的准备工作

我国国家预算编制的准备工作一般有如下内容。

（1）对本年度预算执行情况的预计和分析。本年度预算的执行情况是安排下一年度预算的基础。财政部门在编制预算之前，应当进行预计和分析研究，分析预算执行好坏的原因，总结经验，找出各项收支的规律，为编制下年度预算提供参考。

（2）拟定计划年度预算收支指标。在编制预算以前，财政部应当根据党和国家的方针政策以及国民经济计划指标统一拟定和下达预算收支计划，作为编制各级预算的依据和参考。拟定预算收支指标的主要依据是党和国家的方针政策和计划年度政治经济任务、本年度预算执行情况、计划年度国民经济计划控制数字、各地区和各部门提出的计划年度收支建议数字等。

（3）颁发编制国家预算草案的指示和具体规定。为了使各级预算的编制符合党和国家的方针政策以及国民经济计划的要求，保证国家预算的统一性、完整性和准确性，每年在编制国家预算以前都要向各地区、各部门发出编制国家预算草案的指示和具体规定。

（4）修订预算科目和预算表格。为了适应国民经济发展变化情况和预算管理制度变化的要求，以正确反映预算收支的内容，在每年编制预算以前，财政部都要对国家预算收支科目和预算表格进行修订。

2. 国家预算的编制程序和审批

我国国家预算的编制程序一般是自下而上、自上而下、上下结合、逐级汇总的程序。首先，由各地区和中央各部门提出计划年度预算收支建议数据并报送财政部。然后，财政部参照这些建议数据，根据国民经济和社会发展计划指标拟定预算收支指标，报经国务院批准后下达。各地区和中央各部门根据下达的预算收支指标，结合本地区和本部门的具体情况，经过切实的核算，自下而上地编制地方总预算草案和中央各部门的单位预算草案并报送财政部。财政部对各主管部门编制的单位预算和财务收支计划以及报送的总预算必须进行认真的审核。

财政部审核的内容一般包括：预算收支的安排是否符合党和国家的各项方针、政策以及国务院关于编制预算草案的指示精神；是否符合国民经济和社会发展计划指标与国家分配预算指标的要求；收支安排是否符合预算管理体制的要求；内容是否符合要求、资料是否齐全、有无技术性错误等。

财政部根据各地区的地方总预算草案和中央各部门的单位预算草案编制出中央预算草案，再将中央预算草案和地方预算草案汇编成国家预算草案，然后附上编制国家预算草案的文字说明报送国务院，经国务院审查通过后提交全国人民代表大会财经委员会审查。全国人民代表大会根据其财经委员会对预算草案审查的报告作出批准或修改的决议。国务院根据全国人民代表大会的修改决议对原预算草案进行调整，并分别向各地区和中央各部门批复预算。

（二）国家预算的执行

国家预算计划被批准以后就进入执行阶段。国家预算的执行是指组织预算收支任务实现的过程。

国家预算执行的基本任务是：根据国家的方针、政策积极组织预算收入，使其正确、及时、足额纳入国库；按照计划及时合理地拨付资金，保证各项建设和事业的需要；通过组织收入和拨付资金，督促企业和事业单位加强经营管理，合理有效地使用资金；根据国民经济的发展情况、组织预算执行的平衡，保证国家预算收支任务的圆满实现。

国家预算的执行机关是国务院和地方各级人民政府。国务院负责执行国家预算，地方各级人民政府负责组织执行本级预算。财政部在国务院领导下负责全面组织国家预算的执行工作，执行中央预算并指导和监督地方预算的执行。地方各级财政部门在各级人民政府领导下具体负责组织本级预算的执行，并指导和监督所属下级预算的执行工作。中央和地方各主管部门负责执行本部门的财务收支计划和单位预算。此外，国家还指定专门的管理机关参与预算的执行：税务机关负责办理国家税收的征收工作，海关总署负责关税的征收工作，中国人民银行代理国家金库业务等。

第二节　复式预算

一、复式预算的产生和特点

（一）复式预算的产生

复式预算是相对于单式预算而言的，是指在预算年度内，将全部财政收支按照经济性质或其他标准分别编制两个或两个以上的预算，并使每个预算收入和预算支出之间具有相对稳定关系的一种预算组织形式。

目前各国通常采用的复式预算，是把全部财政收支分别编制成经常预算和资本预算。经常预算的收入来源主要是税收，支出对象是政府的日常行政事业项目；资本预算的来源主要是经常预算的结余、国有（或公营）企业上缴的利润以及债务收入，支出主要是政府的投资性的支出项目。复式预算在实践中显示了它的优越性，已成为当今世界各国普遍采用的预算形式。

（二）复式预算的特点

复式预算的特点可通过对比单式预算体现，单式预算和复式预算二者之间的主要区别有以下几点。

（1）从形式上看，单式预算是把财政收支全部列入统一的表格中；复式预算是把全部财政收支按经济性质分别编入两个或两个以上的表格中。

（2）从内容看，单式预算的收大于支，即为预算盈余，反之则为预算赤字；而复式预算中，由于资本预算主要以国债和依照规定应当上缴的国有（或公营）资产收益为收入来源，一般不允许出现赤字，但往往将经费预算的盈余或赤字转入资本预算。

（3）从对国债收支的处理方法上看，单式预算通常把国家债务收支作为一般的收支项目对待，纳入总的收支项目中统一核算预算收支的平衡状况；复式预算的经常预算只列债务利息支出，不列债务本金，债务本金放在资本预算中用于安排投资性支出，或者用建立偿债基金的方法，把债务收支单独放在资本预算中加以反映。

（4）从对财政活动的反映程度看，单式预算具有全面性和综合性的特点，可以较为明确地反映财政活动的总体情况，更符合统一性和完整性的预算原则，但不能明确反映收支的结构性，更不能反映政府投资性支出的经济效益状况；复式预算虽然不如单式预算那样全面、集中、直观，但对收支结构、债务规模和经济建设状况的反映较为明确，更符合分类性和宏观调控的要求，便于对预算情况进行结构分析和宏观管理，这也正是各国普遍实行复式预算的原因。

二、我国目前复式预算的基本内容

我国自 1992 年开始实行复式预算的改革，1994 年通过的《中华人民共和国预算法》规定从 1995 年起，各级政府均采用复式预算形式进行编制，并进一步规定各级政府复式预算分为政府公共预算、国有资本经营预算、社会保障预算及其他预算。我国的国有资本经营预算于 2007 年开始试行，从 2008 年开始实施中央本级国有资本经营预算，各地区国有资本经营预算目前处于试点探索阶段。按照建立和完善公共财政预算体系的要求，预算外收支、社会保障收支也应纳入预算管理。

2010 年 1 月，国务院又发布了《国务院关于试行社会保险基金预算的意见》（简称《意见》），要求社会保险基金预算单独编制，并按险种分别编制，包括企业职工基本养老保险基金、失业保险基金、城镇职工基本医疗保险基金、工伤保险基金、生育保险基金等内容。《意见》规定，各地区结合本地实际，从 2010 年开始正式编制社会保险基金预算。

目前我国复式预算的基本内容包括如下一些。

（一）政府公共预算

政府公共预算是指国家以社会管理者身份取得收入，用于维持政府公共活动、保障国家安全和社会秩序、发展社会各项公益事业支出的预算。

（二）国有资本经营预算

国有资本经营预算包括国家以国有资本所有者身份取得的收入、其他建设性收入和国家用于经济建设的资本性支出的预算。

政府公共预算和国有资本经营预算是密切联系、相互补充的有机整体。公共预算的结余应转入国有资本经营预算作为收入，公共预算如有差额也可转入国有资本经营预算作为支出。两类预算的收支总计是平衡的。

（三）社会保障预算

社会保障预算是指国家以行政手段筹集并管理的社会保障收入和相关支出的预算。

（四）国家财政投融资体系

国家财政投融资体系是将国家政策性投融资收支与现有的国家债务收支相结合，纳入国家预算，全面反映政府以有偿形式组织的收入和相应安排的支出。

三、现行复式预算存在的必要性

从国外复式预算的发展看，编制复式预算似乎并不一定是市场经济国家政府预算管理的通行惯例。但是，对我国而言，从社会主义市场经济建设初期的现实条件出发，现阶段采用某种形式的复式预算仍有其必要性。其原因在于以下几点。

第一，作为发展中国家，改革开放以来，虽然我国政府财政直接投资的相对规模有所下降，然而和市场经济发达国家相比，政府投资额占全部社会投资的比重仍处于较高的水平。因此，通过复式预算体系中的资本预算，能够加强对政府直接投资的管理。

第二，我国社会转型期的特殊因素也决定了需要采用某种形式的复式预算管理模式。在国有企业改革过程中，由于国有资本的资源配置机制缺位，对国有资本保值增值无法起到规范作用，大量的国有资本流失的情况一直没有得到有效控制，也难以对国有资本的宏观运营、国有经济的战略调整起优化配置的作用。此外，随着我国社会经济的全面转型，构建完善的社会保障制度至关重要。但目前的社会保障资金管理秩序较为混乱，浪费、腐败、低效率、风险并存，因而设立单独的国有资本经营预算和社会保障预算为解决上述问题提供了一种现实的、可操作的管理工具。

第三，通过编制复式预算，将社会保障资金、社会捐赠资金等各种专项基金，国有资本转让收入、国有资本收益等资金分门别类地纳入预算框架之内，不仅可以提高预算管理的法治化、透明度，而且通过向纳税人披露政府预算支出的具体构成情况，也有利于纳税人对政府行为的监督，提高纳税人的权利主体意识。

第三节　预算外资金

一、预算外资金概述

（一）预算外资金的概念

预算外资金，是指国家机关、事业单位、社会团体和政府委托的其他机构履行或代行行政职能，依据国家法律、法规和具有法律效力的规章而收取、提取、募集和安排使用的未纳入财政预算管理的各种财政性资金。

预算外资金和预算内资金的唯一区分标志是资金是否通过预算拨付。凡不通过预算拨付的，为预算外资金，否则为预算内资金。不管是预算外资金还是预算内资金，性质上均属财政资金。预算外资金是国家财政预算内资金的补充，其所有权和使用权都属于国家。

（二）预算外资金的基本特征

预算外资金的基本特征有如下几点。

第一，在立项上须经国务院及其职能部门或省级政府及其职能部门批准设立，并对收取范围和标准作出明确规定，其征收体现的是一种政府行为。

第二，在使用上规定了专门用途，或是用于国家基础设施建设，或是发展社会公共事业，或是抵财政拨款等，必须专款专用，取之于民，用之于民。

第三，在管理上有别于预算内资金，不纳入国家预算管理，但必须接受财政监督。

（三）预算外资金的范围

预算外资金的范围是以传统意义的全民所有制为界限的，在《企业财务通则》和《企业会计通则》实施前和1994年新税制改革以前，预算外资金的范围包括以下几方面。

第一，地方财政部门管理的预算外资金。这部分资金主要包括各项附加收入、集中的企业资金、统管的实业收入和其他杂项收入等。

第二，事业、行政单位管理的预算外资金。这部分资金主要是单位自收自支管理的专项资金以及作为预算外自收自支的单位资金。

第三，国有企业及其主管部门集中的各种专项资金。具体包括国有企业的折旧基金、大修理基金，固定资产变价收入，由企业留利建立的几种专项基金，企业单项留利，主管部门集中的各项基金。

第四，地方和中央主管部门管理的预算外资金。

随着《企业财务通则》和《企业会计通则》的实施和1994年的新税制改革，为适应变化，国家对预算外资金的范围作了适当的调整。企业税后利润不再划分为各项专用基金，预算外资金的收支决算范围相应缩小，不再包括企业各项资金。另外，国务院决定，从1996年起将13项数额较大的政府性基金（收费）纳入财政预算管理。事业单位和社会团体通过市场取得的不体现政府职能的经营、服务性收入，不作为预算外资金管理。从 1997 年起，又规定预算外资金不包括纳入预算管理的政府性基金（收费）。这样，现在预算外资金的范围主要包括：法律法规规定的行政事业性收费、基金和附加收入等；国务院或省级人民政府及其财政、发展改革（物价）部门审批的行政事业性收费；国务院以及财政部审批建立的基金、附加收入等；主管部门从所属单位集中的上缴资金；其他未纳入预算管理的财政性资金，包括以政府名义获得的各种捐赠资金、各种政府性收益——包括利用政府资源（含政府股权）取得的各种投资（含出租）收益等。社会保障资金在尚未建立社会保障预算制度以前，先按预算外资金管理制度进行管理，专款专用。

二、我国预算外资金的历史和现状

我国预算外资金的历史，最早可以追溯到 20 世纪 50 年代初。当时有些地方政府为了解决城市维护的需要，自行设置了一些收入项目，不纳入国家预算，如工商附加税、政教事业费等。此后随着财政经济体制的变化，这项资金不断发展，管理也逐步加强。

根据 20 世纪 80 年代初财政财务制度的规定，预算外资金是由各地区、各部门、各单位自行提取、自行使用的不纳入国家预算的资金，主要包括地方财政部门按国家规定管理的各项附加收入、事业和行政单位自收自支的不纳入国家预算的资金、国有企业及其主管部门管理的各种专项资金、地方和中央主管部门所属的预算外企业收入，等等。按照这个口径统计，1978 年全国预算外资金为 347 亿元，1992 年迅速增加到 3 855 亿元，年均递增幅度近 20%，大大超过同期财政预算收入递增幅度。在这一时期，预算外资金的构成主体是国有企业及其主管部门的预算外收入，所占比重大体在 70%。

1993 年实行《企业财务通则》和《企业会计通则》以后，国有企业的折旧基金和税后留用资金等不再作为预算外资金管理，预算外资金的范围和规模相应缩小。按《企业财务通则》规定，提取的折旧基金和大修理基金直接进入成本，不再冲减资本金，再把它列为预算外资金已不妥当；从成本提取的职工福利费形成的职工福利基金，《企业财务通则》将其列入流动负债，不属于预算外资金之列。这一做法，明确了预算外资金的本来属性，是经济体制改革的必然结果。

为进一步加强预算外资金管理，1996 年国务院发布了《关于加强预算外资金管理的决定》，指出：预算外资金是国家财政性资金，实行收支两条线管理。同时国务院决定将养路费、车辆购置附加费等 13 项数额较大的政府性基金（收费）纳入财政预算管理。地方财政部门按国家规定收取的各项税费附加，从 1996 年起统一纳入地方财政预算，作为地方财政的固定收入，不再作为预算外资金管理，这是继 1993 年后再一次大范围调整预算外资金口径。经过调整，1997 年全国预算外收入 2 826 亿元，比上年下降 1 067 亿元。但是与前次调整一样，至 2000 年，预算外资金再次反弹到约 3 810 亿元。

2001 年年底，国务院办公厅转发了财政部《关于深化收支两条线改革，进一步加强财政管理意见的通知》，决定从 2002 年起选择部分单位进行深化"收支两条线"改革试点。

此后，国家深化了以"收支两条线"管理为中心的预算外资金管理改革。

2011 年，我国预算管理制度改革取得重大成果：全面取消预算外资金，将所有政府性收入全部纳入预算管理。据初步统计，2011 年中央约 60 亿元、地方约 2 500 亿元原按预算外资金管理的收入，全部纳入预算管理。

本章小结

国家预算是国家财政的收支计划，是国家财政实现计划管理的工具。

复式预算是相对于单式预算而言的，是一种新型的国家预算形式。

预算外资金，是指有关单位履行或代行行政职能，依据国家法律、法规和具有法律效力的规章而收取、提取、募集和安排使用的没有纳入财政预算管理的财政性资金。我国预算外资金历史，可追溯到 20 世纪 50 年代初，由于预算外资金项目、数额不断增长，到 20 世纪 90 年代，我国预算外资金已超过预算内收入，成为名副其实的国家"第二预算"。2011 年，我国预算管理制度改革取得重大成果：全面取消了预算外资金，将所有政府性收入全部纳入预算管理。

课后练习

一、名词解释

国家预算　经常预算　复式预算

二、问答题

1. 如何编制国家预算？
2. 我国的预算管理体制模式的理论依据和现实意义是什么？

案例分析

随着审计署审计长向全国人大报告 2013 年度中央预算执行和其他财政收支的审计情况，一个个触目惊心的问题被公之于众。如：广东吴川市，在财政十分困难的情况下，该市教育主管部门在一年半时间里，"吃""分"教育经费 600 多万元，平均每天报销的招待费高达 4 000 多元；湖北黄冈市，该市市政府及有关部门弄虚作假，挪用国债资金 1 167 万元，侵占安居工程用地 110 亩，兴建"形象工程"——东方广场。

分析：根据以上阐述，试分析政府预算公开化及财务监督的意义。

金融篇

第八章

金融概述

第一节　货币与货币制度

一、货币的起源与本质

货币是人类社会特有的且极为重要的事物，但并非在人类社会一开始就出现。马克思在分析商品交换问题的过程中，依据大量历史材料，认为货币是商品交换长期发展的产物，并不是由某个先贤设计创造出来的事物。"货币的根源在于商品本身"，即货币起源于商品。

在货币出现以前，商品交换采用直接的物物交换形式，这种形式给商品交换带来了极大的不便。因为这要求参加商品交换的双方在时间、地点、需求上保持绝对一致，否则交易难以完成，所以交换效率非常低下。随着商品经济的发展，简单的物物交换已经无法满足人们的需要，从客观上要求特殊商品出现。一些经常用来充当交换中介的物品逐渐被人们普遍接受，这些特殊的商品便从众多商品中分离出来，固定地充当"一般等价物"，于是货币就产生了。

随着商品生产的扩大和商品内在矛盾的发展，价值形式经历了一个由低级到高级、从简单到复杂的历史发展过程，这个过程大致包括四个阶段：简单或偶然的价值形式、扩大价值形式、一般价值形式和货币价值形式。

（一）简单或偶然的价值形式

随着人类交换活动的不断发展，商品价值表现形式也不断发生变化。简单或偶然的价值形式是最初的形式，发生在生产力极为低下的原始社会阶段。由于当时剩余产品很少，还没有出现社会分工，交换带有偶然性。但是，只要发生了交换，就有了价值的表现形式。因此，一种商品的价值只是偶然地、简单地表现在另一种商品上。例如，1 只羊和 5 袋大米进行交换，羊的价值通过大米表现出来，大米成为羊的等价物，1 只羊等于 5 袋大米。同样地，大米的价值也通过羊表现出来，羊成为大米的等价物，1 袋大米等于 1/5 只羊。这种偶然的交换活动所产生的价值形式即被称为简单或偶然的价值形式。

（二）扩大价值形式

随着社会分工的出现、劳动生产率的提高以及私有制的出现，之前只能偶然进行的交换成为频繁的活动。一种商品的价值不再是简单地、偶然地被另外一种商品的价值表现出来，而是由许多种类的商品表现出来。例如，1 只羊不仅可以和 5 袋大米进行交换，还可以和 10 匹布交换、和 2 把斧头交换。因而，1 只羊的价值不仅表现在大米这一种商品上，还可以通过布、斧头等一系列商品的价值表现出来。这种所有商品都可以成为其他商品的等价物的情况，被称为扩大价值形式。

（三）一般价值形式

比起简单或偶然的价值形式，扩大价值形式已有进步，但在交换过程中，还是存在这样的问题：交换者对商品的特殊需要和物物直接交换的形式存在矛盾。例如，羊的所有者需要布匹，但是布匹的所有者现在却不需要羊，而需要大米，这样，双方就无法进行交换，价值难以实现。随着交换活动的日益频繁、交换商品的日益增多，为解决这样的矛盾，人们开始把自己的商品先换成一种大家都愿意接受的某种商品，然后再用这种商品去换回自己想要的商品。这样，这种大家都愿意接受的商品就从其他商品中分离出来，成为表现所有商品的等价物，即一般等价物。于是，扩大价值形式就发展为一般价值形式，即所有商品的价值同时表现在一种商品上的价值形式。

（四）货币价值形式

一般价值形式的出现，克服了扩大价值形式的缺点，历史上曾经用牛、羊、贝壳、茶叶等作为一般等价物。这些充当一般等价物的商品存在不易分割、不易携带、不易保存等问题，阻碍了商品的正常交换。随着交换范围的进一步扩大，需要一般等价物固定地由某一种商品来担当。这样，价值高、便于分割、便于携带的商品就成为满足这一需要的一般等价物。这种商品就是贵金属——金银，它们具有体积小、质地均匀、易分割、易携带的特点。选择金银固定地充当一般等价物后，货币就产生了，一般价值形式就成为货币价值形式，一切商品的价值都表现为货币的价值形式。

一般价值形式过渡到货币价值形式，并没有发生本质的变化，只是在货币价值形式中，一般等价物被固定在某一种商品上，这种商品就是货币商品，执行货币的职能。

从上述分析可以看出，货币是随着生产力的发展和私有制的出现，在商品交换过程中产生的，是价值形式和商品生产、商品交换发展的必然产物。货币产生后，以物物直接交换为特征的商品交换就变为以货币为媒介的商品流通。货币的产生，大大促进了商品经济的发展，并由此把商品和货币联系起来，两者相互依存、相互制约。

二、货币形态的演变

货币自产生以来已经历了几千年的历史，不同的民族，不同的国家和地区，不同的历史时期，由于受到各自不同的社会经济文化环境的影响，出现了不同形式的货币。总的来看，货币形态的演变经历了以下四个阶段：实物货币、金属货币、代用货币和信用货币。

（一）实物货币

实物货币是指以自然界中或者人们生产出来的某种物品来充当货币。在人类经济史上，出现过形形色色的实物货币，如贝壳、兽皮、布帛、烟草等。从充分发挥货币职能的角度来看，实物货币具有难以消除的缺陷：或体积笨重，不便携带；或质地不匀，难以分割；或容易腐烂，不易储存；或大小不一，难于比较。这些缺点都阻碍着商品的自由交换，随着交换活动越来越频繁、交易价值越来越大，实物货币逐渐被金属货币所替代。

（二）金属货币

以各种贵金属如铜、银、金等为材料的货币，称为金属货币。与实物货币相比，金属货币具有充当货币的天然优越性。由于价值稳定、易于分割、易于贮藏等自然特性，金、银等金属更适于固定地充当一般等价物。最初的金属货币没有固定形态，可以是块状，也可以是条状，每次交易时要称其质量、估其成色，因而也称作称量货币。例如，英镑的"镑"、五铢钱的"铢"都是质量单位，从中可以看出称量货币的踪迹。随着社会分工和贸易范围的扩大，为提高商品交换的效率，国家开始规定金属的质量、成色与形状。这样，具有不同形状的铸币就出现了。

（三）代用货币

由于金属货币在使用过程中存在一些问题，比如受到金属开采量的限制而不能迅速增长，因此从数量上就满足不了社会的需要。另外，远距离且交易价值大的贸易活动，使用金属货币会存在携带和运输上的不便，因此，代用货币应运而生。

代用货币是指由银行发行的，并以十足的贵金属作为保证，可以自由兑换的银行票据。也就是说，代用货币尽管在市面上流通，形式上发挥着交换媒介的作用，但是它却有十足的贵金属准备，而且也可以自由地向发行单位兑换金属货币。

最早出现代用货币的国家是英国。在中世纪后期，英国的金匠为顾客保管金银时，给顾客出具手写的收据，凭借这种收据可以兑现存在他们那里的金银，并且这种收据可以用来进行流通支付。后来，英国的各家银行纷纷发行这种可以随时兑换金属货币的纸币，称其为可以自由兑换的银行券。

（四）信用货币

信用货币是代用货币进一步发展的产物，它是以政府或者银行的信用为保证，通过信用程序发行的货币。信用货币是目前世界上所有国家都采用的一种形态。

信用货币不同于金属货币，一般是以纸质票据为载体，其本身的价值一般很低，只是作为货币数量的载体方便货币的流通。而且，信用货币完全割断了与贵金属的联系，其发行主要不是以黄金为准备的，国家也不承诺无条件兑换贵金属。可以说，信用货币已经成为真正意义上的货币价值符号。

值得关注的是，电子货币作为信用货币在现代社会得到飞速发展。电子货币以电子计算机技术为依托，凭借持有的现金或存款从发行者处兑换成电子数据，并将该数据直接转移给支付对象进行结算。现在的电子货币通常以银行卡（磁卡、智能卡）为媒体，具有储蓄、信贷和非现金结算等多种功能，可广泛应用于生产、交换、分配和消费领域。常见的电子货币类型有储值卡、信用卡、电子钱包等。

三、货币的职能

货币的职能是指货币在社会经济生活中的作用。随着商品经济和货币形态的发展，货币的职能也在不断地发展。一般认为，货币具有价值尺度、流通手段、贮藏手段、支付手段和世界货币五种职能。

（一）价值尺度

价值尺度是指货币可以用来衡量商品的相对价值，反映一切商品价值量的大小。因为货币本身也是商品，具有价值，因此可以用来衡量一切商品的价值。使用货币作为商品的计算单位，可以减少交易成本，提高社会效益。

在现实经济中，货币的价值尺度职能是通过价格来表现商品的价值，因此，价格是商品价值的货币表现，价值是价格的基础。当商品的价值用货币来表现时，就成了商品的价格。例如，我国用人民币、美国用美元、英国用英镑等来表示本国商品和劳务的价值。

需要注意的是，当货币执行价值尺度的功能时，可以是想象的、观念上的货币，并不需要有现实的货币。

（二）流通手段

货币的流通手段即交易媒介，是指货币充当商品交换的媒介。在物物交换条件下，商品交换的双方必须同时满足对方的需要才能使交换活动顺利进行。有了货币以后，只需把自己的商品换成货币，再用货币来换取所需的商品。在这一交换过程中，货币就成了商品买卖的媒介。货币充当交换媒介对提高商品交易效率和扩大商品流通范围起到了很大的促进作用。

货币执行流通手段职能时，必须是现实的货币。但是，货币在交易中是否是足值的，已经不那么重要了，重要的是它能否被普遍接受，它能买多少商品。因此，当商品流通发展到一定阶段，就出现了纸币，代替金属货币发挥流通手段作用。所以说，作为流通手段的货币必须是现实的货币，但可以是价值符号。

（三）贮藏手段

贮藏手段是指货币退出流通领域，被人们当作独立的价值形态和社会财富的一般代表保存起来的职能。货币是一般等价物，可以和任何商品交换，自然会成为社会财富的代表，也可以被贮藏起来。股票、债券、土地和房产等资产和货币一样，也具有价值贮藏功能。但由于货币是流动性最强的资产，代表了一般性的购买力，是人们愿意贮藏财富的最重要手段。

由于货币形式的演变，货币执行贮藏手段的形式和作用也产生了变化。在贵金属货币流通的情况下，金银是足值的货币，贮藏货币具有保值的性质，即只要金属价值稳定，贮藏的价值就不会发生损失。当货币供过于求时，过多的货币就转化为贮藏；当货币供不应求时，贮藏的货币便相应地进入流通，这是金属货币流通条件下的自发调节机制。

在现代信用货币制度下，纸币本身的价值极其微小，可以忽略不计。但是，纸币是依靠法律强制流通的，代表了政府的信用，具有普遍的认同性和接受度。将纸币作为贮藏手段的主要目的不是保值，而是满足重新进入流通的需要。只有在纸币币值长期保持稳定的条件下，人们才会贮藏纸币。另外，信用货币不能自发地调节货币流通量，必须通过中央银行调整市场上流通的货币数量，才能保持正常与合理的货币流通秩序。

（四）支付手段

货币出现以后，交换活动可以在不同的时间表现出单方面价值转移的形态，即货币具有支付手段的功能。这种延期支付的情况在现代经济生活中经常发生。例如，国际贸易中，常常会有买方先拿到货物，几天甚至几个月后才支付货款，即赊购赊销。银行吸收存款和发放贷款，都是货币作为支付手段职能在起作用的表现。因此，支付手段是指用货币来清偿债务或交纳赋税、租金，支付工资等，它不同于"一手交钱一手交货"的等价交易，而是价值单方面的转移。

（五）世界货币

跨越国界在世界市场上发挥价值尺度、流通手段、贮藏手段、支付手段等职能的货币就是世界货币。根据马克思的观点，充当世界货币的职能是金银等贵金属。但现代经济理论则认为，只要是在国际范围内被普遍接受的货币，就可以在国际交往中充当世界货币。

世界货币是货币一般职能在世界范围内的延伸。世界货币的交易媒介职能表现为国际清算，即国际商品劳务交易的结算货币功能；价值标准的职能表现为国际计价，即世界市场中商品劳务的计价功能；延期支付的职能表现为国际借贷，即国际金融市场中的借贷功能；价值贮藏的职能表现为国际储备，即国际组织、各国官方和民间的黄金或外汇储备。

四、货币制度的含义与内容

货币制度简称币制，是一国以法律形式对本国货币流通的组织形式及相关要素加以规定所形成的体系。货币制度是货币运动的规范和准则，作为一种系统的制度，是在资本主义经济制度产生后形成的。在现代经济社会，货币制度已经成为国家经济制度的重要构成部分。货币制度包括货币本位、货币发行和货币汇兑等一系列内容，其中核心内容是货币本位制。基本上，货币制度主要规定以下五个方面的内容。

（一）货币材料

货币材料是指用来充当货币的材料，不同的货币材料就形成不同的货币本位制度。例如，以白银为货币材料就是银本位制度，以黄金为货币材料即为金本位制度，以纸质载体为货币材料即为纸币本位制度等。一个国家一定时期内将哪种商品作为货币材料由国家规定，但国家的规定也是受客观经济发展过程制约和决定的，国家对货币材料的规定实际上是对流通中已经形成的客观现实进行法律上的肯定。目前各国都实行不兑现的信用货币制度，对货币材料不再作明确规定。

（二）货币单位

货币单位是指货币的计量单位，主要包括两方面内容。一是货币单位的名称，比如，英国的货币名称为"英镑"，货币单位为"镑"；我国的货币名称为"人民币"，货币单位为"元"；二是货币单位的值，即每一单位货币所包含的货币金属量。比如，根据美国1934年1月的法令，1美元的含金量合0.888 671克；按照1870年英国的铸币条例，1英镑的含金量合7.9克。在纸币本位制下，货币不再规定含金量，单位货币的价值要依靠稳定的货币发行来保证。

（三）流通中货币的种类与法偿能力

流通中货币的种类主要为主币和辅币。主币也叫本位币，是一国法定的作为价格标准的基本通货。本位货币具有无限法偿能力，即具有法定的无限的支付能力，不论每次支付的金额有多大，任何人均不得拒绝接受。辅币是本位货币以下的小额货币，主要供小额交易、找零之用。辅币一般是有限清偿货币，即交付的辅币数量有一定限制，超过限额，收方可以拒收。但是，也有很多国家规定辅币和主币一样具有无限清偿能力。在金属货币流通条件下，主币是按国家规定的货币单位和价格标准铸造的铸币，其面值与实际价值一致，是足值货币。辅币以铜、镍等贱金属铸造，其实际价值低于名义价值，为不足值货币。

（四）货币铸造、发行和流通

在金属货币制度下，本位货币可以自由铸造，即公民可以按照法律规定，把货币金属送到国家造币厂请求铸成本位币，数量不受限制，国家只收取少量费用或免费。同时，公民也可将铸币熔化成条块状的金属。自由铸造可以自发调节货币流通，使流通中的货币量与货币必要量保持一致，又可以保证金属本位货币的名义价值与实际价值一致。但是，辅币是限制铸造的，即只能由国家垄断铸造，因为辅币是不足值的，铸币收入可以归国家所有。

在信用货币制度下，纸币由国家垄断发行，强制流通。除中央银行外，任何单位和个人均不得自行印制、变造和故意损毁货币，否则视为非法行为，并按国家有关法规的规定予以惩处。目前，各国信用货币的发行权都集中于中央银行或法定机构。

（五）货币发行准备制度

货币发行准备制度亦称货币发行保证制度，是指为约束货币发行规模，维护货币信用而制定的，要求货币发行者在发行货币时，必须将某种金属或者资产作为发行准备。在金属货币制度下，主要以法律规定的贵金属为发行准备；在信用货币制度下，各国发行准备的内容不尽相同，一般包括黄金准备、外汇准备、国家债券准备等形式。

五、货币制度的类型

各个国家在不同历史时期有不同的货币制度，从货币本位的角度，可以将货币制度的类型大致划分为两大类型：金属货币制度和信用货币制度。

（一）金属货币制度

1. 银本位制

银本位制是以白银为本位币的一种货币制度，包括两种类型：一是银两本位制，即以白银重量"两"为价格标准，实行银块流通；二是银币本位制，即国家规定白银为货币金属，并要求铸成一定形状、重量和成色的银币。

在货币史上，银比金更早地充当本位货币。但在充当货币商品方面，黄金远胜于白银。西方国家随着经济的发展，银本位制先是过渡到金银复本位制，19世纪20年代后又为金本位制所取代。到了19世纪末，随着白银采铸业劳动生产率的提高，白银价值不断降低，金银之间的比价大幅度波动，影响了经济的发展，除了中国以外，各国先后放弃了银本位制。

在我国货币史上，白银自汉代已逐渐成为货币金属，到明代白银已货币化，中国真正成为"用银之国"。但我国当时实行的是银两制，以金属的重量计值，属于称量货币制度，没有踏进货币制度阶段。宣统二年（公元1910年）颁行《币制条例》，正式采用银本位，以"元"为货币单位，重量为库平七钱二分，成色是90%，名为大清银币，但市面上银元和银两仍然并用。辛亥革命后，1913年公布《国币条例》，正式规定重量七钱二分、成色89%的银元为我国的货币单位。"袁大头"银元就是这样铸造成的，但银元和银两仍然并用。1933年3月8日，当时的国民政府公布《银本位币铸造条例》规定，银本位币定名为"元"，总重26.697 1克，银八八、铜一二，即含纯银23.493 448克，银本位币每元重量及成色，与法定重量、成色相比之下公差不得超过0.3%，并规定一切公私交易用银本位币授受，其用数每次均无限制。同年4月，国民政府实行"废两改元"，发行全国统一的银币——"孙中山头像"银元。1935年国民政府又实行所谓币制改革，宣布废止银本位。

2. 金银复本位制

金银复本位制是指黄金与白银同时作为币材的货币制度，曾在18世纪至19世纪被英、美、法等国长期采用。金银复本位制下，金币与银币都具有无限法偿的能力，都可以自由铸造、流通、输出与输入，金币和银币可以自由兑换。金银复本位制包括平行本位制、双本位制和跛行本位制三种类型。

（1）平行本位制。金银两种金属货币均按其所含金属的实际价值流通，其价值比例由市场决定，国家不予规定。在实行平行本位制下，出现金价、银价两种价格，引起价格的混乱，给商品流通带来了许多困难。

（2）双本位制。为克服平行本位制下市场上金价与银价混乱的情况，由国家规定两种金属货币的比率，按法定比率流通。两种货币都是无限法偿货币，可以自由铸造。然而，双本位制下出现了新的问题，即"劣币驱逐良币"的现象，也叫"格雷欣法则"。由于金币和银币间的比率是由政府通过法律形式定下的，所以比较稳定。然而市场上金银之间的相对价格却经常波动，例如当黄金实际价值增大时，人们就会将手中价值较大的金币（"良币"）熔化成黄金，再将这些黄金换成银币（"劣币"）来使用。所以，当实行双本位制时，市场上的良币很快会被人们熔化而退出流通，劣币则会充斥市场并严重扰乱市场秩序。

（3）跛行本位制。为了克服双本位制下"劣币驱逐良币"的现象，许多国家实行了跛行本位制。跛行本位制是金银复本位制向金币本位制过渡的一种货币制度。跛行本位制下，两种金属货币同为本位币，并由国家规定固定的比率，同时规定只有金币可以自由铸造，银币演化为金币的代符号，是事实上的金本位制。由于银币不能自由铸造，如同人有一条跛腿，故称"跛行本位制"。

3. 金本位制

金本位制就是以黄金为币材的货币制度。在金本位制下，每单位的货币价值等同于若干重量的黄金（即货币含金量）。当不同国家使用金本位制时，国家之间的汇率由它们各自货币的含金量之比——铸币平价来决定。在历史上，曾有过三种形式的金本位制：金币本位制、金块本位制、金汇兑本位制。

（1）金币本位制。金币本位制是最典型的金本位制。它是指国家规定以黄金为货币金属，金属铸币具有无限法偿能力。金币本位制下，以一定量的黄金为货币单位铸造金币，作为本位币；金币可以自由铸造，自由熔化，具有无限法偿能力，同时限制其他铸币的铸造和偿付能力；辅币和银行券可以自由兑换金币或等量黄金；以黄金为唯一准备金。

金币本位制消除了金银复本位制下存在的价格混乱和货币流通不稳定的弊病，保证了流通中货币对本位币金属黄金不发生贬值，保证了世界市场的统一和外汇行市的相对稳定，是一种相对稳定的货币制度。金币本位制实施一段时间后，由于黄金的增长速度无法与经济增长的速度保持一致，加上各国经济发展不平衡，黄金存量不同，各国相继放弃了金币本位制，转向金块本位制和金汇兑本位制。

（2）金块本位制。金块本位制和金汇兑本位制是在金本位制的稳定性因素受到破坏后出现的两种不健全的金本位制。这两种制度虽然都规定以黄金为货币本位，但只规定货币单位的含金量，而不铸造金币，实行银行券流通。

金块本位制下，黄金集中存储于政府，居民可按规定的含金量在一定数额以上、一定用途之内，以银行券兑换金块。如英国 1925 年规定银行券数额在 1 700 英镑以上方能兑换黄金。要维持金块本位制，必须以国际收支平衡或有大量黄金足以供给对外支付之用为条件。反之，若国际收支逆差或资金外流严重，黄金储存不足，则金块本位制便无法维持。1930 年后，在世界经济危机的冲击下，黄金减产，英、法、比利时等国先后放弃金块本位制。

（3）金汇兑本位制。金汇兑本位制下，国内只流通银行券，银行券不能兑换黄金，只能兑换实行金块或金本位制国家的货币，国际储备除黄金外，还有一定比重的外汇，外汇在国外才可兑换黄金，黄金是最后的支付手段。实行金汇兑本位制的国家，要使其货币与另一实行金块或金币本位制国家的货币保持固定比率，通过无限制地买卖外汇来维持本国货币币值的稳定。

第一次世界大战后，在 1924—1928 年，资本主义世界曾出现了一个相对稳定的时期，主要资本主义国家的生产都先后恢复到战前的水平，并有所发展。各国企图恢复金本位制。但是，由于金铸币流通的基础已经遭到削弱，不可能恢复典型的金本位制。当时除美国以外，其他大多数国家只能实行没有金币流通的金本位制，这就是金块本位制和金汇兑本位制。

金块本位制和金汇兑本位制由于不具备金币本位制的一系列特点，因此，也称为不完全或残缺不全的金本位制。该制度在 1929—1933 年的世界性经济大危机的冲击下，也逐渐被各国放弃，都纷纷实行了不兑现信用货币制度。

第二次世界大战后，建立了以美元为中心的国际货币体系，这实际上是一种金汇兑本位制。美国国内不流通金币，但允许其他国家政府以美元向其兑换黄金，美元是其他国家的主要储备资产。但其后受美元危机的影响，该制度也逐渐开始动摇，至 1971 年 8 月美国政府停止美元兑换黄金，并先后两次将美元贬值后，这个残缺不全的金汇兑本位制也崩溃了。

（二）信用货币制度

信用货币制度也称不兑换的纸币本位制度，指以不兑换黄金的信用货币为本位币，由政府无限法偿能力并强制流通的货币制度。其特点是国家不规定纸币的含金量，也不允许纸币与贵金属兑换，货币发行一般不以金银为保证。纸币作为主币流通，具有无限法偿能力。同时，国家也发行少量金属铸币作为辅币流通，但辅币价值与用以铸造它的金属商品价值无关。由于发行纸币是国家的特权，在中央银行国有化之后，国家便委托中央银行发行纸币。

第二节　信用与金融

一、信用的产生与发展

（一）信用的含义

信用一词源于拉丁语，英文是"credit"。对于信用的定义，《新帕尔格雷夫经济学大辞典》的解释是："提供信用意味着把对某物（如一笔钱）的财产权给予让渡，以交换在将来的某一特定时刻对另外的物品（如另外一部分钱）的所有权。"《牛津法律大辞典》的解释是："信用指在得到或提供货物或服务后并不立即而是允诺在将来付给报酬的做法。"《辞海》的解释是："信用是指遵守诺言，实践成约，从而取得别人的信任。"

可见，"信用"这一概念包含着丰富的内涵，可以从不同角度对其进行解释。从社会伦理角度理解，信用实际上是指"信守诺言"这一种道德品质，人们在日常生活中讲的"诚信""一诺千金""君子一言，驷马难追"，实际上反映的就是这个层面的意思；从经济学角度理解，信用是指以还本付息为条件的价值单方面让渡或转移，表现为商品买卖中的延期支付和货币的借贷行为。

（二）信用的产生

私有制出现以后，社会分工不断发展，大量剩余产品不断出现。私有制和社会分工使得劳动者各自占有不同的劳动产品，剩余产品的出现则使交换行为成为可能。随着商品生产和交换的发展，商品流通出现了矛盾，即"一手交钱一手交货"的方式由于受到客观条件的限制经常发生困难。例如，一些商品生产者出售商品时，购买者却可能因自己的商品尚未卖出而无钱购买。于是，赊销（即延期支付）的方式应运而生。赊销意味着卖方对买方未来付款承诺的信任，意味着商品的让渡和价值实现发生时间上的分离。这样，买卖双方除了商品交换关系之外，又形成了一种债权债务关系，即信用关系。

（三）信用的发展阶段

信用产生以后，经历了一个长期的发展变化过程。早期的信用形式是实物借贷，自货币产生之后，逐渐发展成以货币借贷为主。在奴隶社会和封建社会，信用的形式主要是高利贷（usury capital）。作为人类历史上最初的信用形式，高利贷是以取得高额利息为特征的借贷活动，高利贷活动主要的贷者是商人，特别是专门从事货币兑换的商人，因为他们专门从事货币兑换、保管和汇兑等业务，所以手中经常掌握大量的货币资财，为他们发放贷款提供了条件；另外，寺院、教堂和修道院等宗教机构也是高利贷的放贷者。被盘剥的对象主要是小生产者和城市手工业者，极高的利息率是高利贷最明显的特征。高利贷的年利息率一般在30%以上，100%～200%的年利率也是常见的。在封建社会瓦解并向资本主义社会过渡时期，高利贷发展对资本主义生产方式产生的前提条件形成起到了一定的促进作用。一方面，高利贷者通过高利盘剥，积累了大量的货币财富，有可能将高利贷资本转化为产业资本，成为原始资本积累的来源之一。另一方面，高利贷使广大农民和手工业者破产，从而促使雇佣工人队伍形成。从某种程度上看，高利贷为资本主义生产方式提供了货币资本和自由无产者。

高利贷虽然为资本主义生产方式的形成提供了有利条件，但是高利贷者对于其赖以生存的经济基础却竭力维护，这必然阻碍高利贷资本向产业资本的转化，而且它的高额利息也影响着新兴资产阶级对它的利用。其结果是高利贷成为资本主义发展的障碍。因此，随着资本主义生产关系的建立和发展，新兴资产阶级与高利贷展开了斗争。斗争焦点就是要把利息率降到平均利润率以下，让生息资本服从于资本主义生产方式的需要。经过激烈的斗争，现代银行逐步建立起来，客观上迫使一部分高利贷资本转化为资本主义银行资本。

二、信用在现代经济中的作用

信用已成为现代经济中最基本、最普遍的经济活动，具体表现在以下方面。

首先，现代经济在信用货币制度下运行，信用货币已成为普遍的货币形式，各种经济活动形成了各种各样的货币收支，而这些货币收支最终都是银行的资产和负债，都体现了银行与其他经济部门之间的信用关系。

其次，经济活动中的每一个部门、每一个环节都渗透着债权债务关系。现代经济形式需要借助负债去扩大生产规模、更新设备，需要借助各种信用形式去筹措资金、改进工艺、推销产品。因此，经济越发展，债权债务关系越紧密，越成为经济正常运转的必要条件。

最后，个人、企业、政府、金融机构等部门的任何经济活动都离不开信用关系。个人通过在银行储蓄或取得消费贷款与银行形成了信用关系，个人购买国债、企业债券与政府、企业形成了债权债务关系；企业在信用关系中既是货币资金的主要供给者，又是货币资金的主要需求者；政府通过举债、放贷形成与居民、企业、金融机构或其他机构之间的信用关系；金融机构作为信用中介从社会各方面吸收和积聚资金，同时通过贷款等活动将其运用出去；国际收支顺差、逆差的调节也离不开信用。这些都说明了，信用关系已成为现代经济中最基本、最普遍的经济关系。

第三节　现代信用的形式与工具

现代信用的形式很多，可以按不同的标准对信用的形式进行分类。比如按信用的期限长短，可以把信用分为短期信用、中期信用和长期信用；按信用参与主体的不同，可以把信用分为商业信用、银行信用、国家信用、消费信用、国际信用等，本节主要以后者为标准，系统介绍每一种信用形式。

一、商业信用

（一）商业信用的含义

商业信用（Commercial Credit）是指企业之间在买卖商品时以商品的形态提供的信用。商业信用最典型的形式是赊销商品，此外还有预付货款。以赊销方式卖出商品，是在商品转手时，买方不立即支付现金，而承诺在一定时期后再支付货款。这样，双方就形成了一种债权债务关系，卖方是债权人，买方是债务人。卖方所提供的商业信用，相当于把一笔资本贷给买方，因而买方除了偿还货款外，还要支付利息。赊销的商品价格一般要高于现金买卖商品的价格，其差额就形成赊购者向赊销者支付的利息。以预付货款方式提供信用，一般是当生产企业生产的是畅销产品时，该企业可以要求产品的销售商或下游产品的生产商预付一定比例的货款，用以扩大自己的生产规模，提升生产能力。在现实经济生活中，赊销和预付货款是企业间经常发生的信用行为。

（二）商业信用的作用

1. 商业信用的存在，有利于资本的循环和周转

在发达的商品经济中，任何企业都不可能孤立地生存，各类企业间存在着种种经济联系。比如，产品具有良好销售前景的企业可能因为缺少资金而不能购买原材料，而具有强大销售能力的商业企业也可能因为资金短缺而无法购买到适销的商品。没有商业信用，上下游企业之间的这种联系就可能会中断，原材料生产企业无法出售原材料，商品生产企业无法开工，销售企业无法购进适销商品，消费者的福利因此也会降低。而商业信用的出现，则能有效地使以上中断的商业链条重新连接起来，从而促进生产和流通的顺利进行。同时，由于供求双方可以直接见面，有利于加强企业间的横向经济联系，协调企业之间的关系，从而促进

产需平衡。

2. 节约交易费用，提高资金使用效益

由于商业信用直接以商品生产和流通为基础，并为商品生产和流通服务，就企业间的信用活动而言，商业信用是基础，而且，商业信用也是创造信用流通工具的最简单方式，是企业解决流通手段不足的首选方式。它减少了中间环节，有利于节约交易费用和提高经济效益。

3. 规范、强化市场经济秩序

商业信用的合同化，使自发的、分散的商业信用有序可循，有利于银行信用参与和支持商业信用，加强了企业间的互相联系和相互监督，有利于强化市场经济秩序。

（三）商业信用的局限性

尽管商业信用对商品经济发展所起的作用非常明显，但是，商业信用也有其自身的局限性，具体表现在以下几方面。

1. 商业信用的规模受厂商资本数量的局限性

商业信用是企业间买卖商品时发生的，并以商品买卖量为基础，因而，其提供的商业信用规模受商品买卖量的限制，而且提供信用一方也不可能超出所售商品量而向对方提供商业信用，从而决定了商业信用在规模上的界限。

2. 商业信用受到商品流转方向的局限性

在现实经济交往中，商业信用的客体通常是商品资本，因此，它的提供是有条件的，一般是由上游企业提供给向下游企业，如原材料生产企业向加工企业提供，生产企业向销售企业提供，批发企业向零售企业提供，通常很难逆向提供，而在那些彼此间没有买卖关系的企业间，则更不容易发生商业信用。

3. 商业信用存在期限上的局限性

商业信用的期限一般较短，并受企业生产周转时间的限制，通常只能用来解决短期资金融通的问题。

4. 商业信用的债权人和债务人都是商品生产者或经营者

企业与个人之间的赊销或预付不是商业信用，企业与银行之间、企业与政府之间都不存在商业信用。

由于商业信用存在的上述局限性，因而它不能完全适应现代经济发展的需要，于是在经济发展过程中又产生了另一种信用形式——银行信用。

二、银行信用

（一）银行信用的概念

银行信用（Bank Credit）是指银行或其他金融机构以货币形态提供的间接信用。银行信

用是伴随着现代资本主义银行的产生，在商业信用的基础上发展起来的。银行信用与商业信用一起构成现代经济社会信用关系的主体。与商业信用不同，银行信用属于间接信用。在银行信用中，银行充当了信用媒介。马克思这样描述："银行家把借贷货币资本大量集中在自己手中，以至于产业资本家和商业资本家相对立，不是单个的货币贷出者，而是作为所有贷出者代表的银行家。银行家成了货币资本的管理人。另一方面，由于他们为整个商业界而借款，他们也把借入者集中起来，与所有贷出者相对立。银行一方面代表货币资本的集中、贷出者的集中，另一方面代表借入者的集中。"银行信用是银行或货币资本所有者向职能资本家提供贷款而形成的借贷关系，它是适应产业资本循环周转或再生产运动的需要而产生的。

（二）银行信用的特点

（1）银行信用在货币资金提供数量规模方面克服了商业信用的局限性。银行信用从融资方式上讲属于间接融资，资金盈余者和资金短缺者不直接进行借贷，而是通过银行形成借贷关系。银行通过吸收存款汇集成的巨额货币资金，不仅能满足小额货币资金的需求，也能满足大额货币资金的需求。银行贷放出去的已不是在产业资本循环过程中的商品资本，而是从产业资本循环过程中分离出来的暂时闲置的货币资本，它克服了商业信用在数量规模上的局限性。

（2）银行信用所提供的是货币资金，在提供方向上，货币资金是没有方向限制的。所有拥有闲置的资金主体都可能将其存入银行，而所有需要货币资金的主体只要符合银行的贷款条件，都可以获得银行的贷款支持。通过银行这一金融中介，资金供求双方被联系起来，它们完全不受商业信用中上下游关系的限制，这就克服了商业信用在使用方向上的局限性。

（3）在货币资金提供期限方面，银行可以把短期资金转换成长期资金，满足对较长时期的货币需求。银行吸收的存款既有长期的，也有短期的，银行可按期限匹配的原则，将短期存款用于发放短期贷款，长期存款用来发放长期贷款。在银行正常的经营过程中，所有存款人不可能同时到银行提取存款，这样就可以在银行内沉淀下一笔相对稳定的巨额资金，银行可以根据以往经验，将这笔资金用于长期贷款。因此，银行信用克服了商业信用固有的局限性，成为现代经济中最基本、占主导地位的信用形式。

（4）银行和其他金融机构可以通过规模投资，降低信息成本和交易费用。减少借贷双方因信息不对称而产生的逆向选择和道德风险。

（5）银行信用具有信用创造功能，为国家进行宏观调控的重要对象。

（三）银行信用与商业信用的关系

银行信用打破了商业信用的局限性，并扩大了信用的界限，在整个货币信用领域中居于主导地位。银行的规模和范围都远远超过其他信用形式，有了银行信用后，商业信用才进一步发展。因为商业信用形成的票据大都有一定期限，当未到期持票人急需现金向银行贴现时，能够取得现金或流通性强的银行信用工具。正是有了银行贴现业务，商业票据才能够及时兑现，商业信用才进一步发展。

尽管银行信用有很多优点，但是，银行信用并不能完全取代商业信用，商业信用仍然是现代信用的基础。首先，商业信用先于银行信用而存在；其次，商业信用是直接与商品的生产流通相关联的，直接为生产和交换服务。企业在购销过程中，彼此之间如果能够通过商业信用直接融通所需资金，就不会求助于银行信用。因此，银行信用和商业信用互相补充、互相促进，都是现代经济中最重要的信用形式。

（四）银行信用的工具

银行信用的实现主要借助于间接融资（即以商业银行作为核心中介机构的融资方式）、信用证（即银行用以保证买方或进口方有支付能力的凭证）及银行票据等工具来实现，这里简单介绍一下银行票据。

在银行信用中主要有三种银行票据，即银行本票、银行汇票及银行支票。银行本票是由银行签发，也由银行付款的票据，可以代替现金流通。银行本票按票面是否记载收款人姓名分为记名本票和不记名本票；按票面有无到期日分为定期本票和即期本票。银行汇票是银行开出的汇款凭证，它由银行发出，交由汇款人自带或由银行寄给异地收款人，凭此向指定银行兑取款项。银行支票是银行的活期存款人向银行签发的、要求从其存款账户上支付一定金额给持票或指定人的书面凭证。

三、国家信用

（一）国家信用的含义

国家信用是以国家（政府）为主体借助于债券向国内外筹集资金的借贷活动。通常国家信用的债务人是国家（政府），债权人是购买债券的企业和居民等，但有时国家也以债权人的身份有偿让渡筹集的部分社会财力用于生产建设和公共事业。

（二）国家信用的特点

（1）国家信用的主体是政府。政府以债务人的身份出现，债权人则是国内外的经济实体和居民。

（2）安全性高，信用风险较小。这是因为国家信用的债务人是国家或政府，是以国家（政府）的信用做担保，几乎不承担任何风险。

（3）用途具有特殊性。国家信用尤其是中长期信用多用于弥补政府预算赤字，所筹资金主要用于基础设施、公用事业建设、军事开支和社会福利等方面，不能随意用于其他支出。

（4）国家信用工具的交易性、流动性较强。由于国家债券的信誉高、安全性好，在证券市场上是优良的交易对象，交易量大，流动性非常强。

（三）国家信用的工具

国家信用的形式主要有以下几种。

（1）发行国库券。国库券是政府发行的一种短期债券，期限在1年以内，主要用来解决财政预算收支短期性透支。

（2）发行国家公债。国家公债是政府发行的期限在 1 年以上的中长期债券，一般用于国家重点项目投资或大规模建设，也往往用于弥补财政赤字。

（3）发行专项债券。

（4）银行透支或借款。

（5）向国外借款，或者在国际金融市场上发行政府债券等。

四、消费信用

（一）消费信用的含义

消费信用是工商企业、银行及其他金融机构以商品形态或货币形态向消费者个人提供的信用形式。消费信用是一种混合信用形式，兼具商业信用和银行信用的特征。按其性质可以细分为两类：一类是由工商企业以赊销或分期付款方式向消费者提供商品或劳务，类似于商业信用；另一类则是由银行等金融机构以信用贷款或抵押贷款方式向消费者提供贷款，属于银行信用。

（二）消费信用的形式

（1）赊销方式。赊销方式即延期付款，它是企业直接以延期付款的方式向消费者提供的一种短期信用形式。大多数国家的赊销多采用信用卡透支方式提供。银行和其他金融机构对个人提供信用卡，消费者以信用卡进行透支，实质上就是一种典型的赊销方式。

（2）分期付款方式。分期付款方式是指消费者和企业之间签订分期付款合同，先支付一定比例的款项，其余款项按合同规定分期还本付息，或分期摊还本金、利息一次性支付。在货款付清之前，商品所有权属于企业。分期付款方式一般在购买耐用消费品时使用较多，是一种中期信用形式。

（3）消费贷款方式。消费贷款方式是指银行和其他金融机构直接贷款给消费者用于购买住房等耐用消费品，是一种中长期信用形式。按贷款发放的对象不同，它可以分为买方信用和卖方信用。买方信用是对消费者发放的贷款，卖方信用是对销售企业发放的贷款。

从形式上看，消费信用与商业信用、银行信用无本质区别，只是它们的债务人不同。不管是生产企业和流通企业以赊销方式，还是金融机构以放款方式，都是以房屋住宅、小轿车、家用电器等消费品为对象，债务人都是购买耐用消费品的消费者。

（三）消费信用的作用

消费信用既有积极的方面，又有消极的方面。一方面，消费信用扩大了需求，提高了人们的消费水平，带动了经济增长。一般情况下，人们对耐用消费品的消费需要准备较多的货币，而出现消费信用后，人们可以先消费，后支付货款。人们可动用一部分未来的收入去消费当前尚无力购买的消费品，从而扩大了需求，提高了人们的消费水平，促进了消费商品的生产和销售，从而带动了经济的增长。但是，另一方面，消费信用会造成市场供求紧张，使商品价格上涨，造成通货膨胀和经济危机。另外，消费信用会使许多人陷入沉重的债务负担中，甚至通过借新债来偿还旧债，增加经济生活中的不稳定因素。

五、国际信用

（一）国际信用的含义

国际信用是指国与国之间的企业、政府、机构等组织发生的借贷行为，也叫国际信贷。国际信用是跨越国家和地区的信用，是国际经济关系重要组成部分，是国际贸易、国际投资和国际金融活动发展的结果。没有国际信用活动，国际经济、贸易往来就无法顺利进行。

（二）国际信用的形式

国际信用的形式多样，主要包括出口信贷、国际商业银行贷款、政府间贷款、国际金融机构贷款、补偿贸易、国际租赁等。

1. 出口信贷

出口信贷是指出口国政府为支持和扩大本国产品的出口、提高产品的国际竞争能力，通过提供利息补贴和信贷担保的方式，鼓励本国银行向本国出口商或外国进口商提供的中长期信贷。出口信贷通常附有采购限制，只能用于购买贷款国的产品，而且都与具体的出口项目相联系，属于中长期信贷。

2. 国际商业银行贷款

国际商业银行贷款是指一些商业银行向外国政府及其所属部门、私营工商企业或银行提供的中长期贷款，期限大多为 3 ~ 5 年。这种贷款通常没有采购限制，也不限定用途，但贷款国政府不予补贴，故而利率比出口信贷高，一般为在伦敦同业拆借利率基础上增加一定比例的附加利率。

3. 政府间贷款

政府间贷款是指一国政府利用国库资金向另一国政府提供的贷款，一般带有援助性质。政府间贷款一般是中长期贷款，贷款期限为 20 ~ 30 年，还有最长可达 15 年的宽限期。这种贷款的贷款利率一般较低，远低于国际商业银行贷款。贷款用途多有限制，一般说来，借款国所借款项大多只能用来向贷款国购买货物和劳务。

4. 国际金融机构贷款

国际金融机构贷款主要指国际货币基金组织、世界银行及其附属机构——国际金融公司和国际开发协会，以及一些区域性国际金融机构所提供的贷款。国际金融机构贷款大多条件优惠，主要是为了促进成员方长期经济发展和改善国际收支状况。

5. 补偿贸易

补偿贸易是指出口国厂商在进口方外汇资金短缺的情况下将机器设备、技术和各种服务提供给进口方，待项目建成投产后，进口方以项目的产品或双方商定的其他办法清偿贷款。补偿贸易实质上是一种商业信用，其特点是将商品交易与借贷行为联系在一起。

6. 国际租赁

国际租赁是一种新兴的并被广泛运用的信用形式。它由出租人购买机器设备，以收取一定的租金为条件，将机器设备让渡给承租人使用。租赁期满，承租人可以选择将租用的设备退回租赁公司，也可以根据设备的具体情况作价购买或继续原租赁关系。

第四节　利息与利率

一、利息的含义

一般认为，利息是在借贷关系中借款人支付给贷款人超过本金部分的报酬。利息是伴随着信用关系的发展而产生的经济范畴，并构成信用的基础。

在远古时期，就有了借贷行为，利息作为一种占有使用权的报酬就已经出现。不过当时是以实物形式（如谷物、布匹等）进行利息的支付。随着商品货币经济的发展，产生了货币借贷，利息的支付也就渐渐过渡到以货币形式为计量，特别是生息资本的出现和发展，利息也发生了根本变化，不仅变成了信用发生和发展的基本条件，也变成了资本增值的特殊手段。事实上，具有真正意义的利息是资本主义的利息，因为在资本主义社会，利息是借贷资本家因贷出货币资本而从职能资本家那里获得的报酬。

在我国社会主义初级阶段，以公有制为主体的多种所有制经济共同发展，由于各经济主体之间存在着利益差别，利息便成为资金借入方向资金贷出方支付的报酬。在现代市场经济活动中，所有的信用活动都是以偿还和支付利息为条件的特殊价值运动形式，中国的社会主义市场经济也不例外。

二、利息的计算

利息的计算方法有两种：单利法和复利法。

（一）单利法

单利法是指按单利计算利息的方法，即在计息时只按本金计算利息，不将利息额加入本金一并计算的方法。单利法的利息计算公式为：

$$利息(I) = 本金(P) \times 利率(r) \times 期限(n)$$

本利和的计算公式为：

$$S = P(1 + r \times n)$$

（二）复利法

复利法是指按复利计算利息的方法，即在计息时把按本金计算出来的利息再加入本金，一并计算利息的方法。

三、利率的定义与种类

(一) 利率的定义

利率是利息率的简称，是利息与本金的比率，用公式表示即为：

$$利率=利息/本金$$

利率通常用来反映利息水平的高低，也可用来表示资金的价格和增值的能力。在实践中，它是一个比利息更有意义的经济指标。

(二) 利率的种类

按不同的标准可以划分出多种多样的利率，通常有以下划分。

1. 按是否按市场规律自由变动，利率可划分为市场利率、公定利率和官定利率

市场利率是指按市场规律自由变动的利率，是由市场因素决定的自由利率。

公定利率是指由非政府的民间金融组织，如银行公会等所确定的利率。这种利率对其会员银行有约束作用，故带有一定的强制性。

官定利率又称法定利率，是指由一国中央银行所规定的利率，各金融机构必须执行。

一般来说，发达国家主要实行市场利率，发展中国家较大范围实行官定利率、公定利率，也有相当规模的市场利率。我国的利率属于官定利率，由国务院统一制定，中国人民银行统一管理。

2. 按作用的不同，利率可划分为基准利率、一般利率和优惠利率

基准利率是指在多种利率并存的条件下起决定作用的利率，如西方国家中央银行再贴现率。当基准利率变动时，其他利率也相应地发生变化。

一般利率是指市场上普遍使用的利率。

优惠利率是指国家通过金融机构或金融机构本身对于认为需要扶植的企业、行业或个人，所提供的低于一般利率水平的贷款利率。优惠利率对于实现国家的产业政策有重要作用，也是银行竞争的一种手段。但优惠利率也有负面作用，滥用优惠利率，可能造成资金浪费、投资效益下降等不良后果。

3. 按在借贷期内是否调整，利率可划分为固定利率和浮动利率

固定利率是指在整个借贷期内按事先约定的利率计息而不作调整的利率。其最大特点是利率不随市场利率的变化而变化。这是传统的计息方式，有利于保持经济的稳定和计算的准确、方便。但在通货膨胀情况下，固定利率容易造成债权人的损失。固定利率多用于短期借贷或利率稳定的情况。

浮动利率又称可变利率，是指在借贷期内可定期调整的利率。实行浮动利率，借贷双方承担的利率变化风险较小，利息负担同资金供求状况紧密结合。浮动利率多用于长期借贷或国际金融市场。

4. 按银行借贷关系的不同，利率可划分为存款利率和贷款利率

存款利率是指客户在银行或其他金融机构存款时所取得的利息与存款额的比率。存款利率直接影响存款者的收益和银行及其他金融机构的融资成本，对银行集中社会资金的数量有重要影响。一般来说，存款利率越高，存款者的利息收入越多，银行的融资成本越大，银行吸收的社会资金数量也就越多。

贷款利率是指银行和其他金融机构发放贷款收取的利息与借贷本金的比率。贷款利率直接决定利润在企业和银行之间的分配比例，因而影响着借贷双方的经济利益。贷款利率越高，银行的利息收入越多，借款企业留利越少。

5. 按信用行为的期限长短，利率可划分为短期利率和长期利率

短期利率一般指融资期限在 1 年以内的利息率。长期利率一般指融资期限在 1 年以上的利息率。

长期利率一般高于短期利率，原因有以下几点：第一，融资期限越长，市场变化的可能性越大，借款者经营风险越大，因而贷款者遭受损失的风险越大；第二，融资期限越长，借款者使用借入资金经营取得的利润应当越多，贷款者得到的利息也应越多；第三，融资期限越长，在现行纸币流通、通货膨胀普遍存在的条件下，通货膨胀的可能性越大，通货膨胀率上升的幅度也可能越大，只有利率较高时才能使贷款者避免通货膨胀的损失。

6. 按计算利息的期限单位不同，利率可划分为年利率、月利率和日利率

年利率以年为计算单位，常用百分比来表示；月利率以月为计算单位，通常用千分比表示；日利率以日为计算单位，通常用万分比表示。年利率、月利率、日利率可互相换算。

$$年利率＝月利率×12＝日利率×360$$
$$日利率＝月利率÷30＝年利率÷360$$

我国不论是年利率、月利率、日利率，习惯上都用"厘"作单位，但年利率的厘是指 1%，月利率的厘是指 1‰，日利率的厘是指万分之一，它们在量上显然是不等的。而国外一般使用年利率。

7. 按利率的真实水平，利率可划分为名义利率和实际利率

名义利率是指没有剔除通货膨胀因素的利率。报刊、银行公布的利率都是名义利率。例如，我们说存款利率为 3.25%，这个利率就是名义利率。

实际利率则是指剔除了通货膨胀因素以后的利率。实际利率不易直接观察到，但可以通过公式计算出来，即：

$$实际利率＝名义利率－通货膨胀率（即借贷期物价上涨率）$$

由上可见，对实际利率的计算可能会出现三种情况。

（1）名义利率高于通货膨胀率，此时，实际利率为正。

（2）名义利率等于通货膨胀率，此时，实际利率为零。

（3）名义利率低于通货膨胀率，此时，实际利率为负。

所以，为了保证一定水平的实际利率，通货膨胀率越高，名义利率也应越高，在通货膨胀率降低后，名义利率才可有所降低。

第五节　金融与金融体系

一、金融的含义

从字面上理解，金融是指货币资金的融通活动，即金融体系中各类行为主体之间融通资金与筹集资金的行为。中国起初并没有"金融"这一词汇，"金融"一词具体出现于何时，并没有确切的资料可以考证。较早把"金融"写入条目的工具书是 1915 年的《辞源》和 1937 年开始发行的《辞海》。《辞源》对"金融"条目的解释是："今谓金钱之融通状态曰金融，旧称银根。"《辞海》对"金融"条目的解释是："谓资金之融通形态也，旧称银根。"由此推断，"金融"一词在我国逐步定型应该是在 19 世纪后半叶。我国长期以来对金融的解释基本延续了过去的观点，即认为金融是资金的借贷活动或资金的融通活动。目前常见的说法是把中文的"金融"与英语"finance"相对应，但西方辞书、百科全书和学术界对"finance"的诠释与我国"金融"一词涵盖的内容不尽相同。一般地，可以从广义和狭义两个角度去定义"金融"一词。

由于金融工具、金融市场与组织机构及金融活动代表并体现着一定的经济行为与经济关系，因此可以说，这些行为与关系的总和就是金融，即最广泛意义上的金融。所以，广义的金融包含一个国家所有经济单位、个人及政府与货币、资本信用、证券等有关的经济活动、经济行为及其体现的各种关系，包含一国的各种金融资产、金融工具、金融市场与金融组织所具有的形式、所占的比例，包括它们同该国其他经济活动、经济部门的关系及相互作用。

在现实中，从事金融中介与金融服务，创建金融市场，组织金融活动的主要是金融组织与机构，所以金融又可以指以存贷、信用、资本、证券、外汇等金融工具为载体，以银行、证券和保险公司等各种金融组织为中心的各种借贷、资本交易、债权与债务转移等经济活动，即金融活动或金融业务活动。这是关于金融的狭义概念。

二、基本融资方式

融资方式可以按照不同的标准划分为不同的类型，基本的融资方式主要有以下几种。

（一）内部融资和外部融资

按照资金来源或取得方式的不同，融资方式分为内部融资和外部融资。

内部融资是指企业将自身的积累（包括折旧和留存收益）转化为投资的过程。内部融资具有原始性、自主性、低成本性和抗风险性等特点，是企业生存与发展不可或缺的重要组成部分。其中，折旧是以货币形式表现的固定资产在生产过程中发生的有形和无形损耗，它主要用于重置损耗的固定资产的价值；留存收益是再投资或债务清偿的主要资金来源，将留存收益作为融资工具，不需要实际对外支付利息或股息，不会减少企业的现金流量，也不需要支付融资费用。

外部融资是指吸收其他经济主体的闲置资金，使之转化为自己投资的过程，包括股票发行、债券发行、商业信用和银行信用等。外部融资具有高效性、灵活性、大量性和集中性等特点。

（二）直接融资和间接融资

按照是否有金融中介机构参与，外部融资方式又可以分为直接融资和间接融资。

直接融资是通过最终贷款人（资金供给者）和最终借款人（资金需求者）直接结合来融通资金、其间不存在任何金融中介机构的融资方式。在直接融资中，资金供求双方是通过买卖直接证券来实现融资目的的。其中，直接证券是指非金融机构如政府、工商企业乃至个人所发行或签署的公债、国库券、债券、股票、抵押契约、借款合同以及其他各种形式的票据。直接融资的过程就是资金供求双方通过直接协议或在公开市场上买卖直接证券的过程。资金供给方支付货币购入直接证券，资金需求方提供直接证券获得资金。

间接融资则是指最终贷款人通过金融中介机构来完成向最终借款人融出资金的过程中，金融中介机构发挥了重要的作用，它通过发行间接证券吸收存款来从盈余单位融入资金，再通过购买赤字单位发行的直接证券或发放贷款来提供资金。其中，间接证券是指金融机构所发行的银行券、银行票据、可转让存单、人寿保单、金融债券和各种借据等金融证券。

直接融资和间接融资是外部融资的基本方式，二者均存在优势和局限性，在经济发展中可以互相补充，提高资金的使用效率。

（三）权益融资和负债融资

按照融资者之间法律关系的不同，融资方式可分为权益融资和负债融资。

企业通过发行股票、吸收直接投资、内部积累等方式筹集的资金构成了企业的所有者权益，这些融资方式称作权益融资。企业通过发行债券、向银行借款和融资租赁等方式筹集的资金属于企业的负债，形成债权债务关系，则称为负债融资。企业采用吸收自有资金的方式筹集资金，财务风险小，但付出的资金成本相对较高；企业采用借入资金的方式筹集资金，一般承担风险较大，但相对而言，付出的资金成本较低。

（四）短期融资和长期融资

按照所筹资金使用期限的长短，融资方式分为短期融资和长期融资。

短期融资一般是指供一年以内使用的资金筹集。短期资金主要投资于现金、应收账款和存货等，一般在短期内可收回。短期资金常采取利用商业信用和取得银行流动资金借款等方式来筹集。

长期融资一般是指供一年以上使用的资金筹集。长期资金主要投资于新产品的开发和推广、生产规模的扩大、厂房和设备的更新，一般需要几年甚至十几年才能收回。长期资金通常采用吸收投资、发行股票、发行企业债券、取得长期借款、融资租赁和内部积累等方式来筹集。

除了上述几种划分方法外，还可以从其他角度对融资方式进行分类。不同的融资方式具有不同的特点和作用，可以根据需要选择特定的融资方式。

三、金融体系

（一）金融体系的含义

金融体系也叫金融系统，是指一国金融交易中的金融产品、金融机构、金融市场和金融制度等金融要素所构成的能够发挥资金融通等功能的有机整体。金融体系是社会经济系统的重要组成部分，社会经济的发展对金融体系提出了要求。反过来，金融体系也通过为社会经济活动提供金融服务，促进了自身的发展。此外，金融体系自身也由众多子系统构成，金融体系内部子系统的发展与相互作用决定了金融体系在社会经济中所能发挥的作用。

（二）金融体系的构成

1. 金融产品体系

金融产品是由金融机构开发出来用于金融交易，能够证明金融交易的金额、期限、价格和支付方式，明确规定交易双方权利和义务、具有法律效力的书面文件或合约。任何一种金融产品，其构成要素都包括发行者、认购者、交易金额、期限、价格、支付方式及对权利义务的规定等。改变这些构成要素的组合方式，就可以设计和开发出不同类型的金融工具，形成由不同类型金融工具构成的金融工具体系，满足不同类型金融交易的需要。

金融产品体系主要由基础性金融产品（或称原生金融产品）和衍生金融产品两大类构成，其中的每大类金融产品中又由许多各具特点和特殊功能的金融产品构成。例如，存单、保险单、债券、股票、期货、期权等都是常见的金融产品。

2. 金融市场体系

金融市场是进行金融产品交易，实现资金或风险转移，形成金融产品价格的场所。由于金融产品既是融资工具，也是投资工具，因此金融市场既是筹资者发行金融产品筹集资金的场所，也是投资者买卖金融产品进行投资的场所。同时，金融市场也是形成金融价格的场所。

金融市场体系结构的完整性、合理性和协调性，决定着它是否能为社会提供多样的金融工具和金融交易服务，是否能够满足不同投资主体对不同期限、不同类型投资工具进行投资以及对不同类型金融风险进行预防的需要，从而在整体上决定着它的资源配置功能及风险转移功能的发挥。金融市场体系的结构是否完整，体系内各类金融市场之间的分工是否合理，发育是否协调，在很大程度上决定着其动员社会资金、转移风险、提高资源配置效率功能的效果。

金融市场体系可以划分成许多不同的市场，如货币市场、资本市场、一级市场、二级市场、债券市场、股票市场等。

3. 金融机构体系

金融机构是专门从事各种金融活动的组织，是以货币资金为经营对象，从事货币信用、资金融通、金融交易以及相关业务的法人机构。任何一家金融机构都是金融系统的组成部分，而它本身又是由其总部和遍布各地的众多分支机构，以及其内部各个职能部门按照一定的原则和方式组织而成的一个有机整体和系统。

金融机构体系包括商业银行、投资银行、保险公司、基金公司等机构形式。

4. 金融监管体系

由于金融业是一个高风险行业，金融体系内的金融机构大多是高负债经营，自身有内在的脆弱性，存在着很大的经营风险，而金融交易则使经济体系内各经济主体之间形成错综复杂的债权债务链，其中某一链条断裂就可能危及金融体系的安全，影响经济的正常运行，对国民经济产生极大的破坏作用。因此，为了维护金融和经济体系的平稳高效运转，保障金融和经济体系的安全，国家需要根据一定的法规程序，对金融机构及金融市场业务活动进行监督、检查、稽核和协调。

本章小结

货币是伴随着商品经济的发展而产生的，是生产力发展到一定阶段，商品生产和商品交换产生的必然结果。货币是固定的充当一般等价物的特殊商品，它的价值形式经历了从简单或偶然的价值形式到扩大价值形式、一般价值形式和货币价值形式四个阶段。货币经历了四种表现形式：实物货币、金属货币、代用货币、信用货币。现今各国使用的都是信用货币。随着电子计算机和网络的飞速发展，电子货币在人们生活中也发挥着越来越重要的作用。货币具有五大职能，其中价值尺度和流通手段是最基本的职能，而贮藏手段和支付手段是在基本职能上派生出来的职能。能被各国普遍接受的信用货币就执行着世界货币的职能。从演变过程可以看出，货币制度大体经历了银本位制、金银复本位制（平行本位制、双本位制、跛行本位制）、金本位制（金币本位制、金块本位制、金汇兑本位制）、信用货币制度等类型。

从经济学角度理解，信用是指以还本付息为条件的价值单方面让渡或转移，表现为商品买卖中的延期支付和货币的借贷行为。现代信用的形式很多，可以按不同的标准对信用的形式进行分类。比如按信用的期限长短，可以把信用分为短期信用、中期信用和长期信用；按地域不同，信用可以分为国内信用和国际信用；按是否有信用中介参与，信用可以分为直接信用和间接信用；按信用参与主体的不同，可以把信用分为商业信用、银行信用、国家信用、消费信用、国际信用等。金融体系也叫金融系统，是指一国金融交易中的金融产品、金融机构、金融市场和金融制度等金融要素所构成的能够发挥资金融通等功能的有机整体。金融体系是社会经济系统的重要组成部分，社会经济的发展对金融体系提出了要求。

课后练习

一、名词解释

货币制度　商业信用　银行信用　消费信用　利率　金融

二、问答题

1. 货币制度经过了怎样的演变过程？
2. 信用有哪些形式？
3. 如何理解信用在现代经济中的作用？
4. 什么是金融体系？它由哪些部分组成？

案例分析

战俘营里的货币

　　第二次世界大战期间，在纳粹的战俘营中流通着一种特殊的商品货币：香烟。当时的红十字会设法向战俘营提供了各种人道主义物品，如食物、衣服、香烟等。由于数量有限，这些物品只能根据某种平均主义的原则在战俘之间进行分配，而无法顾及每个战俘的特定偏好。但是人与人之间的偏好显然是会有所不同的，有人喜欢巧克力，有人喜欢奶酪，还有人则可能更想得到一包香烟。因此这种分配显然是缺乏效率的，战俘们有进行交换的需要。但是即便在战俘营这样一个狭小的范围内，物物交换也显得非常不方便，因为它要求交易双方恰巧都想要对方的东西，也就是所谓的需求的双重巧合。为了使交换能够更加顺利地进行，需要有一种充当交易媒介的商品，即货币。那么，在战俘营中，究竟哪一种物品适合做交易媒介呢？香烟被选择来扮演这一角色。战俘们用香烟来进行计价和交易，如一根香肠值 10 根香烟，一件衬衣值 80 根香烟，替别人洗一件衣服则可以换到 2 根香烟。有了这样一种记账单位和交易媒介后，战俘之间的交换就方便多了。

　　分析：

1. 战俘营中为什么会产生货币？
2. 香烟在本案例中实现了哪些货币职能？

第九章

金融机构体系

第一节　金融机构的分类组成

一、银行与非银行金融机构

金融机构一般是指经营货币与信用业务，从事各种金融活动的组织机构。因为金融活动极其广泛，开展金融业务的机构众多，其性质和职能又各有不同，所以金融机构的分类也是多角度的。银行机构是古老、传统、典型的金融机构，所以把金融机构划分为银行和非银行金融机构两大类，是最普遍的划分方法。

（一）银行机构

银行是现代金融业的代表机构，也是现代金融机构体系中的主体。银行是商品货币经济发展的产物，是从货币经营业发展而来的，银行的演进经历了从货币经营业到早期银行再到现代银行的发展过程。

银行机构按职能可划分为中央银行、商业银行、专业银行。中央银行是代表国家制定和实施货币政策、实现金融宏观调控并代表政府从事国际金融活动的不以营利为目的的金融管理机构，是一国金融体系的核心机构；商业银行是以营利为目的，面向企事业单位和个人，以经营存放款和汇兑为主要业务的金融企业，是一国金融体系的主体机构；专业银行是专门经营某种特定范围的金融业务和提供专门性金融服务的银行机构，一般包括投资银行、储蓄银行、抵押银行、贴现银行、政策性银行等。

（二）非银行金融机构

非银行金融机构是指银行机构以外的其他经营金融业务的机构或组织。非银行金融机构以接受信用委托、提供保险服务、从事证券融资等不同于银行的多种业务形式进行融资活动，以适应市场经济多领域、多渠道融资的需要，并成为各国金融体系中重要的组成部分。非银行金融机构主要包括保险公司、证券公司、信用合作社、投资基金管理公司、信托公司、财务（金融）公司、租赁公司等。

二、存款类金融机构和非存款类金融机构

（一）存款类金融机构

存款类金融机构是指主要依靠吸收存款作为资金来源的金融机构，主要包括商业银行、信用合作社以及专业银行中的储蓄银行等。

（二）非存款类金融机构

非存款类金融机构是指以接受资金所有者根据契约规定缴纳的非存款性资金为主要来源的金融机构，主要包括保险公司、养老基金、信托公司以及专业银行中的投资银行等。

三、早期的银行发展

货币产生以后，因不同国家和不同地区所使用的货币种类不同，在交换商品中产生了货币的兑换问题，随后逐渐有一部分商人从普通商人中分离出来专门从事货币兑换业务。后来，这些货币兑换商又开始替商人保管货币，同时受商人的委托兼办货币的收付、结算和汇兑等中间业务，这样，简单的货币兑换就演变成货币经营业了。货币经营业是早期银行的前身。

货币经营业适应了商品交换的需要，业务不断扩大，货币经营者的手中也逐渐聚集起大量的货币，其中有一部分不需要立即支付，出现了暂时的闲置。于是，货币经营者就把这部分货币贷放出去以获得利息收入。同时，社会上也有越来越多的人把货币存放在货币经营者手中以获得利息。这种在货币经营业务基础上产生的存款、贷款、结业业务，使货币经营业转变成了早期的银行业。

历史上公认的第一家以"银行"名义命名的机构是成立于1580年意大利的威尼斯银行，后来扩展到欧洲其他国家，相继出现了米兰银行、阿姆斯特丹银行、汉堡银行及纽伦堡银行等。但早期银行是高利贷性质的银行，而不是现代意义上的银行。

随着资本主义生产关系的确立和资本主义商品经济的发展，高利贷性质的银行业已经不能适应资本扩张的需要，因为资本的本质是要获取尽可能高的利润，利息率必须低于平均利润率；同时，资本主义经济工业化的过程需要资金雄厚的现代银行作为其后盾，高利贷性质的银行遂成为资本主义经济发展的障碍。在这种背景条件下，高利贷性质的早期银行逐渐被能适应资本主义经济发展需要的现代银行所取代。世界上公认的第一家现代股份制银行是1694年在英国成立的英格兰银行，该行一开始就把向工商企业的贷款利率定为4.5%～6%，而当时的高利贷利率高达20%～30%，所以英格兰银行的成立标志着现代商业银行的诞生。从此以后，股份制银行在英国以及其他资本主义国家普遍建立起来。这些股份制银行资本雄厚、业务全面、利率较低，建立了较为规范的信用货币制度，极大地促进了工业革命的进

程，也逐渐成为现代金融业的主体。

现代银行之所以叫作商业银行，是因为其最初是经营短期商业资金的银行，但事实上现代银行早已突破了这一概念范畴，已经是全能的、综合的金融机构的代名词，而且在现代银行的发展过程中，逐渐形成了各种类型的银行机构，形成了较完善的银行体系，进而形成了以银行为主体的现代金融机构体系。

第二节　主要的金融机构

一、中央银行

（一）中央银行的性质

中央银行是在银行业发展过程中，为适应统一银行券、给政府提供资金、为普通银行实施信贷支持、统一全国的清算以及管理全国宏观金融业等多种客观需要，从商业银行中独立出来的一种银行。世界上公认的第一家中央银行是英格兰银行，它是由商业银行演变成中央银行的。

中央银行是一国金融机构的核心，处于特殊的地位，发挥特殊的作用。中央银行的基本性质可以表述为以下几点。

1. 发行的银行

中央银行垄断货币发行权，是全国唯一的货币发行机构，所以被称为发行的银行。中央银行因独占货币发行权，可以通过掌握货币的发行权，直接影响整个社会的信贷规模和货币供给总量，进而影响经济，实现中央银行对国民经济的控制和调节目标。

2. 银行的银行

中央银行不直接与工商企业和个人发生业务往来，只同商业银行及其他金融机构有业务关系。中央银行集中吸收商业银行的准备金，并对商业银行提供信贷，办理商业银行之间的清算，所以中央银行是银行的银行。

3. 政府的银行

中央银行通过金融业务为政府服务，如代理国家金库、向政府提供信用、代理政府债券、为政府管理宏观金融及调节宏观经济，所以中央银行是政府的银行。

（二）中央银行的职能

中央银行的职能是其性质的具体体现，也就是说，中央银行所具有的特殊金融机构的性质是通过它的各种职能体现出来的。中央银行具有金融调控职能和服务职能，同时还有金融监管职能。

1. 金融调控职能

中央银行作为国家最高的金融管理机关，其首要职能就是金融调控职能。这一职能是指中央银行运用特有的金融政策工具，对社会的货币信用活动进行调节和控制，进而影响国民经济的整体运行，实现既定的国家宏观经济目标。

2. 服务职能

服务职能是指中央银行以特殊银行的身份向政府、银行及其他金融机构提供各种金融服务。首先，中央银行要为政府提供金融服务，主要包括：代理国库，经办政府的财政预算收支划拨与清算业务；为政府代办国家债券的发行、销售及还本事宜；为政府提供融资，融资方式可以是无息或低息短期信贷或购买政府债券；作为政府的金融代理人，代为管理黄金、外汇储备等。此外，中央银行还代表政府从事国际金融活动，并充当政府的金融顾问和参谋。其次，中央银行还要为银行及其他金融机构提供金融服务，主要包括：保管各银行所交存的准备金；为全国各金融机构间办理票据交换和清算业务；对各金融机构办理短期的资金融通。

3. 金融监管职能

金融监管职能是指中央银行作为全国的金融行政管理机关，为了维护全国金融体系的稳定，防止金融混乱对社会经济的发展造成不良影响，而对商业银行和其他金融机构以及全国金融市场的设置、业务活动和经济情况进行检查、监督、指导、管理和控制。简单地说，就是中央银行通过其对商业银行以及其他金融机构的管理，对金融市场的管理，达到稳定金融和促进社会经济正常发展的目的。

（三）中央银行的类型

当今世界各国的中央银行，按其组织形式可分为单一式、复合式、跨国式以及准中央银行制四种类型。

1. 单一式的中央银行制

单一式的中央银行制是指国家单独建立中央银行机构，全面行使中央银行的职能。单一式的中央银行制又分为两种类型。一是一元式中央银行制，这是指全国只设一家统一的中央银行机构，由该机构全面行使中央银行职能并兼有金融监管的一种制度。这种制度一般采取总分行制，通常总行设在首都，按照行政或经济区划设立分支机构。目前，世界上大多数国家实行这种制度，如英国、法国、日本等，我国也实行这种中央银行制。二是二元式中央银行制，这是指中央银行体系由中央和地方两级相对独立的中央银行共同组成。中央级中央银行和地方级中央银行在货币政策方面是统一的，中央级的中央银行是最高权力管理机构和金融决策机构，地方级的中央银行虽然有其独立的权利，但其权利低于中央级的中央银行，并接受中央级中央银行的监督和指导。实行这种二元式中央银行制的主要是一些联邦政治体制的国家，如美国、德国等。

2. 复合式的中央银行制

复合式的中央银行制是指一个国家（或地区）没有专门设立行使中央银行职能的机构，而是由一家大银行既行使中央银行的职能，同时又经营商业银行的业务。这种中央银行制度往往与中央银行初级发展阶段和国家实行计划经济体制相适应，主要存在于苏联和东欧国家以及 1984 年以前的中国。

3. 跨国式的中央银行制

跨国式的中央银行制是指由参加某一货币联盟的所有成员国联合组成中央银行机构，在联盟各国内部统一行使中央银行职能的中央银行制度。这种中央银行在货币联盟成员国内发行共同的货币，制定统一的金融政策，以推进联盟内各成员国的经济发展和货币稳定。采用跨国式的中央银行制的宗旨是为了适应联盟内部经济的一体化，主要是一些疆域相邻、文化与民俗相近、国力相当的国家。以往主要有西非货币联盟的西非国家中央银行（1962 年设立）、中非货币联盟的中非国家中央银行（1973 年设立）、东加勒比货币区的东加勒比中央银行（1983 年设立）等，这些跨国中央银行都在欠发达国家和地区。但是欧洲经济货币联盟于 1998 年设立的欧洲中央银行打破了这一局面，第一次在发达国家之间建立了跨国的中央银行。

4. 准中央银行制

准中央银行制是指有些国家或地区不设中央银行机构，而是政府设置类似中央银行的货币管理机构或授权某个或某几个商业银行来行使部分中央银行职能的制度。采用准中央银行制的国家和地区很少，如新加坡、利比里亚及中国香港等。

二、商业银行

（一）商业银行的性质

商业银行的基本性质，也就是商业银行经营的商业性，可以从两个层次来理解：一是商业银行具有现代企业的基本特征，其经营目标和经营原则与一般企业相同，所以商业银行同样要追求经营利润的最大化，要坚持自主经营、自负盈亏、自担风险、自求发展的原则；二是商业银行是经营货币商品的特殊企业。一般企业经营的是普通商品，而商业银行经营的是金融资产和金融负债，是特殊商品，即货币和货币资金。

（二）商业银行的职能

由于商业银行业务的综合性、广泛性和它在金融体系中不可替代的主体地位，商业银行既有作为信用机构的共性职能，同时又具备其他金融机构所不具备的职能。

1. 信用中介职能

信用中介职能是商业银行最基本、最能反映其经营活动的职能。信用中介是指商业银行通过负债业务把社会上的各种闲散货币资金集中起来，再通过资产业务把货币资金投向社会各部门。商业银行作为中介人，起媒介作用，即作为货币资金的贷出者和借入者的中介人来实现货币资金的融通和资本的投资。

2. 支付中介职能

在办理存款业务的基础上，商业银行通过代理客户支付货款、费用以及兑付现金等，逐步成为企业、社会团体和个人的货币保管者、出纳者和支付代理人，通过存款在不同账户之间的转移，完成代理客户支付货款和偿还债务的业务，这就是商业银行的支付中介职能。

3. 信用创造职能

在信用中介职能和支付中介职能的基础上，商业银行又产生了信用创造职能。商业银行利用其所吸收的存款发放贷款，在支票流通和转账结算的基础上，贷款又转化为存款，在存款不提取现金或不完全提取现金的前提下，存款的反复贷放会在整个银行体系中形成数倍于最初存款（原始存款）的派生存款，即为信用创造。商业银行的信用创造职能有助于形成一个全社会信用货币供应的弹性的信用制度，从而有利于对经济的促进和调控。

4. 金融服务职能

这一职能是商业银行发展到现代银行阶段的产物。商业银行利用其联系面广、信息灵通快捷的优势，特别是借助于电子银行业务的发展，在传统的资产业务以外，不断开拓业务领域，广泛开办了一系列服务性业务，从而使商业银行具有了金融服务职能，如代收代付、咨询、资信调查、充当投资顾问等。不仅如此，商业银行还不断深化和拓展对个人的金融服务业务，个人不仅可以得到商业银行的融资服务，还可以得到咨询等中间服务。可见，金融服务职能在现代经济社会中已越来越成为商业银行的重要职能。

（三）商业银行的组织形式

从一般意义上讲，商业银行的组织形式主要有单一银行制、分支行制、控股公司制和跨国银行制等。

1. 单一银行制

单一银行制又叫单元制，是指银行业务只由各自独立的银行机构经营而不设立分支机构的银行制度。单一银行制的典型代表是美国。美国曾实行完全的单一银行制，不许银行跨州经营和设立分支机构，但随着经济的发展，地区经济联系加强，加上金融业竞争的加剧，对开设分支机构的限制已有所放松，美国已不完全实行单一银行制。

2. 分支行制

分支行制又叫总分行制，是指在总行之下，可在本地或外地设立若干分支机构的银行制度。这种银行的总行一般设在一国的首都或金融中心城市，在本国或国外的其他城市设立分支机构。分支行制更符合经济发展的客观要求，从而成为当代商业银行的主要组织形式。目前，世界各国一般采用这一银行制度，以英国、德国、日本等为典型代表。我国的商业银行绝大部分采取分支行制。

3. 控股公司制

控股公司制是指由某一集团成立股权公司，再由该公司控制或收购若干银行的组织形式。被收购的银行业务和经营决策统属于股权公司控制。正是因为控股公司回避了开设分支机构的限制问题，所以在美国得到了较好的发展。控股公司有两类，一是由非银行的大企业通过控制银行的大部分股权而组建起来的；二是大银行通过控制小银行的大部分股权而组建起来的。

4. 跨国银行制

跨国银行制又叫国际财团制，是指由不同国家的大型商业银行合资组建银行财团的一种商业银行组织形式。跨国银行制的商业银行经营国际资金存贷业务，开展大规模国际投资活动。目前，在经济全球化和跨国公司发展的背景下，跨国银行制这种组织形式也日渐增加。

三、政策性银行

（一）政策性银行的性质

政策性银行是政府创办的以扶持特定的经济部门或促进特定地区经济发展为主要任务、在特定的行业领域从事金融活动的专业银行。政策性银行属于政府金融机构，它贯彻政府意图，取得政府资金，具有政府机关的性质；同时，它又经营金融业务，以金融方式融通资金，具有金融企业的性质。政策性银行属于政府创办、参股或保证的具有独立法人地位的经营实体，既不同于中央银行，也不同于商业银行等金融机构。

（二）政策性银行的职能

1. 信用中介职能

政策性银行通过其负债业务吸收资金，再通过其资产业务把资金投入某一领域，从这一点来看，它与普通的金融机构一样，作为货币资金的贷出者和借入者充当了信用中介，实现了资金的融通。但政策性银行不具备普通银行的派生存款和信用创造职能，而具备特有的补充职能和选择职能。

2. 补充职能

补充职能是指在社会融资活动中，应以商业银行等金融机构为主，政策性银行不能替代其业务，而只是对其顾及不到的某些领域进行融资，发挥拾遗补阙的补充作用。

3. 选择职能

选择职能是指政策性银行对其融资的领域和部门必须有所选择，对那些依靠市场机制的作用可以得到合理资源的领域，政策性银行是不加以选择的，政策性银行要选择那些商业性金融机构不予或不愿选择却又对国民经济发展关系重大的领域和部门。

四、投资银行

投资银行是专门经营长期金融投资业务，即主要从事资本市场的证券承销、公司理财、收购与兼并、提供咨询、基金管理和风险资本管理等业务的专业银行。历史上，投资银行业务实际上是随着证券和股票的大规模发行产生于17世纪的。美国1933年《布拉格—斯蒂格尔法》颁布后，投资银行与商业银行分开，投资银行作为独立的金融机构获得了迅猛发展，现代意义上的投资银行开始出现。

五、保险公司

（一）保险公司的性质

保险是指投保人根据合同约定，向保险人支付保费，保险人对于合同约定的可能发生的事故的发生所造成的财产损失或人身伤亡承担赔偿责任，或当被保险人（受益人）达到合同约定的年龄、期限时按约定承担给付保险金责任的商业保险行为。作为社会经济制度，保险是一种经济补偿制度；而作为一种法律行为，保险活动是通过保险合同来实现的。保险是一种特殊的融资方式，它具有经济补偿性、社会互助性和法律保障性。

（二）保险公司的种类

保险公司是指依照保险法的规定专门经营各种保险业务的机构。保险业务种类较为复杂，按保险标的的不同可以分为财产保险和人寿保险两大类，由此保险公司也分为财产保险公司和人寿保险公司。

1. 财产保险公司

财产保险公司是主要为投保人提供财产意外损失保险的保险机构，主要经营财产损失保险、责任保险和信用保险。

2. 人寿保险公司

人寿保险公司是主要针对投保人寿命或健康状况预期而提供健康保险、伤残保险的保险公司，其主要业务有人寿保险、健康保险、人身意外伤害险等。

六、证券公司

证券公司是指依照证券法的规定，经国家主管机关批准设立的专门从事证券经营业务的机构。证券公司分为经纪类证券公司和综合类证券公司。前者只能从事证券的代理买卖、代理证券的还本付息与分红、证券代保管与签证、代理登记开户等业务；后者除可以开展以上业务外，还可以从事证券的自营买卖、证券的承销、证券投资咨询和顾问、受托投资管理等业务。

七、信用合作社

信用合作社是由个人集资联合组建的、以互助为主要宗旨的合作金融组织。信用合作社作为群众性互助合作金融组织，分为农村信用合作社和城市信用合作社。信用合作社一般规模不大，其资金主要来源于合作社成员所缴纳的股金和吸收的存款，其贷款主要以信用合作社的成员为对象。最初信用合作社主要发放短期生产贷款和消费贷款，目前一些较大的信用合作社也为解决生产设备更新、技术改造等问题提供中长期贷款，并逐步采取了以不动产或有价证券为担保的抵押贷款方式。

第三节　我国的金融机构体系

一、我国金融机构体系的发展

中华人民共和国成立之初，在完成生产资料社会主义改造以后，我国照搬苏联模式建立了高度集中的计划经济体制。与此相适应，金融机构也按照当时苏联的银行模式进行了改造，撤销、合并了除中国人民银行以外的其他金融机构，建立了一个高度集中的国家银行体系，即后来称为"大一统"的银行体系。

中国人民银行是全国唯一的一家银行，既是金融行政管理机关，又是具体经营银行业务的经济实体，它的分支机构按行政区划设于全国各地。与此同时，实行高度集中的信贷管理体制，信贷资金统收统支，集中管理。它适应了计划经济管理的要求，尤其在第一个五年计划期间和20世纪60年代初的三年经济调整期间，发挥了应有的作用。但是这种金融体系缺乏活力，其弊端随着经济体制的转变而暴露无遗。所以，党的十一届三中全会以后，为适应我国经济体制改革的需要，我国对"大一统"的银行体系进行了大规模的改革。

我国对金融机构体系的改革大致分为三个阶段。一是恢复和设立各银行机构。1979年2月，我国恢复中国农业银行，专营农村金融业务，同年从中国人民银行中分设出专营外汇业务的中国银行，中国人民建设银行（现中国建设银行）也从财政部分设出来。1984年，组建中国工商银行，专营全部工商信贷业务和城镇储蓄业务。1986年，重新组建交通银行。二是增设非银行金融机构。1979年10月，我国成立中国国际信托投资公司；1981年2月，成立中国投资银行；1982年，中国人民保险公司从中国人民银行中独立出来；1984年以后，全国各大中城市相继成立城市信用社，还恢复了集体所有制性质的农村信用社。1990年和1991年，上海证券交易所和深圳证券交易所相继建立之后，证券机构和基金组织不断增加。三是中国人民银行成为中央银行。1983年9月，国务院决定中国人民银行正式行使中央银行的职能，脱离具体的银行业务，成为独立的国家金融管理机关。这一改革是我国金融机构体系的重大变革，标志着以中央银行为领导、多种银行和非银行金融机构并存的多元化金融体系开始建立并逐步发展起来。

从1994年开始，为适应社会主义市场经济发展的需要，我国对金融机构体系进行了深化改革，一是强化了中央银行的宏观调控职能，加强了货币政策的独立性；二是建立政策性银行，使政策性金融与商业性金融相分离，保证了国家专业银行实现完全的商业化经营，完成其向国有商业银行的转轨；三是进一步发展以保险业为代表的非银行金融机构，同时从1996年起对外资银行有限地开放人民币业务，外资银行开始成为我国金融机构体系的组成部分。

为进一步适应我国金融业日益国际化、全球化的需要，尽快实现真正意义上的国际接轨，在建立现代金融机构体系基本框架的基础上，我国于2004年和2005年对金融机构体系中的主导机构——国有独资商业银行进行了全面的股份制改革，到 2007 年，完成了中国建设银行、中国银行、中国工商银行三家国有银行的股份制改造和上市工作，到 2009 年完成了中国农业银行的股份制改造，并于 2010 年完成了 A 股+H 股两地上市，这标志着我国的金融机构体系不仅从形式上，而且从实质内容上向现代金融体系迈出了一大步。同时，我国中央银行的货币政策宏观调控能力不断加强，银保监会、证监会等行业监管机构和监管行为不断规范，中央银行在金融体系中的核心领导地位得以不断加强，从而使我国的金融机构体系在各方面得到了真正意义上的发展与完善。

二、我国的金融机构体系

（一）中国人民银行

中国人民银行是我国的中央银行，是我国金融机构体系的核心。《中华人民共和国中国人民银行法（修正案）》明确界定，中国人民银行是中华人民共和国的中央银行；中国人民银行在国务院领导下，制定和执行货币政策，防范和化解金融风险，维护金融稳定。

（二）银行类金融机构

1. 国有股份制商业银行

国有股份制商业银行是我国金融机构体系的主体，目前中国工商银行、中国建设银行、中国银行三家均已完成股份制改革并实现上市。2009 年 1 月 16 日，中国农业银行股份公司也在北京正式挂牌。无论在人员总数、机构网点数量，还是在资产规模及市场占有份额上，四家国有股份制商业银行都在我国整个金融领域中占据绝对的优势地位。

2. 股份制商业银行

股份制商业银行分为全国性和地方性两种。全国性的股份制商业银行在全国设立分支机构并开展经营业务，如交通银行、中国光大银行、招商银行、中国民生银行、兴业银行等。中国邮政储蓄银行于 2012 年 1 月依法整体变更为中国邮政储蓄银行股份有限公司，成为全国性股份制商业银行。地方性的股份制商业银行是指在一定区域范围内经营金融业务的商业银行，如以城市命名的商业银行、城市住房储蓄银行等。《中华人民共和国商业银行法》（简称《商业银行法》）规定，设立全国性商业银行的注册资本最低限额为 10 亿元人民币，设立地方性城市商业银行的注册资本最低限额为 1 亿元人民币。地方性股份制商业银行因经营规模扩大，超出了经营地域的界限可转为全国性的股份制商业银行，如上海浦东发展银行、平安银行等。股份制商业银行尽管在规模、数量和人员总数上远不能与国有商业银行相比，但其资本、资产及利润的增长速度较快，呈现出较强的经营活力，已成为我国银行体系中重要力量。按照《商业银行法》的规定，我国商业银行可经营下列部分或者全部业务：吸收公众存款；发放短期、中期和长期贷款；办理国内外结算；办理票据承兑与贴现；发行金融债券；代理发行、代理兑付、承销政府债券；买卖政府债券、金融债券；从事同业拆借；买卖、代理买卖外汇；从事银行卡业务；提供信用证服务及担保；代理收付款项及代理保险业务；提供保管箱服务；经国务院银行业监管委员会批准的其他业务。

3. 信用合作社

信用合作社是我国金融机构体系的重要补充。随着金融体制的改革以及商业银行的股份制改造，我国众多信用合作社逐渐推进产权制度和管理制度改革，符合条件的农村信用合作社改组为农村商业银行，符合条件的城市信用合作社改组为城市商业银行，并逐步建立全面的风险管理体系和符合现代金融企业要求的经营管理机制。

4. 政策性银行

1994 年，本着政策性金融和商业性金融相分离的原则，我国设立了三家政策性银行，即中国农业发展银行、中国进出口银行和国家开发银行。中国农业发展银行的主要任务是：以国家信用为基础，筹集农业政策性信贷资金，承担国家规定的农业政策性金融业务，代理财政性支农资金的拨付，为农业和农村经济发展服务。中国进出口银行的主要任务是：执行国家产业政策和外贸政策，为扩大机电产品和成套设备等资本性货物出口提供政策性金融支持；以办理出口买方和卖方信贷业务为主，同时开办信用保险及信贷担保业务。国家开发银行于 2008 年整体改制为国家开发银行股份有限公司，改制后国家开发银行的主要任务是贯彻国家宏观经济政策，筹集和引导社会资金，缓解经济社会发展的瓶颈制约和薄弱环节，致力于以融资推动市场建设和规划先行，支持国家基础设施、基础产业、支柱产业以及战略新兴产业等领域的发展和国家重点项目建设，促进区域协调发展和城镇化建设，支持中小企业、"三农"教育、中低收入家庭住房、医疗卫生以及环境保护等领域发展，支持国家"走出去"战略，积极拓展国际合作业务。

（三）非银行类金融机构

1. 保险公司

改革开放以来，我国的保险业得到了迅速发展，机构数量和保费收入不断增长。按照《中华人民共和国保险法》的规定，保险公司的业务范围有两大项：一是从事财产保险业务，包括财产损失保险、责任保险、信用保险等；二是从事人身保险业务，包括人寿保险、健康保险、意外伤害保险等。同时规定，同一保险公司不得兼营财产保险业务和人身保险业务，但是经营财产保险的保险公司经保险监管机构核定，可以经营短期健康保险业务和意外伤害保险业务。

2. 证券公司

随着我国国有企业股份制改造及上市公司的不断增加，我国的证券公司也得到了发展。按照《中华人民共和国证券法》的规定，经国务院证券监督管理机构的批准，取得经营证券业务许可证，证券公司可以经营下列部分或者全部证券业务：证券经纪；证券投资咨询；与证券交易、证券投资活动有关的财务顾问；证券承销与保荐；证券融资融券；证券做市交易；证券自营；其他证券业务。此外，我国还存在着大量的信托公司、投资基金管理公司、财务公司、金融租赁公司以及金融资产管理公司等非银行类金融机构。

3. 外资金融机构

随着改革开放的不断深入，在我国境内的外资金融机构数量及业务不断增加，现已成为我国金融机构体系的重要组成部分。目前，在我国境内的外资金融机构主要分为两大类：一类是外资金融机构在中国的代表处，主要进行工作洽谈、联络、咨询、服务等，不从事直接营利的业务活动；另一类是外资金融机构在中国设立的营业性分支机构，包括独资银行、外国银行分行、合资银行、外资非银行金融机构等。

本章小结

金融机构体系是指金融机构的组成及其相互联系的统一整体。在市场经济条件下，各国金融体系大多数是以中央银行为核心来进行组织管理的，因而形成了以中央银行为核心、商业银行为主体、各类银行和非银行金融机构并存的金融机构体系。在中国，就形成了以中央银行（中国人民银行）为领导，国有商业银行为主体，城市信用合作社、农村信用合作社等吸收公众存款的金融机构以及政策性银行等银行业金融机构，金融资产管理公司、信托投资公司、财务公司、金融租赁公司以及经国务院银行业监督管理机构批准设立的其他金融机构，外资金融机构并存和分工协作的金融机构体系。

课后练习

一、名词解释

中央银行　商业银行　政策性银行　国家开发银行

二、问答题

1. 金融机构是如何分类的？
2. 金融机构体系中主要有哪些机构？它们分别具有怎样的性质和职能？
3. 我国现行的金融机构体系是怎样形成的？目前包括哪些机构？

案例分析

我国国有商业银行的股份制改造

改革背景：国有商业银行股份制改革是我国整个金融体系和经济体制改革的一大中心问题，是从根本上建立我国现代金融体系的关键所在，因为我国虽然在20世纪90年代构建起了现代金融体系的机构框架，但其中占主导地位的国有商业银行却由于其落后的管理机制和服务水平而完全不能适应市场经济发展和与国际接轨的要求，银行资源配置效率低下以及所蕴藏的巨大风险已成为我国整个金融业乃至国民经济发展的"软肋"和"瓶颈"，现代金融体系存在巨大的"空洞"。

针对这种情况，在"十五"期间，关于国有商业银行改革，中央政府提出拟用5年或者更长时间，把四大国有商业银行改造成"治理结构完善、运行机制健全、经营目标明确、财务状况良好、具有较强国际竞争力的大型现代商业银行"。改革的具体步骤分为三步，即商业化经营、股份公司化和上市。这表明，我国国有商业银行历经 20 多年的渐进式改革，终于迈入了质变的改革阶段，改革目标直指"资本充足、内控严密、运营安全、服务和效益良好、具有国际竞争力的现代化股份制商业银行"。

改革过程：首先，中国银行和中国建设银行作为股份制改革的试点，接受了中央汇金公司注入的 450 亿美元外汇资金，同时对外汇注资进行了封闭式、专业化管理，用准备金、未分配利润、当年净收入以及原有资本金等财务资源核销损失类贷款，累计核销 1 993 亿元，将可疑类贷款向 4 家资产管理公司招标拍卖，累计划转 2 787 亿元，另启动次级债券的发行，两试点银行共发行 260 亿元和 233 亿元次级债，完成了主要财务重组工作。到 2004 年年末，中国银行和中国建设银行的不良贷款比率已分别下降为 5.09% 和 3.70%，资本充足率分别为 8.62% 和 11.95%，上述指标在短短的一年时间内就已接近国际先进银行的水平。在 2004 年和 2005 年的两年时间里，中国银行和中国建设银行均根据国际通行惯例完成了公司治理法律文件的制定和"三会"等组织机构的设立工作，股份公司框架下的银行治理机制开始发挥作用。2005 年，中国建设银行在中国香港成功上市，成为四大国有商业银行中首家挂牌香港联合交易所的银行。此后，2006 年 6 月 1 日和 7 月 5 日中国银行 H 股和 A 股分别在香港联合交易所和上海证券交易所上市，2006 年 10 月 27 日中国工商银行 A 股和 H 股同时在上海证券交易所和香港联合交易所上市，2007 年 9 月 25 日中国建设银行 A 股上市。中国农业银行于 2010 年 7 月 15 日和 16 日正式在上海证券交易所和香港联合交易所上市。

中国国有商业银行的股份制改革使银行业的整体实力得到了加强，有效地提升了我国商业银行的国际竞争力，国际评级机构因此纷纷调高了对我国国有商业银行的评级。这表明，国有商业银行作为我国现代金融体系的重头戏，它的改革和完善必将促进我国金融机构体系整体现代化水平的提高，从而使我国真正建立起一个与国际接轨的，满足市场经济深层次发展需要的现代金融机构体系。

分析： 如何评价国有商业银行的作用？

第十章

金融基本业务

第一节　贷款业务

一、贷款种类

银行贷款可按不同的标准进行分类，具体如表 10-1 所示。

表 10-1　银行贷款分类

分类标志	贷款类别
按货币种类划分	人民币贷款和外汇贷款
按信用支付方式划分	贷款、承兑、保函、信用证、承诺等
控贷款期限划分	透支、短期贷款、中期贷款和长期贷款等
按贷款用途划分	固定资产贷款和流动资金贷款
按贷款主体的经营特性划分	生产企业贷款、流通企业贷款和房地产企业贷款
按贷款经营模式划分	自营贷款、委托贷款、特定贷款和银团贷款
按贷款偿还方式划分	一次还清贷款和分期偿还贷款
按贷款利率划分	固定利率贷款和浮动利率贷款
按贷款保障方式划分	信用贷款、担保贷款和票据贴现
按贷款风险程序划分	正常贷款、关注贷款、次级贷款、可疑贷款和损失贷款

二、贷款方式

所谓贷款方式，是指金融机构对借款人合理的资金需要，根据什么条件或采用什么方式进行供应。

（一）信用贷款

信用贷款，又称"无抵押贷款""无担保贷款"，是指凭借款人的信用，诸如借款人的品德和财务情况、预期收益及过去的偿债记录等，而无须提供抵押物或担保的一种贷款。这种贷款通常向信誉卓著的工商企业以及与银行关系密切的借款人提供。

信用贷款的优点是简捷、方便，只需双方签订合同，免除了抵押品估价、保管等手续。其明显的弊端是还贷没有保障。一旦借款人不讲信用或确实无力偿还借款，银行的债权将难以实现。

（二）担保贷款

担保贷款是指由借款人向银行提供能保证还款的第三人或抵押品作为还款保证的一种贷款方式。以担保方式发放贷款，银行债权的实现有可靠的保障。当借款人不归还借款时，贷款人可以从保证人处或者通过依法处分抵押物、质押物得到补偿。与信用贷款相比，担保贷款具有明显的优势，是目前我国银行发放贷款的主要方式。

按担保方式的不同，担保贷款又可以分为保证贷款、抵押贷款、质押贷款三种方式。按担保设定的基础和担保履行方式，保证贷款属于人的担保，抵押贷款和质押贷款则属于物的担保。

1. 保证贷款

保证贷款是指由借款人向贷款人提供经贷款人认可的第三人作为还款的担保，当借款人没有践约归还借款的本息时，由保证人承担清偿责任的担保贷款。在这里，作为第三人的保证人并不一定以实际资产设定抵押保证，而是以其信誉和不特定资产为借款人提供担保，只是在借款人不履行还款责任时，负责代为偿还其借款的本息，对借款人的违约行为承担连带责任。

2. 抵押贷款

抵押贷款是指由借款人或者第三人向贷款人提供一定的财产作为借款人还款的担保。当借款人未能践约归还借款本息时，贷款人有权依法处分该财产并优先从其价款中受偿。抵押贷款操作的要点是抵押品的选择及估价和抵押率的设定。有抵押品的贷款，未必能确保贷款如期足额偿还，但它对还款终究提供了一定的保证，特别是当借款人破产清算时，银行可享有优先的受偿权，大大降低了银行贷款的风险。

3. 质押贷款

质押贷款实际上也属于抵押贷款，同一般抵押贷款的不同之处在于贷款人对抵押物占有、保管的方式不同。发放抵押贷款时，提供抵押物的抵押人并不转移对该财物的占有、保管；而发放质押贷款时，质物要转移给贷款人占有、保管，并由贷款人承担相应的保管责任。办理抵押贷款提供的抵押品，一般是不动产、机器设备、交通运输工具等；而办理质押贷款的质物可以是动产，也可以是某种权利，前者称作动产质押，后者称作权利质押。动产质押的质物通常是易售和易保管的商品物资，在办理质押时，可以将质物作法定的移交，也可以不作实物交付，只需交付储放货物的仓库钥匙或可转让的储存单。权利质押的质物主要是有价证券（股票、债券、票据、存款单、提单等）和代表无形资产的权利证书（如商标专用权证书、专利权证书、著作权证书等)。

三、信用分析

为确保贷款的安全，银行应重视对借款人的信用分析。所谓信用分析，是对借款人信用的评估与审查。这种分析通常是从以下两方面着手的，一是分析贷款人过去的情况，了解其过去的还款记录是否令人满意；二是对借款人将来的信用状况进行预测。西方商业银行在长期的实践中逐渐形成了一整套信用分析的方法，这套方法就是通常所说的"6C"原则。

（一）品德

品德（character）是指借款人是否具有到期及时偿还银行贷款的主观愿望。对此，银行主要通过借款人以往的偿债记录来加以判断。银行如果发放消费贷款，"品德"的考察则直接围绕消费者个人进行；如果对企业发放贷款，考察的对象则为企业的主要负责人。

（二）才干

才干（capacity）又称能力，是指个人或企业负责人的工作经验、决策能力、业务素质等。如果借款人在这几个方面状况良好，将来还款的能力有可能较强；反之，极易导致经营失败，给贷款增加风险。

（三）资本

资本（capital）指借款人自有资金的数量，这是衡量借款人经济实力是否雄厚的一个重要方面。

（四）担保品

担保品（collateral）指借款人应提供一定的财物，作为偿债的物质保证，以减少或分散银行贷款的风险。银行要根据担保品的状况，确定该财产或物品是否适合充当抵押品或质押品，计算贷款与担保品实际价值的比率。

（五）经营环境

经营环境（condition）是指借款人所在地区或行业的经济发展状况。此外，同业竞争、劳资关系、政局变化等宏观因素也是应该考虑的内容。

（六）事业的连续性

事业的连续性（continuity）是指对借款企业持续经营前景的审查。一个有发展后劲、前景看好的企业，其偿债能力一般是不用担心的。如果是相反的情况，银行贷出的资金就有收不回来的风险。

四、贷款定价

（一）贷款价格的构成

贷款价格不仅仅是贷款的利率。实际上，银行贷款价格除贷款利率外，还包括贷款承诺费、补偿余额和隐含价格等。

1. 贷款利率

贷款利率是贷款价格的主要构成部分。贷款利率乘以贷款本金就是借款人支付给银行的贷款利息。贷款利率有不同的形式，具体使用哪种形式要根据借贷双方的协议来确定。银行贷款利率一般有一个基本水平，它由社会平均利润率、银行业平均利润率、资金供求状况、同业竞争环境、中央银行公布的基准利率等因素决定。

2. 贷款承诺费

贷款承诺费是指银行对其已经承诺贷给客户，而客户在承诺期内未使用的那部分资金所收取的费用。贷款承诺费通常用于循环信贷，有时也用于定期贷款和短期贷款。

3. 补偿余额

补偿余额通常是贷款协议的一个组成部分，是指借款人应银行的要求，在银行账户上保留的一定数量的活期存款或低利率的定期存款。银行之所以要求补偿余额，是因为它希望借款人是银行资产负债表双边的客户，即既是借款者又是存款者。银行不愿意借款人将所得的贷款简单地再存入另外一家存款机构，造成本行的存款流失，从而削弱自己扩大业务活动的基础。补偿余额的附加条件降低了借款人实际可用的贷款额，银行在事实上获得了隐含的利息，增加了收益。

4. 隐含价格

为了降低银行的信贷风险，银行对借款人可能影响贷款安全的活动进行种种限制，比如主营业务不得改变、再融资不得超过一定的数额、企业的领导班子必须保持稳定。这些内容尽管不会直接给银行带来货币收入，也不影响借款人的实际成本，但这些内容实际上也构成了银行贷款价格的一部分。

（二）影响贷款定价的主要因素

1. 客户信用

一般商品交易不仅转移商品的使用权，还转移商品的所有权。但贷款业务不同，银行仅让渡资金的使用权。银行尽管可以通过收取利息等方式，获取一定的回报，但却面临损失本金的风险。与本金的损失相比，利息补偿仅仅是很小的一部分。因而，贷款损失对商业银行的影响是巨大的。防范贷款业务风险的关键在于准确掌握客户的信用。因此，客户信用是贷款定价要考虑的最基本因素。

2. 资金成本

银行向客户提供的资金，无论是来源于资金市场还是社会公众存款，都要支付利息，同时还需支付银行业务人员开支和管理费用等，这些费用共同构成了资金成本，贷款定价必须要考虑贷款收入能够补偿相应的资金成本。

3. 盈利目标

盈利是商业银行经营的基本目标之一。在保证贷款安全和市场竞争力的前提下，追求盈利最大化，是无可非议的。故盈利目标应当是贷款定价的重要因素。

4. 贷款期限

一般而言，贷款期限越长，银行的机会成本越大，而且利率走势、借款人财务状况等不确定因素越多，贷款产品价格也越高。

5. 市场竞争

根据市场竞争态势，银行应比较同业的贷款价格水平，并将其作为本行贷款定价的参考因素。

（三）贷款定价的主要方法

商业银行贷款定价的具体方法主要有以下三种。

1. 成本加成法

成本加成法即贷款的利率等于在所有贷款成本的基础上，加上一定比率的目标利润，公式为：

贷款利率＝可贷资金成本＋银行经营成本＋违约风险的补偿费用（违约成本）＋目标利润

例如，一笔贷款金额为 10 万元，为此吸收的存款利率为 3%，银行发放并管理这笔贷款所需的经营成本为 1%，该贷款预期违约的补偿费为 2%，银行的目标利润率是 5%，最终该笔贷款的利率应该是 11%（即 3%＋1%＋2%＋5%）。

2. 基准利率加成法

基准利率加成法即以某种基准利率为基础，根据借款人的信用等级、风险程度等，加上一定的点数或乘以一定的系数，从而得到的贷款利率。按照目前业内普遍做法，基准利率一般会选择"优惠利率"，对信用等级最好的客户，发放的短期流动资金贷款利率为最低利率。

基准利率加成法公式为：

$$贷款利率＝优惠利率＋风险加成点数$$

或

$$贷款利率＝优惠利率×（1＋风险加成系数）$$

风险加成，又称风险贴水，业内没有统一的标准。通常采用的客户风险等级及风险贴水点数如表 10-2 所示。

表 10-2　风险贴水点数表

风险等级	风险贴水点数/%
没有风险	0
风险小	0.25
标准风险	0.5
特别注意	1.5
低于标准	2.5
可疑的	5

例如，市场优惠利率为 10%，某客户风险等级为"标准风险"。那么对该客户执行的贷款利率为 10.5%（即优惠利率 10%+风险贴水 0.5%）。

3. 客户盈利性分析法

该方法的初衷认为贷款定价实际上是客户关系整体价值的一个重要变量，银行在给每笔贷款定价时，应综合考虑银行在与客户全面业务关系中所付出的成本与获取的收益。例如，某客户在银行经常保持较大的存款余额，而且大部分的结算业务也在该银行操作，那么银行根据该方法，可以为该客户确定一个富有竞争力的优惠的贷款利率。

这种方法考虑了银行与客户的整体关系，从维系和增进银行与客户的关系的角度，去寻找最优的贷款价格，体现了现代商业银行"以客户为中心"的经营理念。但是，这种方法的应用必须有银行强大的业务管理、财务信息系统和精确的内部成本核算为支撑。

五、贷款管理

贷款是商业银行传统的核心业务，也是商业银行最主要的营利资产。积极开拓贷款业务，历来是商业银行实现利润最大化目标的重要手段。但是，贷款又是一种风险较大的资产，因此贷款管理成为商业银行经营管理的重点之一。

（一）贷款业务流程

我国各商业银行的信贷管理，一般实行集中授权管理（自上而下分配放贷权力）、统一授信管理（控制融资总量及不同行业、不同企业的融资额度）、审贷分离、分级审批和贷款管理责任制相结合的贷款管理制度，以切实防范、控制和化解贷款业务风险。

在此框架下，贷款业务流程如图 10-1 所示。

贷款申请 贷款调查 贷款审批 贷款发放 贷款管理

图 10-1 贷款业务流程

（二）贷款风险的分类

贷款风险的分类是银行信贷管理的重要组成部分。所谓贷款风险的分类，是指对贷款质量进行评估，并按照风险程度将贷款划分为不同档次的过程。从 1999 年开始，我国借鉴国际上通行的贷款风险分类的方法，即按照风险程度，将贷款划分为五类，即正常、关注、次级、可疑、损失。通过分类，可以达到以下目的：揭示贷款的实际价值和风险程度，真实、全面、动态地反映贷款的质量；发现贷款发放、管理、监控、催收以及不良贷款管理中存在的问题，加强信贷管理；为判断呆账准备金（包括普通准备金、专项准备金和特别准备金）是否充足提供依据。以下为贷款五级分类及判别的标准。

1. 正常贷款

借款人一直能正常还本付息，银行对借款人最终偿还贷款有充分把握；借款人各个方面情况正常，不存在任何影响贷款本息及时、足额偿还的消极因素；银行没有任何理由怀疑贷款会遭受损失。

2. 关注贷款

借款人偿还贷款本息没有问题，但存在潜在的缺陷，该缺陷若继续存在将会影响贷款的偿还。换言之，尽管借款人目前有能力偿还贷款的本息，但是存在一些可能对偿还产生不利影响的因素。

3. 次级贷款

借款人的还款能力出现了明显的问题，依靠其正常经营收入已无法保证能足额偿还本息，需要通过出售、变卖资产或对外融资，乃至执行抵押或担保来偿还贷款。

4. 可疑贷款

贷款已经肯定要发生一定的损失，即使执行抵押或担保，也于事无补。只是因为存在借款人重组、兼并、合并、抵押物处理和未决诉讼等待定因素，损失金额目前还不能确定。

5. 损失贷款

在采取所有可能的措施和一切必要的法律程序之后，本息仍然无法收回，或只能收回极少部分。换言之，贷款会大部分或全部发生损失。

第一、二类贷款，均属正常贷款；而第三、四、五类贷款，则合称为不良贷款。应当指出，贷款的内在风险和损失程度不同，还款可能性也就不同。因此，贷款风险分类的核心标准是还款的可能性。

（三）不良贷款的处理

对已经出现风险信号的不良贷款，银行应采取措施，尽可能控制风险的扩大，减少风险的损失。对不良贷款通常采取的控制与处理措施有以下几点。

（1）督促企业整改，积极催收到期贷款。

（2）签订贷款处理协议，借贷双方共同努力，保证贷款的安全。其中主要的措施有：贷款展期、追加新担保、对借款人经营活动做出某些限制性规定、银行直接参与企业经营管理等。

（3）对改制或重组的企业，落实贷款的债权债务，防止借款人借改制逃脱银行的债务。

（4）提起诉讼，依靠法律武器追偿贷款。

（5）对经过努力最终仍无法收回的贷款，列入呆账，依照有关规定由呆账准备金核销。

第二节　结算业务

一、结算概述

所谓结算，是指在商品交易、劳务供应和资金转移等方面发生的，涉及货币收付和债权债务清算的经济行为。

结算按其使用的手段不同，分为现金结算和转账结算即非现金结算两种。现金结算通过支付现金直接了结债权债务关系。转账结算则不使用现金，而采用信用工具，通过银行划拨资金来了结债权债务关系。转账结算对银行而言，是代客户清偿债权债务、收付款项的一项传统业务，而且是一项业务量大、收益稳定且风险小的中间业务。

发展转账结算业务，提高其在整个结算中所占的比重，对于国民经济发展有重要意义。开展转账结算应遵循以下几项原则。

（一）"恪守信用，履约付款"原则

所谓"恪守信用，履约付款"，就是各单位之间因商品交易、劳务供应而发生的货币收付，除当即钱货两清的部分外，对事先约定的预收、预付贷款和赊销商品的货款必须到期结清，不得无故拖欠，保障双方的正当权益不受损害。如果交易双方可以随意不执行合同或协议，比如购货方随便找个理由拒付货款或销货方随意不按合同发货，正常的流通秩序和信用关系就要遭到破坏，这对经济建设极为不利。

办理结算业务的银行，对购销双方来说，是第三者，处于超脱地位。无论是售货方的开户银行还是购货方的开户银行，都要站在社会整体利益的立场，发挥监督作用，维护购销双方的正当权益。如合同或协议规定不具体，引起纠纷，则应由购销双方协商解决，或由仲裁机构调解或仲裁，银行不应包揽这类纠纷的调解工作，以免陷入没完没了的纠纷之中。

（二）"谁的钱进谁的账，由谁支配"的原则

所谓"谁的钱进谁的账，由谁支配"，就是指不论政府、企业、单位和个人的存款，都应及时入账，并保证其对归自己所有的存款有自行支配的权利。坚持这条原则，意味着任何部门或单位都无权超越法律的规定，要求银行查询、截留、挪用甚至冻结各项存款；同样，银行也无权随意停止企业、单位和个人对存款的正常支付。

（三）"银行不予垫款"的原则

所谓"银行不予垫款"，就是指银行办理结算只负责把资金从付款单位账户转入收款单位账户，但不承担垫付款项的责任，这可以防止银行资金被有关单位盲目占用，增加银行的风险。为保证该原则贯彻执行，必须坚持"先付后收，收妥抵用"的做法，即各单位委托银行代收的款项，在银行未收妥之前不能支用；各单位委托银行付款，必须事先筹足资金，在不超过自己存款余额或批准的贷款额度内，签发支付凭证，不得开立空头支票或远期支票。

二、国内结算

（一）银行汇票

银行汇票，是汇款人将款项交存当地银行，由银行签发给汇款人持往异地办理结算或支取现金的票据。银行汇票主要用于异地企业之间各种款项的结算，特别适用于企业先收款后发货或钱货两清的经济交易。

银行汇票适用范围广泛，其优点是：票随人到，有利于单位和个人款项的及时支付；使用灵活，持票人既可以将汇票转让给售货单位，也可以通过银行办理分次支付或转汇；兑现性较强，个体经济户和个人可以持填明"现金"字样的汇票到兑付银行取现，避免长途携带现金；凭汇票购货，余款自动退回，做到钱货两清，防止不合理的预付款和交易尾欠的发生；由银行保证支付，信用度高，收款人能迅速获得款项。

（二）商业汇票

商业汇票是由汇款人或付款人（或承兑申请人）签发，由承兑人承兑，并于到期日向收款人或被背书人支付款项的票据。

商业汇票在异地和同城都可以使用，适用于企业单位先发货后收款或约定延期付款的商品交易。其优点是：经过承兑人承诺，承兑人（即付款人）负有到期无条件支付票款的义务，从而使汇票有较强的信用；双方根据需要可以商定不超过9个月的承兑期限，在购货单位资金暂时不足的情况下，仍可以凭承兑的汇票销售或购买商品；销货单位需要资金时，也可持承兑的汇票向银行申请贴现，以及时补充流动资金；商业汇票允许背书转让，作为"准货币"用于商品交易，便利了商品流通。

（三）银行本票

银行本票是申请人将款项交存银行，由银行签发给申请人，据以办理转账或支取现金的票据。

银行本票在指定城市的同城范围内使用，单位、个体经济户和个人的商品交易以及其他款项的结算都可以使用银行本票。银行本票的特点是：由银行签发，保证兑付，信誉很高，并允许背书转让；用银行本票购买商品，购货方可以凭票提货；债权、债务双方可以凭票清偿债务；收款人将银行本票交存银行，银行即可为其入账，不像支票收妥后才能用款；个体经济户和个人需要支取现金，可凭具有"现金"字样的银行本票随时到银行兑付现金。

（四）支票

支票是银行的活期存款户签发给收款人办理结算或委托开户银行将款项支付给收款人的票据。

支票在同一城市或一定的区域范围内可以用于商品交易、清偿债务等款项的结算。使用支票，手续简便、灵活；在指定的城市，支票还可以背书转让，便于商品交易和款项结算；收款人将支票交存银行，一般当天或次日即可入账用款。

（五）汇兑

汇兑是汇款人委托银行将款项汇给异地收款人的结算方式，是银行的一项传统业务。汇兑按汇划方式分为信汇和电汇两种，由汇款人根据需要选择使用。信汇是由汇出银行使用邮寄凭证划转款项的方式，电汇是汇出银行使用电报划转款项的方式。两者除在汇划方式和收款时间上有所区别外，没有其他不同。

汇兑结算适用于单位、个体经济户和个人各种款项的结算，是一种比较灵活、方便的结算方式。各单位间的资金调拨、商品交易货款、采购资金、清理旧欠、差旅费以及私人款项等，均可使用汇兑结算方式。

汇兑结算流程如图 10-2 所示。

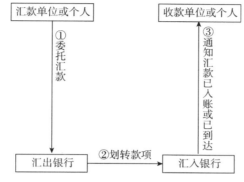

图 10-2　汇兑结算流程

（六）委托收款

委托收款是收款人向银行提供收款凭据，委托银行向付款人收取款项的结算方式，分为邮寄划回和电报划回两种，由收款人根据需要选择使用。

委托收款，便于单位主动收款，在同城与异地均可使用，并且不受金额起点限制。凡在银行或其他金融机构开立账户的单位和个体经济户的商品交易、劳务供应款项，以及其他应收款项的结算，均可使用这种结算方式。

委托收款结算流程如图 10-3 所示。

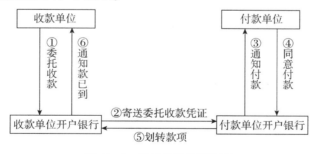

图 10-3　委托收款结算流程

（七）异地托收承付

异地托收承付是销货单位根据合同发货后，委托银行向购货单位收取货款，购货单位根据合同核对单证或验货后，向银行承认付款，由银行办理款项划转。这种结算方式，包括委托收款（"托收"）和承认付款（"承付"）两个环节，其结算流程如图 10-4 所示。

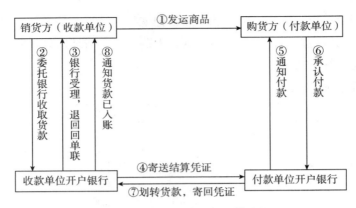

图 10-4　异地托收承付结算流程

三、国际结算

(一) 国际结算制度

国际结算是指国际间的资金调拨与货币收付活动。它是由国与国之间贸易往来、资本及利润的转移、劳务的提供、侨民汇款、赡家和私人旅行，以及政府的外事活动等产生的。

国际结算分为贸易结算和非贸易结算两种。在很长时期里，贸易结算是国际结算的主要组成部分。但在今天，非贸易结算，特别是金融交易的结算，发展异常迅速，其交易发生的笔数和结算的金额已远远超过贸易结算。当今国际结算，广泛使用转账结算，即通过银行买卖不同货币、不同金额、不同支付时间的汇票等支付凭证，把国际间债权债务集中到银行账户上加以转移或冲销。传统的国际结算业务，依靠航空邮递或电报电传进行结算凭证及信息的传输，不但手续多、费用高，而且速度慢、效率低。自 20 世纪 50 年代以后，发达国家的银行把现代通信技术和电子计算机结合起来，建立起了银行间电子清算系统，使国际结算发生了革命性的变革，大大提高了国际结算的速度和效率。

国际结算制度是国际货币制度的一个重要组成部分，且随着国际货币制度的变化而变化。目前主要有以下几种类型。

1. 自由的多边结算制度

自由的多边结算制度是指在转账结算条件下，将各国之间的债权债务关系，汇集到少数跨国银行或国际清算银行的账户上，以轧抵冲销的方式进行全面清算。自由的多边结算制度，必须以有关国家的货币自由兑换为前提。外汇可以自由买卖，资本可以在国际间自由流动，这些条件与多边结算相结合，形成了以跨国银行为中心的自由的多边结算制度。

2. 协定多边结算制度

在国际结算中，一个国家固然有权选择适合于本国情况的结算方式，但前提是必须征得结算关系的另一方的同意。因此，有关国家间需通过签订国际协定，对有关事宜加以确认，其中包括清算机构、清算账户、清算货币、清算范围、清算差额保值、相互提供信用的限额、清算账户差额处理等事项。国际清算的支付协定，其缔约国如果是两个国家，该协定为双边支付协定；如果是两个以上的国家，则该协定称为多边支付协定。

3. 协定双边结算制度

所谓双边结算，是由两国政府签订支付协定，开立清算账户，对两国之间进出口交易及非贸易往来产生的债权债务，用相互抵消的方式来进行清算。

（二）国际结算方式

国际上通行的结算方式有汇款、托收和信用证。这三种结算方式都通过银行进行，但前两种属于一般商业信用，而信用证则是由银行提供担保的商业信用，相对来说更为安全可靠，因而成为目前国际贸易中最主要、最广泛使用的结算方式。

按资金的流向和结算工具传送方向的不同，以上结算方式可分为顺汇与逆汇两大类。

顺汇是由债务人或付款人主动将款项交给当地银行，通过一定结算工具和传递方式，委托国外银行付给收款人。按此方法，结算工具的传递方向与资金流动的方向一致，故称顺汇，又称汇付法。各种汇款如电汇、信汇、票汇等，均属顺汇。

逆汇是指收款人按应收金额签发汇票，交当地银行，通过国外银行向付款人收取票款。按此方法，结算工具传送的方向与资金流动方向正好相反，故称逆汇，又称出票法。托收、信用证等结算方式，均属逆汇。

1. 汇款

汇款是一国的付款人（债务人）委托银行使用一定的结算工具，将款项汇付给他国收款人的结算方式。汇款分电汇、信汇和票汇三种。

（1）电汇。电汇是汇款人委托银行（汇出行）用电报或电传通知其委托行在国外的分行或代理行（汇入行），授权解付一定金额给该地的指定收款人的一种汇款方式。其特点是交款迅速，但汇款人除须缴付汇费外，还要负担比较昂贵的国际电报费用。通常，金额较大或急用的汇款才采用这种方式。

（2）信汇。信汇是汇款人委托汇出行将付款委托书邮寄给汇入行，授权其解付一定金额给该地的指定收款人的一种汇款方式。信汇费用较低，但收款时间较长。

（3）票汇。票汇是汇款人委托汇出行签发以汇入行为付款人的汇票，由汇款人自行寄给收款人，或亲自携带出境交给收款人，凭票向付款行提款。票汇的特点，一是汇入行不需要通知收款人取款，而由收款人自行提取；二是收款人可以是汇款人写明的收款人本人，也可以是其他人，因为汇票通过背书可以转让。

2. 托收

托收是收款人（出口商）主动向付款人（进口商）开出汇票，向出口地银行提出托收申请，委托其转托国外分行或代理人，向外国债务人（进口商）收取货款的一种结算方式。

在托收过程中，无论是托收银行还是代收银行都不承担付款人的付款责任，出口商能否收到款项，需视付款人的信誉而定。因此，托收方式对出口商风险较大，很可能由于进口商的种种借口，而遭到拒付或被要求降低商品价格等，致使出口商蒙受损失。托收分光票托收和跟单托收两种。

（1）光票托收，是指汇票不附带任何单据的托收；汇票附有"非货运单据"（如领事签证货单、商品检验证等）的托收，也属于光票托收。光票托收一般用于收取出口货款尾数、佣金、样品费、代垫费用、其他贸易从属费用、进口索赔及非贸易项目的收款。

（2）跟单托收，是指出口商将附有货运单据（主要有提单、保险单、商业发票等三种）的汇票或其他收款凭证委托银行代为收款的一种结算方式。跟单托收一般是按照出口商与进口商之间的买卖合同办理的。

3. 信用证

在国际贸易中，信用证是银行用来保证本国进口商有支付能力的一纸凭证，它是银行（开证行）根据进口商（申请人）的要求和指示，向出口商（受益人）开立的，按一定金额、在一定期限内、根据规定条件付款的书面承诺。其有以下几个特点。

首先，以银行信用为基础。开证银行以自己的信用为付款保证，承担第一位付款责任。

其次，信用证是一项独立保证文件，它源于贸易合同，但又不依附于贸易合同。开证银行只对信用证负责，不受有关贸易合同的约束。

最后，信用证业务处理以单据而非货物为依据，可以不问货物是否已经装船、货物的质量有无问题。

信用证有两大作用。一是保证作用，即以银行信用来保证商业信用。对于进口商来说，付款后即能取得代表货物的装运单据，通过装船条款和检验条款控制装船期限和货物装船前的质量、数量。对出口商来说，只要按照信用证条款备货、装运，提供合格单据，在出口地银行即能取得货款。二是资金融通作用，进口商开证时，只交部分押金，单据到达后，赎单时才付清差额，可以节约资金。出口商凭信用证在货物装船后即可向当地银行申请打包贷款或出口押汇，加速了资金周转。出口押汇，也称议付，是指出口地银行收到信用证受益人交来的信用证项下全套货运单据，经审核认为单证相符，就购进汇票及所附单据，并将票款扣除利息、手续费后支付给受益人。

对信用证可以有各种分类，其中主要的分类有以下几个。

（1）根据信用证项下的汇票是否附有货运单据，分为跟单信用证和光票信用证。

（2）根据开证银行所负责任的不同，分为可撤销信用证和不可撤销信用证。

（3）根据信用证有无第三者（除开证行外的银行或其他金融机构）加以保证兑付，分为保兑信用证和不保兑信用证。

（4）根据付款时间不同，分为即期信用证和远期信用证。

（5）根据受益人对信用证的权利是否可转让，分为可转让信用证和不可转让信用证。没有注明"可转让"字样的，都是不可转让信用证。但可转让信用证必须是不可撤销信用证。

信用证结算程序如图 10 -5 所示。

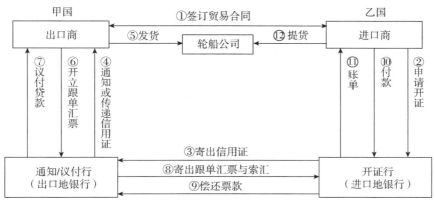

图 10-5 信用证结算程序

第三节 网络银行业务

一、网络银行的概念

网络银行，又称网上银行，是指借助于互联网或其他电子通信网络手段，为客户提供各种金融服务的金融机构，以及各类客户使用的电子交易终端共同构成的金融交易网络的总称。网络银行服务的手段包括互联网（internet）、个人电脑（掌上电脑）、电话（固定电话、手机）、IC 卡、电视机、分行网点、呼叫中心（call center）、销售终端（POS）、自助银行终端（ATM、存款机、多媒体查询机）等。日常生活中人们提到的电子银行、互联网银行、电话银行等，其实都属于网络银行的范畴。

网络银行与电子商务联系密切，是网络经济发展的产物。20 世纪 90 年代以来，在信息技术取得突破性进展的基础上，电子通信网络技术也得到了飞速发展，这极大地推动了以电子网络为基础的电子商务的发展。电子商务通过互联网以及其他多种途径及手段，实现网络消费（商品与服务）、信息交流和货币转账支付与结算三位一体。电子商务是网络银行的商业基础，而网络银行又是电子商务赖以生存和发展的核心。

网络银行业务一是以中间业务为主，收入主要来自收费，而非一般存贷业务的利差。而网络银行业务运作最大的优势就是占有和利用信息。二是以较为标准化、程序化和劳动密集型的业务为主。账务查询、转账、挂失、代收代缴、一般的信息咨询等业务一般需要占用较多人力资源，而且流程相对格式化，重复性操作较多，因此是网络银行所能发挥优势的业务领域。而对于一些知识密集型的业务，比如企业融资、企业并购、金融工程等，网络银行就有点力不从心。

二、网络银行的优势

（一）网络银行突破了银行服务的时空限制

传统的商业银行受限于服务网点的地理分布、空间大小、营业时间以及人力资源，为客户提供服务的时间和空间以及服务的方式，都无法满足现代社会经济环境条件下客户的多方面需求。网络银行借助网络优势，利用网络技术将客户与银行联系起来，客户可以在任何时间、任何地点、以任何方式自行办理金融业务，不再受时间、地点和银行业务的限制。因此，也有人将网络银行称为"3A"（anytime、anywhere、anyway）银行。

（二）网络银行创造了人机对话的服务方式

网络银行改变了传统商业银行的服务方式，使人人接触互动式的服务转向人机对话的方式。传统商业银行面对面的服务方式正在被 ATM、POS 系统、银行自助服务区、个人计算机、电话以及多媒体自助设备等代替，以满足客户更为个性化、多元化的需求。

（三）网络银行大大降低了银行的服务成本

传统的商业银行不仅需要投入大量的人力、物力和财力去进行开业前期的准备工作，如建设网点、配置设备、员工培训以及广告宣传等，而且需要相当的人力、物力去经营各种业务。网络银行可以借助他人的网络及设备开展各种业务，减少了银行投资，降低了服务成本。据美国一家机构调查，网络银行的付款业务，每笔的平均成本仅 13 美分，而利用银行本身的计算机服务为 26 美分，电话银行服务为 54 美分，银行分支机构人工的服务成本则高达 108 美分。

三、网络银行的业务

网络银行所提供的金融服务，依据不同的划分标准，可以有多种分类方法。

（一）按照服务对象来划分

1. 企业客户业务

网络银行将主机与企业的终端装置以通信网络（如电信专线或互联网）联系起来，为企业提供各种金融服务。其内容主要有以下一些。

（1）账户查询。企业查询账户余额、收支状况等交易信息。

（2）资金转移。企业进行即时性的对外汇款、内部转账等。

（3）批量交易处理。将企业薪资发放、转账、缴税等数据，整批传送给金融机构集中处理，完成交易。

（4）资金集中管理。将企业各分公司、子公司及营业网点的资金，一起汇入总公司的账户，或者是从总公司将必要的资金汇划到分公司、子公司及各营业网点的账户。

（5）网上信用证。为在电子商务平台上交易的双方提供网上信用证的开立申请、结算、通知等业务。

（6）网上证券、外汇买卖。银行接收企业下达的指令，代为进行证券、外汇的买卖。

（7）信息咨询。为企业提供国内外最新经济动态、商品及金融市场行情、投资咨询等服务。

2. 个人（家庭）客户业务

网络银行对个人（家庭）服务的内容，有一部分和企业客户业务相同，包括个人转账、挂失、修改密码、汇款、代收代付、外汇和股票买卖、信息咨询等项目。

（二）按照服务手段来划分

1. 互联网银行

互联网银行是指银行通过互联网为企业和个人提供多种银行服务。在广泛使用互联网之后，企业和家庭、个人可以通过自身的电脑终端直接进入银行的互联网主页，接受各种服务，如账户查询、内部转账、财务管理、对账，以及外汇交易、个人理财服务、经济咨询、缴纳等各种费用。

2. 自助银行

自助银行是由银行配置的各种与银行网络相联的电子设备，如自动柜员机（ATM）、自动存款机、多媒体查询机等，供客户自由使用、自行完成各种金融交易的服务方式。自助银行也是网络银行的一个重要组成部分。一方面，自助银行作为方便客户存取的一种手段，成为网络银行资金循环中不可缺少的一个补充环节；另一方面，将自助设备与银行网络连接，也为客户提供了进入网上业务的重要通道。

3. 手机银行

手机银行或称为移动银行，它以移动电话（手机）为接入设备，为客户提供安全、方便和快捷的金融服务。手机银行主要有两种形式：一是在电信商提供给手机用户的 STK 智能卡上，加上银行的增值服务项目，即由手机、GSM 短信息中心以及银行系统组成；二是手机直接与互联网相联，实现网络银行上的各种服务。

4. 银行 IC 卡

在网络银行发展的初期，银行卡业务与网络银行业务是分离的，即使银行卡通过网络来操作，所提供服务的项目也极其有限。网络银行 IC 卡业务，包括网上银行卡支付体系、业务应用以及特约商户应用三部分，涉及四个关联对象：发卡银行、特约商户、认证中心以及客户。通过 IC 卡来完成的，主要是一些小额的、零星的交易。另外，相对于其他的网络银行业务，利用 IC 卡进行网上交易要安全一些。

5. 客户呼叫服务中心

客户呼叫服务中心（call center）的早期形式是银行设立的人工客户服务热线，目的是接受客户的投诉以及为客户提供业务方面的咨询。互联网以及其他电子通信网络大规模应用后，许多银行便借助通信网络将人工客户服务热线建成客户呼叫服务中心。客户可以通过网络终端的屏幕，在网上与银行客户呼叫服务中心对话、开户、委托交易以及进行业务咨询。

四、网络银行安全

网络银行的安全是实现电子商务平台安全性的重要组成部分。客户在决定是否接受和使用网络银行这一新的服务形式时，首先考虑的就是安全问题。

（一）网络银行安全性的要求

网络银行的安全性是指对基于网络银行业务平台的交易数据，在交易、传输、维护过程中的风险防范。具体要求有以下五点。

1. 有效性

网络银行业务首先要保证电子形式的交易信息的有效性，即在确定的地点、确定的时刻总是有效的。

2. 保密性

网络银行的交易信息往往属于个人、企业或国家机密，但交易平台又是建立在相对开放的网络环境上的。应通过对一些敏感数据文件进行加密来保护系统之间的数据交换，防止除接收方以外的第三方截获数据或获取信息内容。

3. 完整性

数据输入时的意外差错或欺诈行为，可能导致交易各方面的差异。此外，数据传输过程中的信息丢失、信息重复或信息传送的次序差异，也会导致交易各方信息的不同。因此，保证完整性是电子交易的基础。

4. 可靠性

可靠性亦称不可否认性。要在交易信息的传输过程中，为参与交易的各方提供可靠的标志，对数据信息的来源加以验证，以确保数据由合法的用户发出，防止数据发送方在发送数据后又加以否认，同时防止接收方在收到数据后又否认接收过此数据或篡改接收到的数据，从而有效地防止交易上的纠纷。

5. 可追溯性

根据保密性和完整性的要求，银行的网络安全系统应保证对信息审查的结果进行记录。

（二）网络银行的安全技术

1. 物理安全

物理安全主要指针对计算机系统、网络设备、密钥等硬件的安全防卫措施。

2. 数据通信安全

保证数据在传输、处理、储存过程中不被非法访问、泄露、破译等，对网络银行的安全技术来说是核心问题。保证数据通信安全主要有防火墙技术和数据加密技术两大类。防火墙是放置在两个网络之间的硬件和软件的组合，是一系列安全防范措施的总称。数据加密技术是数据的发送方对数据以一定的算法进行运算，从而把原有的数据明文转换为不可识别的密文的技术。相应地，数据接收方通过解密，把密文再还原为明文，从而保证数据传输的完整性和私密性，防止系统传输和储存的信息被破译。

3. 身份认证安全

身份认证安全是指对网络银行的交易客户身份的认证和对交易的确认。数字证书是实现身份认证的一项重要技术。数字证书一般由认证中心（CA）签发，具有权威性，是一个普遍可信的第三方。在我国，已由中国人民银行组织建立了统一的中国金融认证中心（CFCA），但同时也存在由各银行自己建立的认证中心。

（三）网络银行的安全管理

网络银行的安全管理主要指银行内部建立一套完整的针对网络银行系统运行的内部控制和风险管理制度。比如，定期的安全检查和评估制度与流程，包括银行内部审计部门的检查和外部社会专业评估机构进行的安全评估；银行应急计划和业务连续计划，定期的应急演习以及安全测试；管理人员和业务人员的授权制度；对技术外包服务供应商的安全保障能力的评估检查制度，等等。

第四节　租赁业务

一、租赁的概念及特点

租赁有广义和狭义之分。狭义租赁，又称现代租赁，是一种通过让渡租赁物品的使用权而实现资金融通的信用方式。广义租赁泛指一切财产使用权的转让活动，不仅包括现代租赁，还包括传统的使用租赁等。

融资租赁作为一种独立的信用形式，其主要特点有以下几个。

（一）融资与融物相结合

租赁涉及出租人（租赁机构）、承租人（用户）和制造厂商三方面的关系。租赁机构出资购进用户所需的设备，然后租给承租人（用户）；或者由承租人与制造厂商洽谈好供货条件，转由租赁机构出资购买后，承租人再与租赁机构签订合同，租进设备。由此可见，租赁实际上是企业为购置设备筹措资金的一种方式，不过企业以直接租入设备的方式代替向金融机构举借购置设备的贷款，以支付租金形式代替向金融机构支付本金与利息，即以融物代替融资，融物与融资浑然一体。它既不像一般银行信贷，"借钱还钱"，也不同于商业信用，"欠钱还钱"，而是"借物还钱"，还钱又以租金逐期回流的形式进行。

（二）所有权与使用权分离

一般的设备贷款，是由企业直接向银行借入资金，自行购买设备，借款人（企业）集设备的所有权与使用权于一身。而在租赁条件下，在整个租赁期间，设备的所有权始终属于出租人。承租人在租赁期满时，虽有留购、续租、退还设备的选择权，但在租赁期内，只能以支付租金为条件，取得设备的使用权。

（三）租金分期回流

租赁业务中的租金，由租赁期内设备购置款、利息和租赁费用三个部分组成。租金偿还时，采取分期回流的方式。承租人与出租人事前约定在租赁期内交付租金的次数和每次所付租金的数额；租赁期届满时，租金的累计数相当于设备价款和该项资金在租赁期内应计的利息及有关费用。采用资金分期回流的方式，承租人负担较轻。

（四）有严格契约关系

租赁合同通常规定财产的归属、租金数额、财产使用、维修、保管等内容。租赁合同为不可撤销合同，一经成立，双方就有义务遵守，任何一方不得单方面随意撤销或违约。

租赁兼有商品赊销和资金信贷的双重性。对承租人来说，租赁可以"借鸡生蛋、以蛋换钱、还钱（支付租金），最终又可得鸡"，对缺乏资金的企业来说，不失为加速投入、扩大生产的好办法。对出租人来说，开展租赁业务增加了资金的安全性和盈利性。因为在租赁期内，出租人保留设备所有权，遇有经济纠纷，可凭借设备所有权进行交涉，避免租赁资产遭受损失。同时，租赁作为出租人的一种投资行为，通过收取租金，能获得比其他投资方式更多的利润。对设备制造企业来说，租赁有利于开拓市场，扩大销售。对某些产品积压的企业而言，租赁更不失为是一种促销手段，有利于化解买难与卖难同时并存的矛盾。

二、租赁业的发展

租赁是一种古老的信用形式。在早期，所有者（出租人）将其闲置的房屋、土地交给经营者（承租人）使用，作为有偿使用的报酬，承租人向出租人交付一定的租金。在租赁期内，房屋、土地的所有权仍归出租人，承租人只是拥有使用权。在那时，租赁只是一种偶然的经济行为，主要解决部分财产物品和劳动资料余缺不均的矛盾。

20世纪50年代后，现代租赁首先出现在美国。1952年5月，世界上第一家独立的、专业的租赁公司——美国租赁公司诞生了，并开创了通过融通资金向企业提供设备的出租方式。随着技术的发展，新技术、新产品层出不穷，且从开发研制到生产使用的周期日益缩短，因此，无论是工业发达国家，还是发展中国家，对生产技术和设备更新的需要越来越迫切。但是，很多企业由于资金短缺，机器设备难以更新换代。另一方面，有些设备制造厂家，却苦于产品销售困难，生产正常周转受到影响。为了解决这个矛盾，租赁业务应运而生，并在世界范围内得到迅速发展。

与此同时，为适应租赁业务的发展，出现了越来越多的租赁公司。全球专业租赁公司约有4 000家，2011年全球设备租赁交易金额达到7 200亿美元。其中，美国有80%企业采用租赁方式增加设备、扩大生产，每年租赁交易额有2 000多亿美元。租赁已成为许多国家发展最快的一种融资方式，特别是在设备投资中，是仅次于银行信贷的第二大融资方式。

在我国，自改革开放以来，租赁业从无到有，发展较快。1981年，由中国国际信托投资公司发起创办了中国租赁公司，并与日本合资创办了东方租赁公司。之后又相继成立了中国国际包装租赁公司等租赁企业。从总体上看，我国租赁业还刚刚起步，规模较小。此外，我国在租赁业发展过程中面临着一些较突出的问题，如承租人的欠租问题、完善租赁立法问题、租赁企业营运资金不足问题、租赁企业税负过重问题、中资租赁公司在中国租赁业中所占比重较低的问题，等等。在国外，大到万吨巨轮、大型喷气飞机，小到机床、电子计算机都可以租赁。然而，我国许多企业一提到扩大生产，想到的只是买地皮、建厂房、购置设备，而不善于使用租赁方式。租赁业在中国的前景十分诱人，需要大力扶持与发展。

三、租赁的分类

（一）经营租赁

经营租赁，又称使用租赁或服务性租赁，是指出租人将自己经营的出租设备或用品反复出租的业务。其主要特点有以下几个。

（1）承租者的目的在于使用设备，满足短期的、临时性的或季节性的需要，使用期结束，租赁关系也随之结束。

（2）租赁期限较短，一般都在 1 年以下，短的只有几个星期，有的甚至只有几天或几个小时。

（3）租赁的设备大都为通用设备，专业性很强的设备不宜进行经营租赁。

（4）在租赁期间，不仅设备所有权归出租人所有，而且设备的维修、改良和保险均由出租人承担。

（5）经营租赁可以中途解约，具有较大的灵活性。

经营租赁是传统意义上的租赁，在现代经济中仍有发展的空间。生产性的工作机械和先进的科技产品等，都可以成为经营租赁的物件。

（二）融资租赁

融资租赁是现代租赁的主要形式。采用这种租赁方式，与租赁资产所有权有关的风险和利益几乎全部转移给承租人。融资租赁有以下特点。

（1）在租赁期终了时，资产所有权转让给承租人。

（2）承租人有以较低廉价格购买资产的选择权，且在租赁开始日就能确定在将来会行使此项选择权。

（3）租赁期较长，一般相当于资产的使用期限。

（4）出租人可以通过一次出租，收回在租赁资产上的全部投资。

（5）在租赁期内发生的租赁资产使用成本，包括保险费、财产税、维修费等，全部由承租人支付。

关于融资租赁的特征可进一步概括为：一个标的（租赁物）、两个合同（融资租赁合同、租赁物买卖合同）、三个当事人（出租人、承租人、供货商）。

融资租赁又可进一步分为直接租赁、转租赁、回租租赁、杠杆租赁等形式。

1. 直接租赁

直接租赁又称直接购买租赁，是指出租人根据承租人提出的要求，垫付资金直接购回选定的租赁物品，并租借给承租人使用的租赁形式。这种租赁的租期较长，一般设备的租期为 3～5 年，大型设备的租期在 10 年以上。在租期内，承租人要承担设备的维修、保养、保险和纳税义务。直接租赁是金融租赁的主要形式，也是目前国内采用较多的租赁形式。

2. 转租赁

转租赁又称再租赁，是指承租者把租来的设备再转租给第三者使用的租赁形式。通常是租赁公司根据用户需要，先从其他租赁公司（一般是国外的租赁公司）租入设备，然后再转租给承租人使用。转租赁要签订两次租赁合同，承租人通常要支付高于直接租赁方式的租金。

3. 回租租赁

回租租赁又称先卖后租式租赁，是指企业将自制或外购设备卖给出租者，再以租赁方式将设备租回使用。具体有两种形式。一种是企业在急需某种设备而资金又暂时不足的情况下，先从制造厂商那里买进自己所需要的设备，然后转卖给租赁公司，再从租赁公司租回设备使用。另一种是企业在进行技术改造或扩建时，因资金不足，将本企业原有的设备或生产线卖给租赁公司，收入现款以应对购买新设备或改扩建之急需。但售出的设备或生产线并不拆除，企业在卖出设备的同时即向租赁公司办理租赁手续，由企业继续使用原有设备，直到租金付清为止。

4. 杠杆租赁

杠杆租赁又称借贷式租赁。在这种方式下，租赁公司只承担租赁设备所需投资的 20% ~ 40%，其余 60% ~ 80% 的资金则由其他金融机构或银团提供，租赁设备的所有权归租赁公司，由租赁公司将设备提供给承租人。这种租赁方式的租赁对象是价值高昂的飞机、轮船、海上勘探与开采设备等大型项目。由于贷款人注入的信贷资金对租赁业务起财务杠杆作用，所以这种租赁称为杠杆租赁。

四、租赁的运作

租赁的运行过程较为复杂。以直接租赁为例，其操作程序包括以下几点。

（一）选定租赁设备

用户按照自己的要求，直接向设备制造厂或设备供应商选定所需设备。

（二）申请租赁

用户将已选定的设备，向租赁公司提出租赁申请，填写"设备租赁申请书"。

（三）谈判

谈判由承租单位、租赁公司和设备供应商三方面参加，谈判内容包括技术谈判、商务谈判和租赁谈判。技术谈判主要在设备供应商和承租单位之间进行，内容包括设备质量、性能、技术参数和售后服务等；商务谈判在设备供应商和租赁公司之间进行，其内容包括价格、供货日期、交货方式、付款方式等；租赁谈判则在租赁公司与承租单位之间进行，内容主要是确定租金及支付方式、手续费率、租赁期满设备的权属等。

（四）签订合同

以上谈判所达成的协议，以书面的法律形式确定下来，即有购买合同和租赁合同两种，租赁合同签订在前，购买合同签订在后。

（五）出租人订购设备

租赁合同签订之后，即向供货单位正式办理设备订购手续。

（六）交货验收

租赁设备一般由供货单位直接发送到承租单位，由承租单位组织验收。但货物发票、运单等仍应寄送租赁公司。

（七）支付货款

根据购买合同的有关条款，租赁公司向供货单位支付设备价款及代垫运杂费等款项。

（八）财产保险

租赁公司向保险公司办理投保手续，其保费由承租单位直接向保险公司支付，也可由租赁公司垫付后并入租金，向承租单位陆续收回。

（九）偿还租金

承租单位按照租赁合同中租金的条款，主动、及时地向租赁公司支付租金。

（十）处理租赁设备

租赁期满，双方应根据租赁合同的约定，处置租赁设备。一般来说，租赁公司应以无偿方式或收取象征性的价款，向承租单位转让设备的所有权。

以上程序，可用图 10-6 来表示。

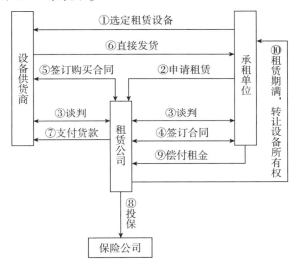

图 10-6　融资租赁操作流程

本章小结

贷款业务，是商业银行最基本的资产业务，也是获取收益的主要来源之一。贷款的主要方式有信用贷款、担保贷款（保证贷款、抵押贷款、质押贷款）。为确保贷款安全，应重视对借款人的信用分析。根据贷款质量和风险程度，推行贷款五级分类（正常、关注、次级、可疑、损失）。

结算业务，是商业银行的基本业务之一。国内结算的主要方式有银行汇票、商业汇票、银行本票、支票、汇兑、委托收款、异地托收承付等。国际结算的主要方式有汇款、托收和信用证。

网络银行是目前国际上最新的银行服务形式，也是国内商业银行开发建设的新热点。网络银行的服务突破了时间和空间的限制，突破了服务手段的限制，具有传统银行无法比拟的优势。但网络银行业务的安全技术和风险管理，将是银行面临的一大课题。

融资租赁是一种通过让渡租赁物品的使用权而实现资金融通的信用方式。具体有直接租赁、转租赁、回租租赁、杠杆租赁等形式。租赁的运作应遵循规范的操作流程。

课后练习

一、名词解释

贷款　信托　金融租赁　租赁　信用证　托收　票汇　信汇　电汇　国际结算　汇兑　网络银行　信用分析

二、问答题

1. 贷款有哪几种方式？如何进行客户的信用分析？
2. 贷款价格构成的内容和主要定价方法是什么？
3. 什么是网络银行？它有哪些业务？如何防范风险？
4. 转账结算的基本原则是什么？国内和国际主要有哪几种结算方式？
5. 融资租赁的主要特点是什么？发展租赁业的重要意义是什么？

案例分析

交通银行（简称"交行"）在苏州宣布正式推出 3D 网上银行系统。这是国内银行业首次推出 3D 网上银行。

目前，交行 3D 网上银行包括大厅、新产品体验区、转账交易区、财富管理中心、贵金属交易区五大功能区。据了解，用户通过交行网站主页下载 3D 网上银行客户端后，即可登录 3D 网上银行。该系统通过 3D 技术，以银行业务为基础，虚拟出了一个网络银行环境。客户可以身临其境地办理查询、转账、理财和贵金属产品买卖等多项网上银行业务。

"与菜单式的普通网银不同，3D 网上银行提供的不只是功能，更是客户体验。"交行信息技术管理部总经理接受《第一财经日报》记者采访时表示，客户不仅可以 3D 在线咨询办理业务，还可与在同一场景中的其他用户进行互动交流。

未来交行 3D 网上银行主要探索两个方面：一是业务功能的不断完善，包括建设中的 3D 网上银行"社区"等；二是与非银行的 3D 系统应用相融合，比如网上购物商城。此前，交行首度开设"交通银行淘宝旗舰店"，可以通过店铺了解和购买个人、中小企业信贷产品以及其他相关金融服务产品。未来一旦淘宝店能够实现 3D 应用，则其与交行 3D 网上银行的衔接就会非常顺畅。

分析：根据以上案例，你认为还将产生哪些新型的金融业务类型？

第十一章

金融市场

第一节　金融市场概述

一、金融市场的概念

金融市场（Financial Market）是指资金供给者与资金需求者以金融资产为交易对象而形成的供求关系及其机制的总和。这一概念包括三层含义：首先，金融市场反映了金融资产的供给者和需求者之间所形成的供求关系；其次，资金供给者与资金需求者交易的对象是金融资产；再次，金融市场包含了金融资产交易过程中所产生的运行机制，其中最主要的是价格（如利率、汇率及各种有价证券的价格）机制。金融资产是指单位或个人所拥有的以价值形态存在的资产，是一种索取实物资产的权利。

金融市场有广义和狭义之分。在现代经济社会中，总会有资金盈余者与资金短缺者，他们形成资金的供求双方。资金供求双方货币资金余缺的调剂构成金融市场的主要活动内容。但他们之间资金余缺的调剂可以采取直接融资和间接融资两种方式进行。一般来说，广义金融市场既包括直接金融市场，又包括间接金融市场，主要有资本借贷及证券、外汇、黄金的买卖；狭义金融市场则仅包括直接金融市场，主要指资本借贷及有价证券买卖这两个主要部分。

二、金融市场的构成要素

世界各国的金融市场由于其发达程度不同，构成市场的要素也不尽相同，但都主要由五大基本要素组成，即金融市场主体、金融市场客体、金融市场中介、金融市场价格和交易的组织形式。

在金融市场中，资金供求双方构成了市场参与主体，市场参与主体之间的资金余缺调剂必须借助金融工具，因此各类金融工具成为市场交易的客体。当市场参与主体通过买卖金融工具进行资金交易时，会形成一定的交易价格，与商品市场一样，交易价格在金融市场中发挥着重要作用，合理有效的资金配置通过价格机制完成。除此之外，不同的资金交易在不同的场所进行，采取不同的组织方式。世界各国的金融市场由于其发达程度不同，市场本身的构成要素也不尽相同，但都主要由五个基本要素构成，即金融市场的主体、金融市场的客体、金融市场中介、金融市场的价格和交易的组织方式。

（一）金融市场的主体

金融市场的主体是指在金融市场上交易的参与者。根据交易者与资金的关系，金融市场主体可分为资金供给者和资金需求者。资金供给者是金融市场的投资人，也是金融工具的购买者；资金需求者是金融市场的筹资人，也是金融工具的发行人和出售者。金融市场的组成机构一般包括金融机构、机构投资者、政府、中央银行、企业、居民个人与家庭。

（二）金融市场的客体

金融市场的客体即金融工具，也称信用工具，是指金融市场上的交易对象或交易标的物。金融市场中所有的货币资金交易都以金融工具为载体，因此，资金供求双方便可通过买卖金融工具实现资金的相互融通。金融工具既是一种具有法律效力的债权债务凭证（如票据、债券等）和所有权凭证（如股票），又是金融市场至关重要的构成要素。金融工具种类很多，随着金融创新的推进，更多的金融工具品种涌入经济生活。

（1）按期限不同，金融工具可分为货币市场金融工具和资本市场金融工具。货币市场金融工具是期限在1年或1年以内的金融工具，包括国库券、商业票据、银行承兑汇票、大额可转让定期存单、回购协议等；资本市场金融工具是指期限在1年以上，表明债权或股权关系的金融工具，包括国债、公司债券、股票等。

（2）按发行者是否为金融机构，金融工具可分为直接融资工具和间接融资工具。直接融资工具是非金融机构的融资者发行的，目的主要是获取资金，如政府债券、商业票据、公司股票、企业债券等；间接融资工具是由金融机构自己发行的融资工具，如银行承兑汇票、大额可转让定期存单、人寿保险单等。

（3）按权利与义务的不同，金融工具可分为债务凭证和所有权凭证。债务凭证是发行人以法定程序发行、并约定在一定期限内还本付息的有价证券，它体现了持有人与发行人之间的债权债务关系；所有权凭证主要指股票，是股份有限公司依法发行的，用以证明投资者的股东身份和权益，并据以取得股息、红利的有价证券，它体现了持有人与对公司的所有权。

（4）按是否与实际信用活动直接相关，金融工具可分为基础性金融工具和衍生性金融工具。基础性金融工具是指在实际信用活动中出具的，能证明信用关系的合法凭证，如商业票据、股票、债券等；衍生性金融工具则是在基础性金融工具之上派生出来的用于交易的凭证，如各种金融期货合约、期权合约、掉期合约等。

（三）金融市场中介

金融市场中介是指在金融市场上充当交易媒介，从事交易或促使交易完成的组织、机构或个人。它与金融市场主体一样，是金融市场中的参与者，但二者之间存在重要区别。因为金融市场中介参与金融市场活动的目的是获取佣金，其本身并非真正的资金供给者或资金需求者。金融市场中介可分为两类：一类是金融市场交易者的受托人，如经纪人、承销商等；另一类是以提供服务为主的中介机构，如投资咨询公司、投资与保险代理机构、证券交易所、信用评估公司、会计师事务所等。

（四）金融市场的价格

金融市场的价格是构成金融市场的另一个要素。金融市场上各种交易都是在一定的价格下实现的，但金融市场的交易价格不同于商品市场的商品交易价格，商品的交易价格反映交易对象的全部价值，如一吨大米的交易价格为 4 000 元人民币，一辆汽车的交易价格为 20 万元人民币等。

（五）交易的组织方式

如何组织资金供求双方进行交易涉及金融市场的交易组织方式问题。一般来说，金融市场交易主要有三种组织方式。

（1）有固定场所的有组织、有制度、集中进行交易的方式，如交易所交易方式，通常又称场内交易的方式。交易所由金融管理部门批准建立，为金融工具的集中交易提供固定的场所和有关设施，制定各项规则，监督市场交易活动，管理公布市场信息。交易所的种类主要有证券交易所、期货交易所等。

（2）在各种金融机构柜台上买卖，双方进行价格面议的分散交易方式，如柜台交易方式。

（3）无形交易方式，既没有固定场所，也不直接接触，而主要借助电信手段来完成交易的方式。

三、金融市场的分类

金融市场是由许多不同的市场组成的一个庞大体系，为尽可能反映这个金融市场，可以从不同的角度进行分类。

（一）按地理范围划分

金融市场按地理范围的不同，可分为国际金融市场与国内金融市场。

国际金融市场由经营国际间货币业务的金融机构组成，其经营内容包括资金借贷、证券买卖、资金交易等。

国内金融市场由国内金融机构组成，办理各种货币、证券及作用业务活动。它又分为城市金融市场和农村金融市场，或者分为全国性、区域性、地方性的金融市场。

（二）按经营场所划分

按照经营场所的不同，金融市场可分为有形金融市场与无形金融市场。

有形金融市场，指有固定场所和操作设施的金融市场；无形金融市场，指以营运网络而存在的市场，通过电信手段达成交易。

（三）按交易性质划分

金融市场从交易性质的角度，有发行市场与流通市场之分。

发行市场，也称一级市场，是新证券发行的市场，它可以增加公司资本。流通市场又称二级市场，是已经发行、处在流通中的证券的买卖市场。流通市场不会增加资本，只是资本在不同股东之间流通。

（四）按交易对象划分

按照交易对象的不同，可以把金融市场分为货币市场、资本市场、黄金市场、外汇市场、保险市场。

货币市场是融通短期资金的市场，包括金融同业拆借市场、回购市场、商业票据市场、银行承兑汇票市场、短期政府债券市场、大额可转让定期存单市场等。

资本市场是融通长期资金的市场，包括中长期信贷市场和证券市场。中长期信贷市场是金融机构与工商企业之间的贷款市场；证券市场是通过证券的发行与交易进行融资的市场，如债券市场、股票市场、基金市场、保险市场、融资租赁市场等。

黄金市场是集中进行黄金买卖的交易场所。目前世界上最主要的黄金市场在伦敦、苏黎世、纽约、中国香港等地。伦敦黄金市场的价格对世界黄金市场较有影响。

外汇市场是指经营外币和以外币计价的票据等有价证券买卖的市场，是金融市场的主要组成部分。世界上交易量较大且有国际影响的外汇市场有伦敦、纽约、巴黎、法兰克福、苏黎世、东京、卢森堡、中国香港、新加坡、巴林、米兰、蒙特利尔和阿姆斯特丹等。在这些外汇市场上买卖的外汇主要有美元、英镑、欧元、瑞士法郎、日元等多种货币。

保险市场指保险商品交换关系的总和或保险商品供给与需求关系的总和。它既可以指保险的交易场所，如保险交易所，也可以是所有实现保险商品让渡的交换关系的总和。保险市场的交易对象是保险人为消费者提供的保险保障，即各类保险商品。

（五）按交割期限划分

依据交割期限的不同，金融市场可分为现货市场与期货市场。

现货市场，即投融资活动成交后立即付款交割；期货市场，即投融资活动成交后，按合约规定在指定日期付款交割。

第二节　货币市场

一、货币市场的含义与特征

货币市场是指融资期限在 1 年以下的金融市场，是金融市场的重要组成部分。货币市场的活动主要是为了保持资金的流动性,以便随时可以获得现实的货币。货币市场工具的期限最长为1年,最短为1天、半天,以3~6个月者居多。由于该市场所容纳的金融工具主要是政府、银行及工商企业发行的短期信用工具,具有期限短、流动性强和风险小的特点,在货币供应量层次划分上被置于现金货币和存款货币之后,称之为"准货币",该市场也因此被称为货币市场。

货币市场由同业拆借市场、回购市场、商业票据市场、银行承兑汇票市场、大额可转让定期存单市场、短期政府债券市场和货币市场共同基金市场等子市场构成。下面将分别介绍货币市场的几个子市场。

二、同业拆借市场

(一)同业拆借市场的含义

同业拆借市场也可称为同业拆放市场,是指金融机构之间以货币借贷方式进行短期资金融通活动的市场。同业拆借的资金主要用于弥补银行短期资金的不足、票据清算的差额以及解决临时性资金短缺的问题。它是金融机构之间进行短期、临时性头寸调剂的市场。同业拆借市场交易量大,对市场反应敏感,可以影响到货币市场利率,是货币市场体系的重要组成部分。

(二)同业拆借市场的特点

(1)对进入市场的主体即进行资金融通的双方都有严格的限制。能进入同业拆借市场的双方必须是具有准入资格的金融机构。

(2)同业拆借的期限短,一般为1~2天,至多不过2周,拆款利息即拆息按日计算,拆息率变化频繁。目前,同业拆借市场已发展成解决资金流动性与盈利性矛盾的市场,临时调剂性市场也就因而变成短期融资市场。

(3)同业拆借的主要交易对象为超额准备金,拆入行向拆出行开出本票;拆出行则对拆入行开出中央银行存款支票即超额准备金。对资金贷出者而言是拆放,对拆入者而言则是拆借。同业拆借除了通过中介机构进行外,也可以双方直接联系。

(4)市场交易手段比较先进,成交速度快。同业拆借市场主要借助电话洽谈方式进行交易,交易手续比较简便。当双方协议达成后,可以直接通过各自的中央银行存款账户自主划账清算或由资金交易中心进行资金交割划账。

(三)同业拆借市场利率

同业拆借利率是指拆借额占拆借本金的比例,即拆息率。同业拆借利率由供求双方议定,相对较低。一般来说,同业拆借利率以中央银行再贷款利率和再贴现率为基准,再根据社会资金的松动程度和供求关系由拆借双方自由议定。由于拆借双方都是商业银行或其他金融机构,其信誉比一般工商企业要高,拆借风险较小,加上拆借期限较短,因而利率水平较低。

在国际货币市场,有代表性的同业拆借利率主要有三种:伦敦银行同业拆借利率,新加坡银行同业拆借利率和中国香港银行同业拆借利率。伦敦银行同业拆借利率是伦敦金融市场上银行间相互拆借英镑、欧洲美元及其他欧洲货币时的利率，由报价银行在每个营业日的上午 11 时对外报出，分为存款利率和贷款利率两种报价，资金拆借的期限为 1 个月、3 个月、6 个月和 1 年等档次。自 20 世纪 60 年代初开始，该利率成为伦敦金融市场借贷活动中的基本利率。目前，伦敦银行同业拆借利率已成为国际金融市场上的一种关键利率，一些浮动利率的融资工具在发行时，也以该利率为参照物。相比之下，新加坡银行同业拆借利率和中国香港银行同业拆借利率的生成和作用范围是两地的市场，其报价方法与拆借期限与伦敦银行同业拆借利率并无差别，但它们在国际金融市场上的地位和作用，则要差得多。

三、回购市场

（一）回购市场的含义

回购市场是指通过回购协议进行短期资金融通交易的市场。所谓回购协议，是指在出售证券的同时，和证券的购买商签订协议，约定在一定期限后按原定价格或约定价格购回所卖证券，从而获取即时可用资金的一种交易行为。从本质上说，回购协议是一种抵押贷款，其抵押品为证券。

（二）回购市场的特点

（1）回购协议的期限从一日至数月不等。当回购协议签订后，资金获得者同意向资金供应者出售政府债券和政府代理机构债券以及其他债券以换取即时可用的资金。

（2）回购协议中所交易的证券主要是政府债券。回购协议期满时，再用即时可用资金做相反的交易。从表面上看，资金需求者通过出售债券获得了资金，而实际上，资金需求者是从短期金融市场上借入一笔资金。对于资金借出者来说，它获得了一笔短期内有权支配的债券，但这笔债券到期要按约定的数量如数交回。所以，出售债券的人实际上是借入资金的人，购入债券的人实际上是借出资金的人。出售一方允许在约定的日期，以原来买卖的价格再加若干利息，购回该证券。这时，不论该证券的价格是升还是降，均要按约定价格购回。在回购交易中，若贷款或证券购回的时间为一天称为隔夜回购；如果时间长于一天，则称为期限回购。

（3）回购协议可以避免贷款管制。金融机构之间的短期资金融通，一般可以通过同业拆借的形式解决，不一定要用回购协议的办法。有一些资金有余部门不是金融机构，而是非金融行业、政府机构和证券公司等，它们采用回购协议的办法就可以避免对放款的管制。此外，回购协议的期限可长可短，比较灵活，也满足了部分市场参与者的需要。期限较长的回购协议还可以套利，即在分别得到资金和证券后，利用再一次换回之间的间隔期进行借出或者投资，获取短期利润。

（4）回购协议市场没有集中的有形场所，交易以电信方式进行。大多数交易由资金供应方和资金获得者之间直接进行，但也有少数交易通过市场专营商进行。这些专营商大多为政府证券交易商，它们同获得资金的一方签订回购协议，并同供应资金的另一方签订逆回购协议。

四、商业票据市场

商业票据市场主要指商业票据的流通及转让市场，包括票据承兑市场和票据贴现市场。商业票据是指买卖业绩卓著而极有信誉的工商企业所发出的期票。

商业票据的发行者主要有工商业大公司、公共事业公司、银行持股公司以及金融公司。金融公司包括从事商业、储蓄及抵押等金融业务的公司，从事租赁、代理及其他商业放款的公司以及从事保险和其他投资活动的公司。

商业票据市场上交易的对象是具有高信用等级的大企业发行的短期、无担保期票。商业票据的面额一般比较大，期限大多为 20～40 天，市场上未到期票据的平均期限在 30 天以内，很少有超过 270 天的。

五、银行承兑汇票市场

（一）相关概念

汇票是由出票人签发的，要求付款人在见票时或在一定期限内，向收款人或持票人无条件支付一定款项的票据。汇票是国际结算中使用最广泛的一种信用工具。

所谓承兑汇票是指在商品交易活动中，售货人为了向购货人索取货款而签发的汇票，经付款人在票面上承诺到期付款的"承兑"字样并签章后，就成为承兑汇票。经过承兑的汇票，承兑人取代出票人成为付款的第一负责人。经购货人（工商企业）承兑的汇票称商业承兑汇票，经银行承兑的汇票即为银行承兑汇票。

银行承兑汇票是为方便商业交易活动而创造的一种工具，在对外贸易中运用较多。当一笔国际贸易发生时，由于出口商对进口商的信用不了解，加之没有其他的信用协议，出口方担心对方不付款或不按时付款，进口方担心对方不发货或不能按时发货，交易就很难进行。这时便需要银行信用从中进行保证。一般地，进口商首先要求本国银行开立信用证，作为向国外出口商的保证。信用证授权国外出口商开出以开证行为付款人的汇票，可以是即期的也可以是远期的。若是即期汇票，付款银行（开证行）见票付款；若是远期汇票，付款银行（开证行）在汇票正面签上"承兑"字样，填上到期日，并盖章为凭。这样，银行承兑汇票就产生了。

（二）银行承兑汇票市场

以银行承兑汇票为交易对象的市场即为银行承兑汇票市场。银行承兑汇票被开出后，银行既可以自己持有当作一种投资，也可以到二级市场出售。如果出售，银行通过两个渠道：一是利用自己的渠道直接销售给投资者。二是利用货币市场交易商销售给投资者。因此，银行承兑汇票二级市场的参与者主要是创造承兑汇票的承兑银行、市场交易商及投资者。

银行承兑汇票最常见的期限有 30 天、60 天和 90 天等。另外，也有期限为 180 天和 270 天的。交易规模一般为 10 万美元和 50 万美元。银行承兑汇票的违约风险较小。

六、大额可转让定期存单市场

（一）大额可转让定期存单的特征

大额可转让定期存单是商业银行发行的，按一定期限、一定利率取得收益的存款单据。它是由花旗银行于 1961 年创立的。与一般定期存单相比，大额可转让定期存单具有以下特点。

（1）不记名，可以流通转让。

（2）金额固定，面额大。美国的大额可转让定期存单最低起价为 10 万美元，通常为 10 万美元的倍数，其中 50 万美元的大额可转让定期存单最为常用。

（3）大额可转让定期存单的利率略高于同等期限的定期存款利率。

（二）大额可转让定期存单的类型

按照发行者的不同，大额可转让定期存单可以分为以下四类。

1. 国内存单

国内存单是四种存单中最重要、也是历史最悠久的一种，它由美国国内银行发行。存单上注明存款的金额、到期日、利率及利息期限。向机构发行的面额为 10 万美元以上，二级市场最低交易单位为 100 万美元。国内存单的期限由银行和客户协商确定，常常根据客户的流动性要求灵活安排，期限一般为 30 天到 12 个月，也有超过 12 个月的。流通中未到期的国内存单的平均期限为 3 个月左右。

初级市场上国内存单的利率一般由市场供求关系决定，也有由发行者和存款者协商决定的。利息的计算通常按距到期日的实际天数计算，一年按 360 天计。利率又有固定和浮动之分。在固定利率条件下，期限在 1 年以内的国内存单的利息到期时偿还本息。期限超过 1 年的，每半年支付一次利息。如果是浮动利率，则利率每 1 个月或每 3 个月调整一次，主要参照对象是同期的二级市场利率水平。

2. 欧洲美元存单

欧洲美元存单是美国境外银行发行的以美元为面值的一种可转让定期存单。欧洲美元存单由美国境外银行（外国银行和美国银行在外的分支机构）发行。欧洲美元存单市场的中心在伦敦，但欧洲美元存单的发行范围并不仅限于欧洲。

欧洲美元存单最早出现于 1966 年，它的兴起应归功于美国银行条例，尤其是 Q 条例对国内货币市场筹资的限制。由于银行可以在欧洲美元市场上不受美国银行条例的限制为国内放款筹资，欧洲美元存单数量迅速增加。美国大银行过去曾是欧洲美元存单的主要发行者，1982 年以来，日本银行逐渐成为欧洲美元存单的主要发行者。

3. 扬基存单

扬基存单是外国银行在美国的分支机构发行的一种可转让定期存单。其发行者主要是西欧和日本等地的国际性银行的在美分支机构。扬基存单期限一般较短，大多在 3 个月以内。

4. 储蓄机构存单

储蓄机构存单是出现较晚的一种存单，它是由一些非银行金融机构（储蓄贷款协会、互助储蓄银行、信用合作社）发行的一种可转让定期存单。其中，储蓄贷款协会是主要的发行者。储蓄机构存单或因法律上的规定，或因实际操作困难而不能流通转让，因此其二级市场规模很小。

七、短期政府债券市场

短期政府债券是指政府部门以债务人身份承担到期偿付本息责任的、期限在 1 年以内的债务凭证。从广义上看，短期政府债券不仅包括国家财政部门所发行的债券，还包括地方政府及政府代理机构所发行的证券。狭义的短期政府债券仅指财政部发行的短期债券。一般来说，政府短期债券市场主要指国库券市场。值得注意的是，在我国，不管是期限在 1 年以内还是 1 年以上的由政府财政部门发行的政府债券，均有称为国库券的习惯。但在国外，期限在 1 年以上的政府中长期债券称为公债，1 年以内的证券才称为国库券。

八、货币市场共同基金市场

共同基金是将众多小额投资者的资金集合起来，由专门的经理人进行市场运作，赚取收益后按一定的期限及持有的份额进行分配的一种金融组织形式。而对于主要在货币市场上进行运作的共同基金，则称为货币市场共同基金。

货币市场共同基金最早出现在 1972 年。当时，美国政府出台了限制银行存款利率的 Q 项条例，银行存款对许多投资者的吸引力下降，他们急于为自己的资金寻找到新的能够获得货币市场现行利率水平的收益途径。货币市场共同基金正是在这种情况下应运而生的。它能将许多投资者的小额资金集合起来，由专家操作。货币市场共同基金出现后，发展速度很快。目前，在发达的市场经济国家，货币市场共同基金在全部基金中所占比重最大。

第三节　资本市场

一、资本市场的含义与特点

资本市场是指期限在 1 年以上各种资金借贷和证券交易的场所。因为在长期金融活动中，涉及资金期限长、风险大，具有较稳定收入，类似于资本投入，故称为资本市场。在资本市场上，资金供应者主要是储蓄银行、保险公司、信托投资公司及各种基金和个人投资者；而资金需求方主要是企业、社会团体、政府机构等。其交易对象主要是中长期信用工具，如股票、债券等。

与货币市场相比，资本市场的特点主要有以下几点。

（1）融资期限长。至少在一年以上，也可以长达几十年，甚至无到期日。

（2）流动性相对较差。在资本市场上筹集到的资金多用于解决中长期融资需求，流动性和变现性相对较差。

（3）风险大而收益较高。由于融资期限较长，发生重大变故的可能性也大，投资者需要承受较大风险。同时，作为对风险的报酬，其收益也较高。

按市场工具来划分，资本市场通常由股票市场、债券市场和投资基金市场构成。下面将分别介绍这三种子市场。

二、股票市场

（一）股票的定义

股票是一种有价证券，它是股份有限公司签发的证明股东所持股份的凭证。股份有限公司的资本划分为股份，每一股份的金额相等。公司的股份采取股票的形式。股份的发行遵循公平、公正的原则，同种类的每一股份具有同等权利。股票一经发行，购买股票的投资者即成为公司的股东。

股票作为一种所有权凭证，有一定的格式。从股票的发展历史看，最初的股票的票面格式既不统一，也不规范，由各发行公司自行决定。随后，许多国家通过相关法律对股票的票面格式加以规定，明确票面应载明的事项和具体要求。《中华人民共和国公司法》（简称《公司法》）规定，股票采用纸面形式或者国务院证券监督管理机构规定的其他形式。股票应当载明下列主要事项：公司名称，公司成立日期，股票种类、票面金额及代表的股份数，股票的编号。股票由法定代表人签名，公司盖章。发起人的股票，应当标明发起人股票字样。

（二）股票的特征

（1）收益性。收益性是股票最基本的特征，它是指股票可以为持有人带来收益的特性。持有股票的目的在于获取收益。股票的收益来源可分成两类。一是股份公司。认购股票后，持有者即对发行公司享有经济权益，其实现形式是公司派发的股息、红利，数量多少取决于股份公司的经营状况和盈利水平。二是股票流通。股票持有者可以持股票到依法设立的证券交易场所进行交易，当股票的市场价格高于买入价格时，卖出股票就可以赚取差价收益，这种差价收益称为资本利得。

（2）风险性。股票风险的内涵是股票投资收益的不确定性，或者说实际收益与预期收益之间的偏离。投资者在买入股票时，对其未来收益会有一个预期，但真正实现的收益可能会高于或低于原先的预期，这就是股票的风险。很显然，风险是一个中性概念，风险不等于损失，高风险的股票可能给投资带来较大损失，也可能带来较大的收益，这就是"高风险高收益"的含义。

（3）流动性。流动性是指股票可以通过依法转让而变现的特性，即在本金保持相对稳定、变现的交易成本很小的条件下，股票很容易变现的特性。股票持有人不能从公司退股，但股票转让为其提供了变现的渠道。通常，判断流动性强弱主要分析三个方面：首先是市场深度，以每个价位上报单的数量来衡量，如果买卖盘在每个价位上报单越多，成交越容易，股票的流动性越高；其次是报价紧密度，以价位之间的价差来衡量，若价差越小，交易对市场价格的冲击越小，股票流动性就越强，在有做市商的情况下，做市商双边报价的价差是衡量股票流动性的最重要指标；最后是股票的价格弹性，以交易价格受大额交易冲击后的恢复能力来衡量，价格恢复能力越强，股票的流动性越高。

（4）永久性。永久性是指股票所载有权利的有效性是始终不变的，因为它是一种无期限的法律凭证。股票的有效期与股份公司的存续期间相联系，二者是并存的关系。这种关系实质上反映了股东与股份公司之间比较稳定的经济关系。股票代表着股东的永久性投资，当然股票持有者可以出售股票而转让其股东身份，而对于股份公司来说，由于股东不能要求退股，所以通过发行股票募集到的资金，在公司存续期间是一笔稳定的自有资本。

（5）参与性。参与性是指股票持有人有权参与公司重大决策的特性。股票持有人作为股份公司的股东，有权出席股东大会，行使对公司经营决策的参与权。股东参与公司重大决策权力通常取决于其持有股份数量的多少，如果某股东持有的股份数量达到决策所需要的有效多数，就能实质性地影响公司的经营。

（三）股票的类型

1. 普通股票和优先股票

按股东权利的不同，股票可分为普通股票和优先股票。

（1）普通股票。普通股票是最基本、最常见的一种股票，其持有者享有股东的基本权利和义务。普通股票的股利完全随公司盈利的高低而变化。在公司盈利较多时，普通股票股东可获得较高的股利收益，但在公司盈利和剩余财产的分配顺序上列在债权人和优先股票股东之后，故其承担的风险也较高。与优先股票相比，普通股票是标准的股票，也是风险较大的股票。

（2）优先股票。优先股票是一种特殊股票，在其股东权利、义务中附加了某些特别条件。优先股票的股息率是固定的，其持有者的股东权利受到一定限制，但在公司盈利和剩余财产的分配顺序上比普通股票股东享有优先权。

2. 记名股票和无记名股票

按是否记载股东姓名，股票可以分为记名股票和无记名股票。

（1）记名股票。记名股票是指在股票票面和股份公司的股东名册上记载股东姓名的股票。很多国家的公司法都对记名股票的有关事项作出了具体规定。一般来说，如果股票是归某人单独所有，则应记载持有人的姓名；如果股票是归国家授权的投资机构或者法人所有，则应记载国家授权的投资机构或者法人的名称；如果股票持有者因故改换姓名或者名称，就应到公司办理变更股东姓名或者名称的手续。我国《公司法》规定，公司发行的股票，可以为记名股票，也可以为无记名股票。公司向发起人、法人发行的股票，应当为记名股票，并应当记载该发起人、法人的名称或者姓名，不得另立户名或者以代表人姓名记名。

（2）无记名股票。无记名股票是指在股票票面和股份公司股东名册上均不记股东姓名的股票。无记名股票也称不记名股票，与记名股票的差别不是在股东权利等方面，而是在股票的记载方式上。无记名股票发行时一般留有存根联，它在形式上分为两部分：一部分是股票的主体，记载了有关公司的事项，如公司名称、股票所代表的股数等；另一部分是股息票，用于进行股息结算和行使增资权利。我国《公司法》规定，发行无记名股票的，公司应当记载其股票数量、编号及发行日期。

3. 有面额股票和无面额股票

按是否在股票票面上标明金额，股票可以分为有面额股票和无面额股票。

（1）有面额股票。有面额股票是指在股票票面上记载一定金额的股票，记载的金额也被称为票面金额、票面价值或股票面值。股票票面金额的计算方法是用资本总额除以股份数，但实际上很多国家是通过法规予以直接规定，而且一般限定了这类股票的最低票面金额。另外，同次发行的有面额股票的每股票面金额是相等的，票面金额一般以国家主币为单位。我国《公司法》规定，股份有限公司的资本划分为股份，每一股的金额相等。

（2）无面额股票。无面额股票也被称为比例股票或份额股票，是指在股票票面上不记载股票面额，只注明它在公司总股本中所占比例的股票。无面额股票的价值随股份公司每股净资产和预期每股收益的增减而相应增减。公司净资产和预期收益增加，每股价值上升；反之，公司净资产和预期收益减少，每股价值下降。无面额股票淡化了票面价值的概念，与有面额股票的差别仅在表现形式上，即无面额股票代表着股东对公司资本总额的投资比例。20世纪早期，美国纽约州最先通过法律，允许发行无面额股票，以后美国其他州和其他一些国家也相继仿效，但目前世界上很多国家（包括中国）的法律规定不允许发行这种股票。

（四）股票发行市场

股票市场是股票发行和交易的场所，包括发行市场和流通市场两部分。

1. 股票发行市场的概念与特点

股票发行市场又称一级市场或初级市场，是指股票从规划到销售的整个过程，通过发行股票来筹集资金的市场形式，为资金的投资者与需求者提供的市场。

股票发行市场的特点：①无固定场所，可以在投资银行、信托投资公司和证券公司等处发生，也可以在市场上公开出售新股票；②没有统一的发生时间，由股票发行者根据自己的需要和市场行情走向自行决定何时发行。

2. 股票的发行方式

（1）根据股票募集对象划分，可分为私募发行和公募发行。

私募发行又称不公开发行或内部发行，是指只向少数特定的投资者发行股票的方式。公募发行又称公开发行，是指发行人通过中介机构向不特定的社会公众广泛地发售证券。与私募发行相比，公募发行能够筹集到大额资金，证券的流动性强，有助于发行人社会信誉的提高，但其发行过程复杂且发行费用较高。

（2）根据发行者推销出售股票的方式，可分为直接发行与间接发行。

直接发行又称直接招股，是指股份公司自己承担股票发行的一切事物和发行风险，直接向认购者推销出售股票的方式，或者要求投资公司、信托公司以及其他承销商给予适当协助。直接发行费用较低，但筹资时间较长。这种发行方式只适合于发行对象既定或发行风险小、手续简单的股票。间接发行又称间接招股，是指发行者委托证券发行中介机构出售股票的方式，主要有代销、承销和包销三种。间接发行筹资时间较短，但费用较高，需要付给投资公司、信托公司或承销商一定的手续费。

3. 股票的发行价格方式

（1）面值发行，即以股票的票面金额为发行价格。采用股东分摊的发行方式时一般按平价发行，不受股票市场行情的左右。由于市价往往高于面额，因此以面额为发行价格能够使认购者得到因价格差异而带来的收益，使股东乐于认购，保证了股票公司顺利地实现筹措股金的目的。

（2）时价发行，即以流通市场上的股票价格（即时价）为基础确定发行价格，而不是以股票面额。采用时价发行时，一般是时价高于股票面额，二者的差价称溢价，溢价带来的收益归该股份公司所有。时价发行能使发行者以相对少的股份筹集到相对多的资本，从而减轻负担，同时还可以稳定流通市场的股票时价，促进资金的合理配置。按时价发行的股票，将发行价格定在低于时价5% ~10%的水平上是比较合理的。

（3）中间价发行，即股票的发行价格取股票面额和市场价格的中间值。这种价格通常在时价高于面额，公司需要增资但又需要照顾原有股东的情况下采用。中间价格发行对象一般为原股东，在时价和面额之间采取一个折中的价格发行，实际上是将差价收益的一部分归原股东所有，一部分归公司所有。因此，在进行股东分摊时要按比例配股，不改变原来的股东构成。

（4）折价发行，即发行价格低于股票面额，是打了折扣的。折价发行有两种情况：一种情况是优惠性的，通过折价使认购者分享权益；另一种情况是该股票行情不佳，发行有一定困难，发行者与推销者共同议定一个折扣率，以吸引那些预测行情要上浮的投资者认购。由于各国统一规定发行价格不得低于票面额，因此，折价发行须经过许可方能实行。

（五）股票流通市场

股票流通市场是已经发行的股票按时价进行转让、买卖和流通的市场。这一市场为股票创造流动性，即能够迅速脱手换取现值。

股票流通市场通常可分为证券交易所和场外交易市场。

（1）证券交易所，是指由证券管理部门批准的，为证券的集中交易提供固定场所和有关设施，并制定各项规则以形成公正合理的价格和有条不紊的秩序的正式组织。

（2）场外交易市场是相对于证券交易所而言的，凡是在证券交易所之外的股票交易活动都可称作场外交易。场外交易市场没有固定的集中场所，规模有大有小，由自营商组织交易，价格通过协商达成。场外交易市场一般由柜台交易市场、第三市场和第四市场组成。

①柜台交易市场，又称店头交易市场，是指投资者与证券商直接在证券商的柜台进行交

易的市场。柜台交易市场是场外交易的主要市场，具有成本低、交易迅速、价格公平的特点，是绝大多数无法上市或不愿上市证券的理想交易场所。

②第三市场，是指原来在证券交易所上市的股票移到场外进行交易而形成的市场，换言之，第三市场交易是既在证券交易所上市又在场外市场交易的股票，区别于一般含义的柜台交易。

③第四市场，是指大机构和富有的个人绕开通常的经纪人，彼此之间利用网络直接进行的证券交易。

三、债券市场

（一）债券的定义

债券是一种有价证券，是社会各类经济主体为筹集资金而向债券投资者出具的、承诺按一定利率定期支付利息并到期偿还本金的债权债务凭证。借贷双方的权责关系主要有：第一，所借贷货币资金的数额；第二，借贷的时间；第三，在借贷时间内的资金成本或应有的补偿（即债券的利息）。

债券所规定的借贷双方的权利义务关系包含四个方面的含义：第一，发行人是借入资金的经济主体；第二，投资者是出借资金的经济主体；第三，发行人必须在约定的时间还本付息；第四，债券反映了发行者和投资者之间的债权债务关系，而且是这一关系的法律凭证。

（二）债券的票面要素

债券作为证明债权债务关系的凭证，一般以有一定格式的票面形式来表现。通常，债券票面上有四个基本要素。

1. 债券的票面价值

债券的票面价值是债券票面标明的货币价值，是债券发行人承诺在债券到期日偿还给债券持有人的金额。在债券的票面价值中，首先要规定票面价值的币种，即以何种货币作为债券价值的计量标准。确定币种主要考虑债券的发行对象。一般来说，在本国发行的债券通常将本国货币作为面值的计量单位；在国际金融市场筹资，则通常以债券发行地所在国家的货币或以国际通用货币为计量标准。此外，确定币种还应考虑债券发行者本身对币种的需要。币种确定后，则要规定债券的票面金额。票面金额大小不同，可以适应不同的投资对象，同时也会产生不同的发行成本。票面金额定得较小，有利于小额投资者购买，持有者分布面广，但债券本身的印刷及发行工作量大，费用可能较高；票面金额定得较大，有利于少数大额投资者认购，且印刷费用等也会相应减少，但使小额投资者无法参与。因此，债券票面金额的确定也要根据债券的发行对象、市场资金供给情况及债券发行费用等因素综合考虑。

2. 债券的到期期限

债券的到期期限是指债券从发行之日起至偿清本息之日止的时间，也是债券发行人承诺履行合同义务的全部时间。各种债券有不同的偿还期限，短则几个月，长则几十年，习惯上有短期债券、中期债券和长期债券之分。

3. 债券的票面利率

债券的票面利率也称名义利率，是债券年利息与债券票面价值的比率，通常年利率用百分数表示。利率是债券票面要素中不可缺少的内容。

在实际经济生活中，债券利率有多种形式，如单利、复利和贴现利率等。债券的票面利率亦受很多因素影响。

（1）借贷资金市场利率水平。市场利率较高时，债券的票面利率也相应较高，否则，投资者会选择其他金融资产投资而舍弃债券；反之，市场利率较低时，债券的票面利率也相应较低。

（2）筹资者的资信。如果债券发行人的资信状况好，债券信用等级高，投资者的风险小，债券的票面利率可以定得比其他条件相同的债券低一些；如果债券发行人的资信状况差，债券信用等级低，投资者的风险大，债券的票面利率就需要定得高一些。此时的利率差反映了信用风险的大小，高利率是对高风险的补偿。

（3）债券期限长短。一般来说，期限较长的债券流动性差，风险相对较大，票面利率应该定得高一些；而期限较短的债券流动性强，风险相对较小，票面利率就可以定得低一些。但是，债券的票面利率与期限的关系较复杂，还受其他因素的影响，有时也会出现短期债券票面利率高而长期债券票面利率低的现象。

4. 债券发行者名称

这一要素指明了该债券的债务主体，既明确了债券发行人应履行对债权人偿还本息的义务，也为债权人到期追索本金和利息提供了依据。

需要说明的是，以上四个要素虽然是债券票面的基本要素，但它们并非一定出现在债券票面上。在许多情况下，债券发行者是以公布条例或公告形式向社会公开宣布某债券的期限与利率，只要发行人具备良好的信誉，投资者也会认可接受。此外，债券票面上有时还包含一些其他要素，如，有的债券具有分期偿还的特征，在债券的票面上或发行公告中附有分期偿还时间表。

（三）债券的特征

1. 偿还性

偿还性是指债券有规定的偿还期限，债务人必须按期向债权人支付利息和偿还本金。债券的偿还性使资金筹措者不能无限期地占用债券购买者的资金。换言之，他们之间的借贷经济关系将随偿还期结束、还本付息手续完毕而不复存在。这一特征与股票的永久性有很大的区别。在历史上，债券的偿还性也有例外，曾有国家发行过无期公债或永久性公债。这种公债无固定偿还期，持券者不能要求政府清偿，只能按期取息。当然，这只能视为特例，不能因此而否定债券具有偿还性的一般特性。

2. 流动性

流动性是指债券持有人可按需要和市场的实际状况，灵活地转让债券，以提前收回本金和实现投资收益。流动性首先取决于市场为转让所提供的便利程度；其次取决于债券在迅速转变为货币时，是否在以货币计算的价值上蒙受损失。

3. 安全性

安全性是指债券持有人的收益相对稳定，不随发行者经营收益的变动而变动，并且可按期收回本金。一般来说，具有高度流动性的债券同时也是较安全的，因为它不仅可以迅速地转换为货币，而且还可以按一个较稳定的价格转换。

4. 收益性

收益性是指债券能为投资者带来一定的收入，即债券投资的报酬。在实际经济活动中，债券收益可以表现为三种形式。一是利息收入，即债权人在持有债券期间按约定的条件分期、分次取得利息或者到期一次取得利息。二是资本损益，即债权人到期收回的本金与买入债券或中途卖出债券与买入债券之间的价差收入。从理论上说，如果市场利率在持有债券期间一直不变，这一价差就是自买入债券或自上次付息至卖出债券这段时间的利息收益表现形式，但是，由于市场利率会不断变化，债券在市场上的转让价格将随市场利率的升降而上下波动。债券持有者能否获得转让价差、转让价差的多少，要视市场情况而定。三是再投资收益，即投资债券所获现金流量再投资的利息收入。再投资收益主要受市场收益率变化的影响。

（四）债券市场的分类

债券市场是发行和买卖债券的场所。债券市场是金融市场的一个重要组成部分，是一国金融体系中不可或缺的部分。

1. 根据债券的运行过程和市场的基本功能，可分为发行市场和流通市场

债券发行市场，又称一级市场，是发行单位初次出售新债券的市场；债券流通市场，又称二级市场，是指已发行债券买卖转让的市场。

2. 根据市场组织形式的不同，可分为场内交易市场和场外交易市场

场内交易市场就是在证券交易所内买卖债券所形成的市场；场外交易市场是在证券交易所以外进行债券交易的场所。此外，还有柜台市场、银行间交易市场，以及一些机构投资者通过电话、电脑等手段形成的市场等。目前，我国债券流通市场由三个部分组成，即沪深证券交易所市场、银行间交易市场和证券经营机构柜台交易市场。

3. 根据债券发行地点的不同，可分为国内债券市场和国际债券市场

国内债券市场是指发行者和发行地点属于同一个国家；国际债券市场是指发行者和发行地点不属于同一个国家。

四、投资基金市场

（一）投资基金市场与投资基金的概念

投资基金市场是指进行投资基金交易的场所。证券市场投资基金是一种利益共享、风险共担的集合投资制度。投资基金集中不确定多数的投资者通过认购基金份额汇集起来的资金，由基金管理人根据投资人的委托进行投资运作，获得收益后根据基金持有者所拥有的基金份额进行收益分配的投资方式。可以说，投资基金是对所有以投资为形式的基金的统称。

（二）投资基金的特点

（1）投资基金是由专家运作、管理并专门投资于证券市场的基金。

（2）投资基金对投资者来说，是一种间接的证券投资方式。

（3）投资基金具有投资小、费用低的优点。

（4）投资基金具有组合投资、分散风险的好处。

（5）投资基金买卖程序非常简便，流动性强，变现性好。

（三）投资基金的主要当事人

1. 基金投资者

基金投资者即基金份额持有人，是基金的出资人，基金资产的所有者和基金投资收益受益人。我国基金投资者享有多项权利，而且对基金管理人、基金托管人、基金份额发售机构损害其合法权益的行为可依法提起诉讼，同时履行相应的义务。

2. 基金管理人

基金管理人是指凭借专门的知识与经验，运用所管理基金的资产，根据法律、法规及基金章程或基金契约的规定，按照科学的投资组合原理进行投资决策，谋求所管理的基金资产不断增值，并使基金投资者获取尽可能多的收益的机构。

3. 基金托管人

基金托管人是基金投资者权益的代表，是基金资产的名义持有人或管理机构。为了保证基金资产的安全，基金应按照资产管理和保管分开的原则进行运作，并由专门的基金托管人保管基金资产。

（四）投资基金的设立、发行和交易

1. 基金的发行

投资基金的设立在获得主管部门的批准后，便进入募集发行阶段。基金的发行也即基金的募集是基金发起人向投资者销售基金份额的行为和过程。基金的发行方式可以按发行对象和发行范围的不同分为私募发行和公募发行两种。还可以按照基金发行销售渠道分为自办发行和承销两种，其中，承销又可分为代销和包销。

2. 基金的认购

基金的认购是投资者的行为，即在基金发行期内投资者申请购买基金份额的行为。具体而言，对契约型基金的投资以购买基金份额来实现，而对公司型基金的投资则是通过购买基金公司的股票来实现的。

第四节　金融衍生市场

一、金融衍生市场的产生与发展

金融衍生工具（Financial Derivatives），又称金融衍生品，与基础性金融工具相对应，是指在一定的基础性金融工具的基础上派生出来的金融工具，一般表现为合约，其价值由作为标的物的基础性金融工具的价格决定。目前，在国际金融市场上运用最为普遍的金融衍生工具有金融远期、金融期货、金融期权和金融互换。

20 世纪 70 年代以后，随着美元危机的不断爆发，布雷顿森林体系崩溃，金融环境发生了很大变化，西方各国纷纷放弃固定汇率制，实行浮动汇率制。国际资本的频繁流动，特别是欧洲美元和石油危机的冲击，使得外汇市场的汇率变动无常，大起大落，汇率的频繁波动增加了国际贸易和跨国金融交易的汇率风险。

20 世纪 80 年代，货币互换出现。1981 年，美国所罗门兄弟公司为 IBM 公司和世界银行进行了美元和联邦德国马克、瑞士法郎之间的互换，开创了互换市场的先河。1982 年，第一笔利率互换在美国完成，随后出现期权与互换技术的结合，衍生出互换期权。

由此可见，金融衍生工具市场产生的初衷是用以规避汇率、利率等价格变动的风险，因此，风险管理是金融衍生工具市场最早具有的基本的功能。但是，由于金融衍生工具具有高杠杆效应，诱使市场投机者利用衍生金融工具进行大规模的投机活动。如果投机成功，可以获得很高的收益，如果失败，则会造成严重的后果，甚至危及整个国际金融市场的稳定。1994 年，美国加州奥兰治县政府因投资金融衍生工具损失 15 亿美元而一夜破产；1995 年，震惊全球的巴林银行破产案，也是由其新加坡期货公司首席交易员里森运用日经股票指数期货进行投资，亏损 8.5 亿英镑所致。此外，国际投机资本还会利用金融衍生工具交易冲击一国金融市场，造成该国金融动荡，甚至金融危机，如 1997 年爆发的东南亚金融危机；再如发端于 2007 年美国华尔街的金融风暴，导致 2008 年全球金融危机的全面爆发，给世界经济造成严重损失。可见，金融衍生工具市场的发展是一把"双刃剑"，它在为市场参与者提供灵活便利的避险工具的同时，也促成了巨大的世界性投资活动，加剧了国际金融市场的不稳定性。

二、金融衍生工具的分类

（一）按照金融衍生工具自身交易的方法及特点分类

（1）金融远期合约。合约双方同意在未来日期按照固定价格买卖基础金融资产的合约。

金融远期合约规定了将来交割的资产、交割的日期、交割的价格和数量，合约条款根据双方需求协商确定。金融远期合约主要包括远期利率协议、远期外汇合约和远期股票合约。

（2）金融期货。这是指买卖双方在有组织的交易所内以公开竞价的形式达成的，在将来某一特定时间交收标准数量特定金融工具的协议，主要包括货币期货、利率期货、股票指数期货和股票期货四种。

（3）金融期权。这是指合约买方向卖方支付一定费用，在约定日期内（或约定日期）享有按事先确定的价格向合约卖方买卖某种金融工具的权利的契约，包括现货期权和期货期权两大类。除交易所交易的标准化期权、权证之外，还存在大量场外交易的期权，这些新型期权通常被称为奇异型期权。

（4）金融互换。这是指两个或两个以上的当事人按共同商定的条件，在约定的时间内定期交换现金的金融交易，可分为货币互换、利率互换和股权互换等。

上述四种常见的金融衍生工具通常称为建构模块工具，它们是最简单和最基础的金融衍生工具。而利用其结构化特性，通过相互结合或者与基础金融工具相结合，能够开发设计出更多具有复杂特性的金融衍生产品，通常被称为结构化金融衍生工具，或简称为结构化产品。例如，目前我国各家商业银行推广的外汇结构化理财产品等，都是其典型代表。

（二）按照基础工具种类分类

（1）股权类产品的衍生工具。这是指以股票指数为基础工具的金融衍生工具，主要包括股票期货、股票期权、股票指数期货、股票指数期权以及上述合约的混合交易合约。

（2）货币衍生工具。这是指以各种货币为基础工具的金融衍生工具，主要包括远期外汇合约、货币期货、货币期权、货币互换以及上述合约的混合交易合约。

（3）利率衍生工具。这是指以利率或利率的载体为基础工具的金融衍生工具，主要包括远期利率协议、利率期货、利率期权、利率互换以及上述合约的混合交易合约。

（4）信用衍生工具。这是以基础产品所蕴含的信用风险或违约风险为基础变量的金融衍生工具，用于转移或防范信用风险，是20世纪90年代以来发展最为迅速的一类衍生产品，主要包括信用互换、信用联结票据等。

（三）按照产品形态分类

（1）独立衍生工具。独立衍生工具包括远期合同、期货合同、互换和期权以及具有远期合同、期货合同、互换和期权中一种或一种以上特征的工具。其具有下列特征：①其价值随特定利率、金融工具价格、商品价格、汇率、价格指数、费率指数、信用等级、信用指数或其他类似变量的变动而变动，变量为非金融变量的，该变量与合同的任一方不存在特定关系；②不要求初始净投资，或与对市场情况变化有类似反应的其他类型合同相比，要求很少的初始净投资；③在未来某一日期结算。

（2）嵌入式衍生工具。它是指嵌入非衍生工具（即主合同）中，使混合工具的全部或部分现金流量随特定利率、金融工具价格、商品价格、汇率、价格指数、费率指数、信用等级、信用指数或其他类似变量的变动而变动的衍生工具。嵌入式衍生工具与主合同构成混合工具，如可转换公司债券等。

（四）按照交易场所分类

（1）交易所交易的衍生工具。交易所交易的衍生工具是指在有组织的交易所上市交易的衍生工具，如在股票交易所交易的股票期权产品，在期货交易所和专门的期权交易所交易的各类期货合约、期权合约等。

（2）OTC交易（柜台交易）的衍生工具。它是指通过各种通信设备，不通过集中的交易所，实行分散的、一对一交易的衍生工具，如金融机构之间、金融机构与大规模交易之间进行的各种互换和信用衍生品交易。

三、金融远期市场

金融远期合约是指双方约定在未来的某一确定时间按确定的价格买卖一定数量的某种金融资产的合约。合约中规定在将来买入标的物的一方，称为多方；卖出标的物的一方，称为空方；买卖标的物的价格，称为交割价格。如果信息是对称的，而且合约双方对未来的预期相同，那么合约双方所选择的交割价格应使合约的价值在签约时等于零。这意味着无须成本就可处于远期合约的多头或空头状态。

远期合约是非标准化合约，因此它不在交易所交易，而在金融机构之间或金融机构与客户之间通过谈判后签署。已有的远期合约也可以在场外市场交易。

在签署远期合约之前，双方可以就交割地点、交割时间、交割价格、合约规模、标的物的品质等细节进行谈判，以便尽量满足双方的需要。因此远期合约跟期货合约相比，灵活性较大，这是远期合约的主要优点。

但远期合约也有明显的缺点。首先，由于远期合约没有固定的、集中的交易场所，不利于信息交流和传递，不利于形成统一的市场价格，市场效率较低；其次，由于每份远期合约千差万别，这就给远期合约的流通造成较大不便，因此远期合约的流动性较差；最后，远期合约的履约没有保证，当价格变动对一方有利时，对方有可能无力或无诚意履行合约，因此远期合约的违约风险较高。

本章小结

金融市场是资金供求双方借助金融工具进行各种资金交易活动的场所。金融市场由多个子市场构成。金融市场的交易主体包括政府、中央银行、商业性金融机构、企业以及居民。交易客体即金融工具则是金融市场上资金交易的载体。在金融市场上，价格发挥着核心作用。货币市场是指以期限在1年以下的金融工具为媒介进行短期资金融通的市场。货币市场具有交易期限短、流动性强、风险相对较低的特征。货币市场由同业拆借市场、回购市场、商业票据市场、银行承兑汇票市场、大额可转让定期存单市场、短期政府债券市场和货币市场共同基金市场等子市场构成。资本市场是指以期限1年以上的金融工具为媒介进行长期性资金交易活动的市场。资本市场金融工具期限长，主要是为解决长期投资性资金的供求需要，主要包括股票市场、债券市场和投资基金市场。金融衍生工具是在金融原生资产基础上设计而派生出新的金融工具。金融衍生市场主要包括远期合约市场、金融期货市场、金融期权市场和金融互换市场。

课后练习

一、名词解释

金融市场 货币市场 资本 同业拆借市场 回购市场 资本市场 股票 债券

二、问答题

1. 什么是金融工具？金融工具有哪些特征？
2. 同业拆借市场的特点是什么？
3. 股票的类型有哪些？
4. 债券的发行方式有哪些？

案例分析

纽约金融市场

纽约是世界上最重要的国际金融中心之一。第二次世界大战后，纽约金融市场在国际金融领域的地位进一步加强。美国凭借其在战争时期膨胀起来的强大经济和金融实力，建立了以美元为中心的资本主义货币体系，使美元成为世界最主要的储备货币和国际清算货币。西方资本主义国家和发展中国家的外汇储备中大部分是美元资产，存放在美国，由纽约联邦储备银行代为保管。一些外国官方机构持有的部分黄金也存放在纽约联邦储备银行。纽约联邦储备银行作为贯彻执行美国货币政策及外汇政策的主要机构，在金融市场的活动直接影响到市场利率和汇率的变化。世界各地的美元买卖，包括欧洲美元、亚洲美元市场的交易，都必须在美国，特别是在纽约的商业银行账户上办理收付、清算和划拨，因此纽约成为世界美元交易的清算中心。此外，美国外汇管制较松，资金调动比较自由。在纽约，不仅有许多大银行，而且商业银行、储蓄银行、投资银行、证券交易所及保险公司等金融机构云集，许多外国银行也在纽约设有分支机构，1983 年世界上最大的 100 家银行在纽约设有分支机构的就有 95 家。这些都为纽约金融市场的进一步发展创造了条件，加强了它在国际金融领域的地位。

纽约金融市场按交易对象划分，主要包括外汇市场、货币市场和资本市场。

纽约外汇市场是美国的、也是世界上最主要的外汇市场之一。纽约外汇市场并无固定的交易场所，所有的外汇交易都通过电话、电报和电传等通信设备，在纽约的商业银行与外汇市场经纪人之间进行，这种联络就组成了纽约银行间的外汇市场。此外，各大商业银行都有自己的通信系统，与该行在世界各地的分行外汇部门保持联系，又构成了世界性的外汇市场。由于世界各地时差关系，各外汇市场开市时间不同，纽约大银行与世界各地外汇市场可以 24 小时保持联系，因此它在国际间的套汇活动几乎可以立即完成。

　　纽约货币市场即纽约短期资金的借贷市场，是资本主义世界主要货币市场中交易量最大的一个。除纽约市金融机构、工商业和私人在这里进行交易外，每天还有大量短期资金从美国和世界各地涌入流出。和外汇市场一样，纽约货币市场也没有一个固定的场所，交易都是供求双方直接或通过经纪人进行的。纽约货币市场的交易，按交易对象可分为联邦基金市场、政府库券市场、银行可转让定期存单市场、银行承兑汇票市场和商业票据市场等。

　　纽约资本市场是世界上最大的经营中、长期借贷资金的资本市场，可分为债券市场和股票市场。纽约债券市场交易的主要对象是政府债券、公司债券、外国债券。纽约股票市场是纽约资本市场的一个组成部分。在美国，有 10 多家证券交易所按证券交易法的规定注册，被列为全国性的交易所，其中纽约证券交易所、纳斯达克证券交易所和美国证券交易所最大，它们都设在纽约。

　　分析：对比纽约，上海在建立国际金融中心的过程中还有哪些方面需要提高？

第十二章

货币供求及其均衡

第一节　货币供给及其理论

一、货币供给的含义

货币供给是与货币需求相对的一个概念。货币供给可以从静态和动态两个角度来考察和理解。静态的货币供给是一个存量的概念，人们往往称为货币供给量，它是一个国家在一定时点上流通的货币总量。动态的货币供给则是指货币供给主体，即现代经济中的银行向货币需求的主体提供货币的整个过程。

理解货币供给的含义应从以下几个方面入手。

（一）货币供给的主体

在不同的货币体制下，货币供给的主体是不同的。在国家垄断货币发行权之前，货币供给主体是分散的，尤其是在金币本位制下，几乎所有拥有货币金属的主体都可以成为货币供给者。但在国家垄断货币发行权以后，特别是中央银行的出现，货币发行即由国家统一授权给中央银行统一组织发行。

（二）货币供给的客体

货币供给的客体是指发行者或者货币供给者向流通中供应什么样的货币。不同的货币制度下存在差别。在信用货币制度下，发行者供给的货币是多层次的，既有现金，也有存款，还有其他形式的货币。

（三）货币的供给过程

货币的供给过程是与具体的货币制度相联系的。在现代不兑现的信用货币制度下，流通中的货币无论是现金还是存款，都是通过银行的信用活动形成的。因此，银行是货币供给的主体。在货币供给过程中，商业银行和中央银行分别发挥不同的作用。整个货币的供给是由中央银行提供基础货币，在货币乘数的作用下，通过商业银行的信用创造，然后向社会经济提供包括现金、存款的不同层次的货币。

二、名义货币供给与实际货币供给

（一）名义货币供给

名义货币供给，是指一国的货币当局（即中央银行）根据货币政策的要求提供的货币量。这个量并不是完全以真实商品和劳务表示的货币量，它包括由供给量引起的价格变动的因素。因此，名义货币供给也就是以货币单位（如"元"）来表示的货币量，是现金和存款之和。

名义货币供给可能高于或低于实际货币需求。按照货币数量论说法，商品的价格由实际货币需求与名义货币供给的比例决定。比如，实际需求货币为 100 亿千克棉花，名义货币供给量为 500 亿元，每千克棉花售价 5 元。如果实际需求货币的棉花增加到 125 亿千克，而名义货币供应量不变，那么，每千克棉花的价格就会下降到 4 元，就是说货币升值20%；再如，实际货币需求不变，而名义货币供给量增加到 600 亿元，则每千克棉花的价格上涨到 6 元，货币贬值20%。这说明，商品价格的变动是由名义货币供给量决定的。

按照货币价值论的观点，商品的价格由商品的价值与货币代表的价值的比例决定。名义货币供给量超过实际货币供给量，就会引起货币贬值。这样，由贬值的名义货币供给表现出的是物价上涨；反之，实际货币需求增加，如果名义货币供给不变，那么，表现出的是货币升值和物价下降。因此，货币当局的名义货币供给必须与实际货币需求大体相适应，以促进经济协调发展。

（二）实际货币供给

实际货币供给是指一般物价指数平减后所得的货币供给，也就是提出物价上涨因素而表现出来的货币所能购买的商品和劳务总额。用公式表示为：

$$实际货币供给 = M_s/P_o$$

式中，M_s 表示名义货币供给；P_o 表示平减后的一般物价指数。

为了保持实际货币供给与实际货币需求相适应或者相平衡，实际货币供给应该与用实物形态表示的国民收入 Y 成一定比例关系，即与 kY 相等，即：

$$M_s/P_o = kY$$

如果左边大于右边，说明货币供给大于实际货币需求，即引起通货膨胀；反之，则会出现投资紧张、消费减少、失业增加、经济不景气。

三、货币供给与货币层次的划分

（一）货币供给的内生性与外生性

货币供给（Money Supply）是指在一定时期内一国银行系统向经济中注入或抽离货币的

行为过程。货币供给首先是一个经济过程，即银行系统向经济中注入或抽离货币的过程；其次是在一定时点上会形成一定的货币数量，即货币供给量。

货币供给的内生性（或称内生变量）和外生性（或称外生变量），是货币理论研究中具有较强政策含义的两个概念。所谓内生变量（Endogenous Variable），亦称非政策变量，是指在经济运行机制内部，由纯粹的经济因素所决定的变量，它一般不为政策因素所左右。而外生变量（Exogenous Variable）则与内生变量不同，它也称政策变量，是指在经济运行中易受外部因素影响，由非经济因素所决定的变量，它能被政策决策人控制，并成为实现其政策目标的变量。

经济学家总是用"货币供给究竟是外生变量还是内生变量"来判断货币当局与货币供给之间的关系。如果说"货币供给是内生变量"，则意味着货币供给是由经济运行内部因素，如收入、储蓄、投资、消费等所决定，而不是由货币当局的货币政策决定，起决定作用的是经济体系中的实际变量以及微观经济主体的经济行为等因素。如果说"货币供给是外生变量"，则意味着货币供给这个变量不是由经济因素所决定的，而是由货币当局的货币政策决定，而且货币当局能有效地通过对货币供给的调节影响经济运行。因此，货币供给总是要被动地取决于客观经济运行，而货币当局并不能有效地控制其变动。事实上，货币政策的调节作用，特别是以货币供给变动为操作指标的调节作用，有很大的局限性。

由此可见，货币供给首先是一个外生变量，因为中央银行能够按照自身的意图运用货币政策工具对经济社会的货币量进行扩张和收缩，使货币供给量在很大程度上被这些政策变量所左右。然而，货币供给量的变动要受客观经济运行的制约，以及经济社会中其他经济主体的货币收付行为的影响。因此，货币供给同时又是一个内生变量。当然，货币供给是内生变量还是外生变量是一个很复杂的问题，要看货币供给的可控性程度，随着决定货币供给可控性的客观条件和主观认识与能力的不断变化，在具体分析时，应对其进行动态分析。

（二）货币层次及其划分依据

在现实中的某个时点上，一国到底有多少货币量，涉及对货币供给量的统计问题。各国中央银行对本国货币供给量是分层次进行统计的，即货币是有层次的。所谓货币层次（Strata of Money）是指不同范围的货币概念。虽然现金、存款和各种有价证券均属于货币范畴，都可以转化为现实的购买力，但其流动性是不同的。如现金和活期存款是直接的购买手段和支付手段，能随时形成现实的购买力，流动性最强；而储蓄存款一般需要转化为现金才能形成现实购买力，定期存款只有到期后才能用于支付，若提前支取，还要蒙受一定的经济损失，因而其流动性次之；票据、股票、债券等有价证券，若要变成现实的购买力，则必须在金融市场上出售，因而其流动性较差。

由于上述货币转化为现实购买力的能力不同，因而其对商品流通和经济活动的影响是有区别的。目前，各国中央银行在对货币进行层次划分时，都是以货币资产的流动性高低作为依据和标准的。货币资产的流动性即货币资产的变现性，是指货币资产转化为现实购买手段的能力。变现性强，流动性就强；变现性弱，流动性就弱。因此，按流动性的强弱对不同形式、不同特征的货币划分不同的层次，是科学统计货币数量、客观分析货币流通状况、正确制定货币政策和及时有效地进行宏观经济调控的必要措施。

（三）国际货币基金组织及主要国家货币层次的划分

1. 国际货币基金组织的货币层次划分

目前，国际货币基金组织一般将货币层次划分为三个层次。

M_0 = 流通于银行体系之外的现金。包括居民、企业或单位持有的现金，但不包括商业银行的库存现金。

M_1 = M_0 + 活期存款（包括邮政汇划制度或国库接受的私人活期存款）。

M_2 = M_1 + 储蓄存款 + 定期存款 + 政府债券（包括国库券）。

2. 美国的货币层次划分

1970 年以后，美国的银行向全能化、综合化方向发展的趋势明显加快，金融创新不断出现。美国的货币层次的划分，有自己的特点，目前美国的货币划分为以下几个层次。

M_1 = 银行体系外的现金 + 旅行支票 + 活期存款 + 其他支票存款。

M_2 = M_1 + 储蓄存款 + 小额定期存款 + 货币市场存款账户 + 货币市场互助基金份额 + 隔日回购协议 + 隔夜欧洲美元。

M_3 = M_2 + 大额定期存单 + 长于隔夜期限的回购协议 + 定期欧洲美元。

L = M_3 + 商业票据 + 短期国库券 + 储蓄债券 + 银行承兑票据等。

3. 我国的货币层次划分

我国对货币层次的研究起步较晚，但发展迅速，经过多年的探索、讨论，在划分原则、具体划分方法上，提出了不少有益见解。

（1）划分货币层次的原则。实践证明，划分货币层次要从我国的实际出发，不能盲目照搬西方国家的做法。要使我国货币划分具有实际意义，应按照以下原则：首先，划分货币层次应把金融资产的流动性作为基本标准；其次，划分货币层次要考虑中央银行宏观调控的要求，应把列入中央银行账户的存款同商业银行吸收的存款区别开来；第三，货币层次要能反映出经济情况的变化，要考虑货币层次与商品层次的对应关系，并在操作上有可行性；最后，宜粗不宜细。

（2）我国中央银行根据《中国人民银行货币供给量统计和公布暂行办法》将货币划分为以下层次。

M_0 = 流通中的现金。

M_1 = M_0 + 活期存款。

M_2 = M_1 + 城乡居民储蓄存款 + 单位定期存款 + 证券公司的客户保证金存款其他存款。

M_3 = M_2 + 商业票据 + 大额可转让定期存单。

我国目前只测算和公布 M_0、M_1 和 M_2，M_3 只测算不公布。

需要说明的是，各国对货币层次的划分都是动态的、相对的。随着各国金融机构和金融市场的不断发展，金融产品会越来越丰富，越来越多的金融工具具有了不同程度的"货币性"，使货币的外延越来越大，货币供给量的统计口径越来越宽，货币层次也将会随之调整。而且，在金融制度发达、金融产品丰富的国家，越来越多的金融产品将被纳入货币的统计范畴，如国库券、商业票据、金融债券等，与此同时，货币层次也会相应增多。

四、中央银行宏观调控下货币供给量的确定

在货币供给过程中，中央银行和商业银行分别发挥不同的作用。整个货币的供给是由中央银行提供基础货币，在货币乘数的作用下，通过商业银行的信用创造，然后向社会经济提供包括现金、存款的各种不同层次的货币。

假设货币供给量为 M，基础货币为 B，货币乘数为 m，则用公式表示三者的关系为：

$$M = m \times B$$

由此，我们可以看出，货币供给量主要取决于基础货币和货币乘数这两个因素，而这两个因素又受多重复杂因素影响，所以需要从这两个方面具体分析。

（一）基础货币

1. 基础货币的含义

基础货币又称强力货币或高能货币，是指具有使货币供给总量倍数扩张或收缩能力的货币，它表现为中央银行的负债，是中央银行投放并直接控制的货币。它由两部分构成：一是商业银行的准备金（包括商业银行库存现金和商业银行存放于中央银行的存款）；二是流通于银行体系外而被社会公众持有的现金，即通常所说的"通货"。

基础货币通常用公式表示为：

$$B = R + C$$

式中，B 表示基础货币；R 表示商业银行的准备金；C 表示流通于银行体系外而被社会公众持有的现金。

基础货币的改变对商业银行信用规模的影响直接而且巨大，它直接决定了商业银行存款货币创造能力，是商业银行借以创造存款货币的源泉。

2. 影响基础货币的因素

（1）买卖政府债券。中央银行无论是向商业银行还是向非银行部门购买政府债券，都会增加基础货币的供应；反之，基础货币收缩。

（2）再贷款及再贴现。当中央银行向商业银行提供再贷款或者再贴现时，银行体系的储备存款相应增加，基础货币增加；当商业银行归还中央银行的贷款时，银行体系储备存款相应减少，基础货币收缩。

（3）政府贷款或者透支。政府贷款或者透支会造成中央银行资产业务规模的扩大，引起基础货币的增加。通常这种由中央银行对政府赤字融资而导致的货币供应增加被称为债务货币化。

（4）买卖黄金或外汇储备。中央银行购买黄金、外汇，基础货币增加；中央银行卖出

黄金、外汇，基础货币减少。

★ **小思考 12-1**

2009 年 9 月 24 日，中国人民银行发行 2009 年第四十七期中央银行票据。票据期限为 3 个月（91 天），发行量为 300 亿元，缴款日为 2009 年 9 月 25 日，起息日为 2009 年 9 月 25 日，到期日为 2009 年 12 月 25 日。请问发行央行票据对基础货币量会产生什么影响？

答：发行央行票据，可以起到回笼基础货币的作用。2009 年 9 月 24 日中国人民银行发行 2009 年第四十七期央行票据，使基础货币量减少。

（二）货币乘数

1. 货币乘数的含义

货币乘数是指货币供给的扩张倍数，也就是货币供给量与基础货币的比值。在基础货币一定的条件下，货币乘数决定了货币供给的总量。货币乘数越大，则货币供给量越多；货币乘数越小，则货币供给量就越少。所以，货币乘数是决定货币供给量的又一个重要甚至关键的因素。货币乘数是以商业银行创造货币的扩张倍数为基础的。

2. 影响货币乘数的因素

（1）法定存款准备金率。定期存款与活期存款的法定准备金率均由中央银行直接决定。通常，法定存款准备金率越高，货币乘数越小；反之，货币乘数越大。

（2）超额准备金率。商业银行保有的超过法定存款准备金的准备金与存款总额之比，称为超额准备金率。显而易见，超额准备金的存在相应减少了银行创造派生存款的能力，因此，超额准备金率与货币乘数之间也呈反方向变动关系。超额准备金率越高，货币乘数越小；反之，货币乘数就越大。

（3）提现率（现金漏损率）。所谓提现率，是指客户提现额与活期存款的比率。现实经济生活中，客户在银行取得贷款后，通常提取部分现金满足自己的需要，这样就会在创造存款过程中出现现金漏出银行体系的情况，从而影响存款扩张倍数。提现率上升，则货币乘数下降；反之，则上升。

（4）定期存款比率。由于活期存款与定期存款的利率差别，客户常会将部分活期存款转化为定期存款。这种转化影响到商业银行贷款的资金来源结构，从而影响存款的创造。

★ **小思考 12-2**

中国人民银行从 2008 年 12 月 25 日起，下调金融机构人民币存款准备金率 0.5 个百分点。这对货币乘数会产生什么影响？

答：法定存款准备金率与货币乘数负相关。中国人民银行下调金融机构人民币存款准备金率 0.5 个百分点，在其他条件不变的前提下，货币乘数上升。

（三）货币乘数的计算

考虑到影响货币乘数的因素，货币乘数的计算公式如下：

$$m = (1 + c/r_d + r_t \times t + e + c)$$

式中，m 表示货币乘数，r_d 表示活期存款的法定准备金率，r_t 表示定期存款的法定准备金率，t 表示定期存款比率，c 表示提现率，e 表示超额准备金率。

例如，某国 2019 年 9 月活期存款的法定准备金率为 8%，定期存款比率为 30%，定期存款的法定准备金率为 3%，超额准备金率为 2%，提现率为 6%。该国 2019 年的基础货币为 9 000 亿元。试计算：(1) 该国 2019 年 9 月货币乘数的值；(2) 该国 2019 年的货币供应量。

解：(1) $r_d = 8\%$，$r_t = 3\%$，$t = 30\%$，$e = 2\%$，$c = 6\%$

$m = (1 + 6\%)/(8\% + 3\% \times 30\% + 2\% + 6\%) = 6.272$

该国 2019 年 9 月的货币乘数为 6.272。

(2) $M = m \times B = 6.272 \times 9\,000 = 56\,448$（亿元）

按 9 月的货币乘数，该国 2019 年的货币供应量为 56 448 亿元。

★案例 12-1

基础货币和货币乘数影响下的我国货币供给

基础货币和货币乘数变动影响货币供应量，而货币供应量增加必然会反映到银行信贷的增加上。根据央行公布的数据，2008 年 11 月我国基础货币为 119 332.71 亿元，较 10 月增加 3 617.41 亿元；12 月基础货币达到 129 222.33 亿元，较 11 月又增加 9 889.62 亿元，基础货币大幅度增加。而 2008 年 10 月我国广义货币供应量货币乘数为 3.92，11 月、12 月分别下降为 3.84 和 3.68。2008 年 11 月广义货币供应量比 10 月增加 5 512.34 亿元，人民币贷款新增 4 769 亿元；12 月广义货币供应量增加 16 521.94 亿元，人民币贷款增加 7 400 亿元。

进入 2009 年，我国基础货币并没有大幅度增加，1 月我国基础货币比 2008 年 12 月增加 431.11 亿元，2 月基础货币比 1 月下降 4 206.53 亿元。2009 年 1 月货币乘数上升到 3.83，2 月进一步上升到 4.04。但我国广义货币供应量仍呈增加的态势，1 月，我国广义货币供应量增加 20 968.7 亿元，人民币贷款增加 1.62 万亿元；2 月广义货币供应量增加 10 572.76 亿元，人民币贷款增加 1.07 万亿元；3 月广义货币供应量增加 23 918.64 亿元，人民币贷款增加 1.89 万亿元。

资料来源：佚名. 基础货币和货币乘数影响下的我国货币供给 [N]，上海证券报，2009-04-28.

分析：从上述案例中，我们可以看出，货币供给量的变化是基础货币和货币乘数共同作用的结果。2008 年年底我国基础货币上升很快，但货币乘数却呈下降的趋势。在两者的综合作用下，2008 年广义货币供应量和新增贷款呈现大幅度回升的态势，其中，基础货币对广义货币供应量的增加起决定性作用。2009 年年初，情况正好相反，基础货币并没有大幅度增加，但货币乘数却提高了。2009 年年初广义货币供应量仍呈增加的态势，货币乘数的放大作用是货币供应量和信贷增加的主要推动力。

第二节　货币需求及其理论

一、货币需求及其决定因素

（一）货币需求与货币需求量的含义

1. 货币需求的含义

货币需求（Demand for Money）是指社会微观经济主体，如个人、企事业单位和政府部门等在既定的国民收入水平或财富范围内能够而且愿意对持有货币的需求。在现代高度货币化的经济社会里，一定的经济内容必然伴随着对货币的一定需求。货币作为交易媒介，是人们财富的一般代表，货币这一独特职能使人们产生了对它的需求。在充当交易媒介时，货币与商品相对应，因此，在一定时期内，一个经济实体生产出多少商品，就需要相应数量的货币发挥媒介作用，以实现这些商品的价值，这是实体经济运行对发挥交易媒介职能的货币产生的需求；此外，货币作为财富的一般代表，具有价值贮藏职能，也是人们愿意持有货币并作为其资产组合的一个原因，这是微观经济主体对发挥价值贮藏职能的货币产生的需求。显然，这里所说的货币需求并不是指人们主观上"想要"多少货币，而是由各种客观因素所决定的人们"只能"占有一定量的货币，它不是一种纯粹的主观愿望，而是一种由各种客观经济变量所决定的对货币的持有动机或要求，是人们在其所拥有的全部资产中根据客观需要认为应该以货币形式持有的数量或份额。

从不同的角度考虑，货币需求可以分为以下几对概念。

（1）主观货币需求与客观货币需求。主观货币需求是指人们在主观上所要占用的货币量。客观货币需求是指人们由各种客观因素决定的"不得不"占有的货币量。主观货币需求是一种无约束的需求，可能为无限大，基本上是无效需求。客观货币需求是一种由客观环境所决定的对货币的持有需求，它是指在一定时期内各经济主体究竟需要多少货币才能满足商品生产和交换的需要。因此经济学中研究的货币需求是客观货币需求。

（2）宏观货币需求与微观货币需求。宏观货币需求是指从一个国家的社会总体出发，强调货币作为交易工具的职能，在分析市场供求、收入及财富指标的变化上，探讨一国需要多少货币量才能满足经济发展对货币的需求。微观货币需求是从社会经济个体出发，分析各部门、个人、企业等的持币动机和持币行为，研究一个社会经济单位在既定的收入水平、利率水平和其他经济条件下，所需要持有的货币量。微观货币需求的总和并不等于宏观货币需求，往往大于宏观货币需求。货币理论主要关注的是宏观货币需求。

（3）名义货币需求与实际货币需求。名义货币需求是指社会各经济部门当时所实际持有的货币单位的数量，一般记为 M_d；实际货币需求是指名义货币数量在扣除了物价变动因素之后的货币余额，它等于名义货币需求除以物价水平，即 M_d/P。名义货币需求与实际货币需求的根本区别在于是否剔除了通货膨胀或通货紧缩所引起的物价变动的影响。由于名义货币需求不能准确反映经济主体对货币的真实需求，所以更注重考察的是实际货币需求。

2. 货币需求量的含义

货币需求量是指在一定时期和区域内（如一个国家），社会各部门（个人、企事业单位和政府）在既定的社会经济和技术条件下所需要的货币数量的总和。货币需求量是货币理论中的一个重要概念，为了更加准确地理解货币需求量的含义，还需要把握以下几点。

（1）货币需求量是一种能力与愿望的统一。货币需求量是社会各部门或经济主体以收入或财富的存在为前提，在具备获得或持有货币的能力范围之内愿意持有的货币量。因此，构成货币需求量必须同时具备两个条件：一是必须有能力获得或持有货币；二是必须愿意以货币形式保有其财产。有能力而不愿意持有货币不会形成对货币的需求量；同样，有愿望却无能力获得货币也不构成对货币的需求量，而是一种不切实际的奢望。

（2）宏观货币需求量与微观货币需求量。不同经济主体对货币需求量是不同的。宏观货币需求量是从宏观经济角度分析、研究一个国家在一定时期内与经济发展、商品流通相适应的货币需求量；而微观货币需求量是指微观经济主体，如个人、企事业单位、政府部门在既定的收入水平、利率水平和其他经济条件下，所需要的货币量。为了更好、准确、全面地理解货币需求量的含义，应将二者结合起来，统筹考虑。因为，微观货币需求量是宏观货币需求量的构成和基础，宏观货币需求量是微观货币需求量的总括。

（3）货币存量与货币流量。在经济学中，存量是一个时点数，可以在任何时点上加以确认，通常用余额或持有额等表示；流量是一个时期数，需在某一个确定的时间段通过累计加总后确定，通常用周转额或发生额等表示。关于货币需求量，理论界存在两种不同理解：一是指在某一时点上，社会各部门拥有的，有支付能力的购买力总量，它是一国国民收入分配的结果，即"购买力总量说"；二是指在一定时期内一个国家在经济运行过程中发生的对货币的客观需求量，即"流通总量说"。前者是一个存量概念，后者是一个流量概念。通常情况下，我们考察货币需求量主要是研究货币需求存量，分析经济主体在特定条件下可能持有的货币的数量，或者在某一特定时点上，货币需求量与货币供给量达到均衡时的数量。然而，货币需求理论及货币政策所关注的并不是某一时点上的货币需求量，而是某一时期内货币需求的大致趋势及其变动幅度。从这个意义上讲，在货币需求量的研究中，需要把货币存量和货币流量结合起来考察，由于货币存量与货币周转次数的乘积构成货币流量，因此，必须分析货币周转次数的变动趋势和原因，进行静态的和动态的研究，以便为中央银行制定合理的货币供给政策提供依据。

（4）名义货币需求量与实际货币需求量。在现实经济生活中，通货膨胀使货币的名义购买力与货币的实际购买力之间存在差异，这就形成对货币需求量的不同需求。名义货币需求量是指个人、家庭、企事业单位等经济主体或一个国家在不考虑价格变动时的货币需求量，它可以直接按照货币的面值来衡量和计算，如1万美元、5万元人民币等，通常用M_d表示；实际货币需求量是指个人、家庭、企事业单位等经济主体或一个国家的名义货币需求量在扣除了物价上涨因素后得到的货币余额，它等于名义货币需求量除以物价水平，即M_d/p。

（5）现实中，货币的需求量不仅包括现金，还包括存款货币等货币形态。现实经济生活中，货币的范畴在不断扩大，货币需求量已不再局限于现金这一种形态，在任何一个国家，存款货币的数额已远远高于现金的数量。因此，如果把人们对货币的需求量仅仅局限于现金，显然是片面的。

（二）影响我国货币需求的因素

不管是货币需求的理论分析，还是货币需求的实践研究，核心内容都不外是考察影响货币需求量的经济因素。但由于不同国家在经济制度、金融发展水平、文化和社会背景以及所处经济发展阶段不同，影响货币需求的因素也会存在差别。如果把我国现阶段的货币需求视作个人、企业等部门的货币需求之和的话，那么，影响我国现阶段货币需求的主要因素如下。

1. 收入

在市场经济中，各微观经济主体的收入最初都是以货币形式获得的，其支出也都要以货币支付。一般情况下，收入提高，说明社会财富增多，支出也就会相应扩大，也就需要更多的货币量来进行商品交易。因此，收入与货币需求总量呈同方向变动。

国民收入的变动对货币需求变动的影响可以用 $\triangle M_d/M$ 除以 $\triangle Y/Y$ 来反映。当收入变化一个微小的百分比时，货币需求所变化的数量，通常被称为货币需求的收入弹性。若用 E_m 表示货币需求的收入弹性，则：

$$E_m = \triangle M_d/M \div \triangle Y/Y$$

改革开放以来，我国个人的收入水平增长较快，对货币需求产生了重大影响。随着市场经济的进一步发展和市场机制的不断完善，传统体制下的实物分发与福利制度正在被废除，人们的劳动收入更多地以货币形式获得，人们的消费所需也更多地通过货币的支付来实现，货币收支的增加必然对货币需求产生重大影响。同时，企业之间随着计划性实物调配方式的废除，货币收支迅速增加，也必将对我国货币需求产生重要影响。因此，在经济货币化程度提高的过程中，货币需求有增加的趋势。

2. 价格

从本质上看，货币需求是在一定价格水平下人们从事经济活动所需要的货币量。在商品和劳务量既定的条件下，价格越高，用于商品和劳务交易的货币需求也必然越多。因此，价格和货币需求，尤其是交易性货币需求之间，是同方向变动的关系。

在实际经济生活中，物价变动率对货币需求的影响很大。由商品价值或供求关系变化所引起的物价变动率对货币需求的影响是相对稳定的，二者之间通常可以找到一个相对稳定的比率。而由通货膨胀造成的非正常的物价变动对货币需求的影响则极不稳定，因为这种非正常的物价变动不仅通过价格总水平的波动影响货币需求，而且通过人们对未来通货膨胀的预期来影响货币需求。例如，在通货膨胀率极高的时期，通常会出现抢购和持币待购等非正常行为，必然带来对货币需求的超常增长。如果对这类货币需求的变动，货币当局不采取措施予以调节，则会使通货膨胀更加恶化。至于这部分货币需求究竟会增加多少，因其决定因素过于复杂而难以确定，但绝不能据此而忽视物价变动对货币需求产生的巨大影响。

3. 利率

利率变动与货币需求量之间的关系是反方向变动的。一般来说，利率越高，各微观经济主体的货币需求将减少；利率越低，货币需求将增多。然而微观经济行为主体的货币需求又有不同的目的（交易或投资），因此，利率与货币需求量之间的关系十分复杂，需要具体情况具体分析。

4. 货币流通速度

从动态的角度考察，一定时期的货币总需求是指该时期货币的流量。而流量又不外是货币平均存量与货币流通速度的乘积。现假定用来交易的商品与劳务总量不变，而货币流通速度加快，便可以减少现实的货币总需求。反之，如果货币流通速度减慢，则必然增加现实的货币需求量。因此，货币流通速度与货币总需求是反方向变动的关系，并且在不考虑其他因素的条件下，二者之间的变化存在固定的比例关系。

5. 金融资产收益率

金融资产收益率是指债券的利息率或股票的收益率。在金融制度发达或比较发达的国家和地区，人们往往有投资性货币需求，亦即以营利为目的、以资产选择为内容的货币需求。当金融资产收益率明显高于存款利率时，人们理所当然地愿意购买有价证券，因而会增加投资性货币需求。金融资产的收益率对货币需求的影响也很复杂，既然它是一种资产选择行为，便包含着人们对流动性与安全性的权衡，并非单纯追求收益。与此同时，它更多地影响货币需求的结构，使不同的货币需求动机间产生此消彼长的替代关系。由于我国金融市场发展迅速，对这类因素需要进行深入分析和研究。

6. 企业和个人对利润与价格的预期

当企业对利润预期很高时，往往有很高的交易性货币需求，因此，它同货币需求成同方向变动。当人们对通货膨胀的预期较高时，往往会增加消费、减少储蓄，抢购和持币待购成为普遍现象，因此，它同货币需求成反方向变动。

7. 财政收支状况

财政收入大于财政支出且有结余，一般意味着对货币需求的减少，因为社会产品中一部分无须货币去分配和使用，从而减少了一部分交易货币需求。反之，当财政支出大于财政收入、出现赤字时，则表现为对货币需求的增加。赤字的弥补不管是通过向社会举债还是向中央银行短期透支，都会引起货币需求的增加。

二、货币需求理论的发展

（一）马克思的货币需求理论

马克思的货币必要量公式以完全的金币流通为假设条件，进行了如下论证：首先，商品价格取决于商品的价值和黄金的价值，而商品价值取决于生产过程，所以商品是带着价格进入流通的；其次，商品数量和价格的多少决定了需要多少金币来实现它；最后，商品与货币交换后，商品退出流通，货币却要留在流通中多次进行商品交换，从而一定数量的货币流通几次，就可相应进行几倍于它的商品量进行交换。这一论证可以用公式表示为：

执行流通手段的货币必要量＝商品中价格总额÷同名货币的流通次数

若以 M 表示货币必要量，P 表示商品价格，Q 表示待售商品数量，V 表示货币流通速度，则有：

$$M = PQ \div V$$

该模型反映了商品流通决定货币流通这一基本原理：在一定时期内执行流通手段职能的货币必要量，主要取决于商品价格总额和货币流通速度。

（二）古典学派的货币需求理论

1. 交易方程式

美国耶鲁大学经济学家欧文·费雪在其 1911 年出版的《货币购买力》一书中提出了交易方程式：

$$MV = PT$$

其含义是流通中的通货存量 (M) 乘以货币流通速度 (V) 等于物价水平 (P) 乘以交易总量 (T)。费雪给予了这个方程式古典经济学的解释：首先，货币流通速度 V 是由诸如银行及信用机构的组织结构与效率、工业集中程度和人们的货币支出习惯等制度因素决定的，这些因素变动缓慢，在短期内可视为不变的常量；长期由于经济中支付机制的变化，流通速度会逐渐地、以可预料的方式发生变化，但不受 M 变动的影响；其次，由于假定供给能够自动创造需求，因而实际产量全部进入流通，实际交易数量就是产出量或充分就业产量，因此在短期内，交易数量也是不变的常量，长期亦不受 M 变动的影响；最后，货币仅是方便交易的工具，因此，所有的货币不是用于消费，就是通过储蓄自动转化为投资，全部进入流通充当交易媒介。这样，费雪交易方程式又可表达为：

$$P = MV \div T$$

在这个表达式中，由于 V、T 是常量，故货币数量的变动直接引起物价水平与之成正比例变动。因此，费雪交易方程式实质上表述的是一种货币数量与物价水平变动关系的理论。费雪将此交易方程式进行一定的变形，就得到了货币需求方程式：

$$M = PT \div V$$

此公式表明，决定一定时期名义货币需求数量的因素主要是这一时期全社会一定价格水平下的总交易量与同期的货币流通速度。从费雪的交易方程式中也可以看出，他是从宏观分析的角度研究货币需求的，而且仅着眼于货币作为交易媒介的职能。

2. 剑桥方程式

开创微观货币需求分析先河的经济学家是英国剑桥大学的经济学教授阿尔弗雷德·马歇尔和其学生庇古。20 世纪 20 年代，他们创立了"现金余额说"，并用数学方程式的形式予以解释，又被称为"剑桥方程式"。

现金余额说把分析的重点放在货币的持有方面。马歇尔和庇古认为，人们的财富与收入有三种用途：一是投资以取得利润或利息；二是消费以取得享受；三是持有货币以便利交易和预防意外，从而形成现金余额，即对货币的需求。这三种用途互相排斥，人们究竟在三者之间保持什么样的比例，必须权衡其利弊而决定。如果感觉到保持现金余额所得的利益较大而所受的损失较小，则必然增加现金余额，否则就会减少现金余额，用数学方程式表示为：

$$M_d = kPY$$

式中，M_d 表示名义货币需求；k 表示以货币形式保有的收入占名义总收入的比率；P 表示价格水平；Y 表示总收入，这就是著名的剑桥方程式。

3. 两个方程式的区别

比较费雪方程式和剑桥方程式，可以很容易地发现二者的区别，主要体现在两点：一是以收入 Y 代替了交易总量 T；二是用以货币形式保有的收入占名义总收入的比率 k 代替了货币流通速度 V。费雪方程式是从宏观角度分析货币需求的产物，它表明要维持价格水平的稳定，在短期内由制度因素决定的货币流通速度可视为常数的情况下，商品交易量是决定货币需求的主要因素。剑桥方程式则是从微观角度分析货币需求的产物，出于种种经济考虑，人们对于持有货币有一个满足程度的问题：持有货币要付出代价，如丧失利息，这个代价是对持有货币数量的制约。微观主体要在比较中决定货币需求的多少。显然，剑桥方程式中的货币需求决定因素多于费雪方程式，特别是利率的作用已经成为不容忽视的因素之一，只是在方程式中没有明确地表示出来。

（三）凯恩斯的货币需求理论

作为马歇尔与庇古的学生，凯恩斯继承了两位老师关于权衡利弊而持有货币的观点，并把它发展成一种权衡性的货币需求理论，即流动性偏好说。沿着剑桥学派的思路，凯恩斯的货币需求理论从人们持有货币的动机入手。他认为，人们之所以需要持有货币，是因为存在着流动性偏好这种普遍的心理倾向，而人们偏好货币的流动性是出于交易动机、预防动机和投机动机。

1. 交易动机

凯恩斯认为，交易媒介是货币的一个十分重要的功能，因此人们为了应付日常的商品交易，必然需要持有一定数量的货币，这个持币动机就是交易动机。基于交易动机而产生的货币需求，凯恩斯称为货币的交易需求。这种货币需求与过去的货币需求理论是一脉相承的。

2. 预防动机

凯恩斯对预防动机的解释是，人们为了应付不测之需而持有货币的动机。凯恩斯认为，生活中经常会出现一些未曾预料的、不确定的支出和购物机会，为此，人们也需要保持一定量的货币在手中，这类货币需求可称为货币预防需求。

凯恩斯进而谈到，预防动机引起的货币需求仍然主要作为交易的准备金，只不过是扩大了的准备金，所以，就实质来说，预防动机与交易动机可以归入一个范畴之内，由这两个动机所引起的货币需求与收入水平存在着稳定的关系，是收入的递增函数。用函数式表示，即为：

$$M_1 = L_1(Y)$$

式中，M_1 表示满足交易动机和预防动机而需要的货币量；L_1 表示 Y 与 M_1 之间的函数关系；Y 表示收入。

3. 投机动机

投机动机是凯恩斯货币需求理论中最具创新的部分。凯恩斯认为，人们持有货币除为了交易需求和应付意外支出外，还为了储存价值或财富。凯恩斯把用于贮藏财富的资产分为两大类：货币和债券。人们持有货币资产，收益为零。持有债券资产，则有两种可能：如果利率上升，债券价格就要下跌；利率下降，债券价格就会上升。显然，人们对现存利率水平的估价就成为人们在货币和债券两种资产间进行选择的关键。如果人们确信现行利率水平高于正常值，这就意味着他们预期利率水平将会下降，债券价格将会上升，人们就必然会多持有债券；反之，则会倾向于多持有货币。由此可以得出一个基本原理：投机性货币需求（也称资产性货币需求）最主要受利率影响，是利率的递减函数。用函数式可表示为：

$$M_2 = L_2(i)$$

式中，M_2 表示投机性货币需求量；L_2 表示 i 和 M_2 之间函数关系；i 表示利率。

由于投机性货币需求与人们对未来利率的预期紧密相关，受心理预期等主观因素的影响较大，而心理的无理性则使投机性货币需求变幻莫测，甚至会走向极端，流动性陷阱就是这种极端现象的表现。

所谓流动性陷阱，是指当一定时期的利率水平降低到不能再低时，人们就会产生利率上升从而债券价格下跌的预期，货币需求弹性变得无限大，即无论增加多少货币供给，都会被人们以货币形式储存起来。

由于货币总需求等于货币交易需求、预防需求和投机需求之和，所以货币总需求的函数式为：

$$M = M_1 + M_2 = L_1(Y) + L_2(i) = L(Y, i)$$

由此可以看出，凯恩斯把利率视为货币需求函数中与 Y 有同等意义的自变量，这是凯恩斯以前的经济学家所没有达到的。

（四）弗里德曼的货币需求理论

美国经济学家米尔顿·弗里德曼受马歇尔、庇古现金余额说的启发，采纳了凯恩斯对公众货币需求动机和影响因素的分析方法，采用微观经济理论中的消费者选择理论，更加深入、细致地发展了微观货币需求理论。弗里德曼认为，货币也是一种商品，人们对货币的需求，就像人们对别的商品和劳务的需求一样，因此，对人们货币需求问题的分析，可借助于消费者选择理论来进行。一般消费者在对诸多商品进行选择时，必然要考虑三个因素：总财富水平、持有货币的机会成本、持有货币给人们带来的效用。弗里德曼认为，与消费者对商品的选择一样，人们对货币的需求同样受这三类因素的影响，进而对影响货币需求的这三类因素进行了详细的分析。

1. 总财富水平

弗里德曼将总财富作为决定货币需求量的重要因素。在现实生活中,由于总财富很难估算,所以弗里德曼用收入来代表财富总额,原因在于财富可视为收入的资本化价值。但这个收入不是统计测算的现期收入,而是长期收入,即永恒收入 Y。因为现期收入受年度经济波动的影响,具有明显的缺陷。而所谓永恒收入,是指一个人在一个比较长的时期内的过去、现在和今后预期会得到的收入的加权平均数,具有稳定性。弗里德曼认为,货币需求与永恒性收入成正比关系,由总财富决定的永恒性收入水平越高,货币需求越大。

弗里德曼进一步把财富分为人力财富和非人力财富两大类。人力财富是指个人获得收入的能力,其大小与接受教育的程度紧密相关;非人力财富是指各种物质性财富,如房屋、生产资料等。这两种财富都能带来收入,但人力财富缺乏流动性,给人们带来的收入是不稳定的;而非人力财富则能给人们带来较稳定的收入。因此,如果永恒收入主要来自人力财富,人们就需要持有更多的货币以备不时之需;反之,人们的货币需求就会下降。因此,非人力财富收入在总收入中所占的比重 W 与货币需求成反比关系。

2. 持有货币的机会成本

持有货币的机会成本是指其他资产的预期报酬率。弗里德曼认为,货币的名义报酬率 r_m 可能等于零(手持现金与支票存款),也可能大于零(定期存款和储蓄存款),而其他资产的名义报酬率通常大于零。这样,其他资产的名义报酬率就成为持币的机会成本。其他资产的报酬率主要包括两部分,一部分是目前的收益,如债券的利率 r_b、股票的收益率 r_e;另一部分是预期物价变动率($1/P \cdot dP/dt$)。显然, 债券的利率、股票的收益率越高,持币的机会成本就越大, 货币的需求量就越小;预期的通货膨胀率越高,持币带来的通货贬值损失就越大, 对货币的需求就越小。

3. 持有货币给人们带来的效用

其他因素,如人们的嗜好、兴趣等也是影响货币需求的因素。

由此,可得到财富持有者的货币需求函数:

$$M/P = f(Y, W; r_m, r_b, r_e, 1/P \cdot dP/dt; U)$$

式中,M/P 表示财富持有者对货币的实际需求量;U 表示影响货币需求编号的其他因素;其余符号如上所述。

将 r_m 这个变量纳入函数式,说明弗里德曼货币需求函数中的货币口径大于凯恩斯学派所考察的货币。此外,弗里德曼的货币需求理论还具有一个突出的特点:强调永恒收入对货币需求的重要影响,弱化机会成本变量利率对货币需求的影响。永恒收入对货币需求的决定具有最重要的作用,而货币需求对利率的变动不敏感。弗里德曼之所以要强调这一点,是因为他要论证货币需求的相对稳定性:永恒收入自身具有稳定性的特点,利率虽然经常变动,但货币需求对其变动不敏感,因此,货币需求是可测的,且相对稳定。货币收入、价格水平等变量都是货币需求和货币供给相互作用的结果，说明货币对于总体经济的影响主要来自货币供给方面。据此，弗里德曼提出了以反对通货膨胀、稳定货币供给为主要内容的货币政策主张。

第三节　货币均衡的实现机制

在市场经济制度下，物价变动率是衡量货币是否均衡的主要标志。在市场经济制度下，综合物价水平取决于社会总供给与社会总需求的对比关系，而货币均衡又是总供求是否均衡的重要前提条件。所以，我们可以利用综合物价水平的变动，来判断货币是否均衡。如果物价基本稳定，说明货币均衡；如果物价指数过高，说明货币失衡。

货币均衡不是货币供给和货币需求简单的数量相等，而是一种动态的均衡。伴随货币制度的发展，货币均衡的形式也发生了较大的变化。在现代生活中，由于货币均衡直接影响和制约着社会总供给和总需求的均衡，所以研究货币均衡问题有着十分重要的理论意义和现实意义。

一、货币均衡与货币失衡

（一）货币均衡的含义

在现实经济生活中，人们对货币的需求是由多种因素共同决定的。而人们能够知道的货币需求量，实际上就是现实中已经存在着的货币供给量。就是说，无论货币怎样供应、供应多少，它都会以一定的方式为人们所持有，从而表现为人们对它的需求。由此可以看出，货币需求和货币供给在数量上总是相等的，不存在不均衡的问题。但是，这种相等显然是根据名义货币需求量与货币供给量的联系来判断的，而不是真正意义上的货币均衡。真正的货币均衡（money equilibrium）即货币供求均衡，是指在一定时期经济运行中的货币需求与货币供给在动态上保持一致的状态。由于货币需求对应的主要是商品和劳务的实际交易，货币供给主要为这种交易提供购买和支付手段，因此，货币均衡的状态就表现为在市场上既不存在由实际交易量大而购买力或支付能力不足所导致的商品滞销，也不存在由实际交易量小而购买力或支付能力过多而导致的商品短缺或价格上涨。如上所述，货币均衡具有如下特征。

（1）货币均衡是货币供求作用的一种状态，是货币供给与货币需求的大体一致，而非货币供给与货币需求在数量上的完全相等。

（2）货币均衡是一个动态过程，在短期内货币供求可能不一致，但在长期是大体一致的。

（3）现代经济中货币均衡在一定程度上反映了国民经济总体平衡状态。在现代商品经济条件下，货币不仅仅是商品交换的媒介，而且是国民经济发展的内在要素。货币供求的相互作用制约并反映着国民经济运行的全过程，货币收支把整个经济过程有机地联系在一起，一定时期内的国民经济状况必然要通过货币的均衡状况反映出来。

（二）货币失衡的含义

货币失衡是与货币均衡相对应的概念。如果在货币流通过程中，货币需求 M_d 不等于货币供给 M_s，即 $M_d \neq M_s$，则称货币失衡，也称货币非均衡。在货币失衡的状态下，既可能存在货币需求大于货币供给的状态，即 $M_d > M_s$ 的情况；也可能存在货币需求小于货币供给的状态，即 $M_d < M_s$ 的情况。无论哪种状态，都会给国民经济带来不利的影响，导致市场价格和币值的不稳定。货币失衡主要包括总量性货币失衡和结构性货币失衡两类。

1. 总量性货币失衡

总量性货币失衡是指货币供给在总量上偏离货币需求达到一定程度从而使货币运行影响经济的状态，包括货币供给量相对于货币需求量偏小，以及货币供给量相对于货币需求量偏大两种情况。在信用货币制度下，前一种情况很少出现，即使出现也容易恢复，经常出现的是货币供给过多引起的货币失衡。

2. 结构性货币失衡

结构性货币失衡是指在货币供给与货币需求总量大体一致的总量均衡条件下，货币供给结构与对应的货币需求结构不相适应。结构性货币失衡往往表现为短缺与滞留并存，经济运行中的部分商品、生产要素供过于求，另一部分则出现求大于供。这种结构性货币失衡主要发生在发展中国家。因此，结构性货币失衡必须通过经济结构的调整加以解决，而经济结构的刚性往往又使其成为一个长期的问题。

二、货币均衡与社会总供求均衡

货币均衡是国民经济总供求平衡的必要条件，社会总供求平衡则是货币供求均衡在经济运行中的具体体现。

社会总供求平衡是指社会总供给与社会总需求的平衡。而社会总供给是指在一定时期内一国实际生产的可供生产消费和生活消费的生产成果的总和；社会总需求是指一国在一定的支付能力条件下全社会对生产出来供最终消费和使用的商品和劳务的需求总和，也就是社会的消费需求和投资需求的总和。从理论上讲，社会总供给决定社会总需求，货币总需求决定货币总供给，而货币总供给形成了有支付能力的购买力总和。所以，货币均衡同社会总供求平衡具有内在的统一性和一致性。

（一）货币供给与社会总需求

社会总需求 AD 的构成通常包括消费需求 C、投资需求 I、政府支出 G 和出口需求 X，用公式可以表示为：

$$AD = C + I + G + X$$

在现代经济中，以上各种需求均表现为有支付能力的需求，任何需求的实现都需要支付货币。社会总需求由流通性货币及潜在的货币构成，它们都是银行体系的资产业务活动创造出来的，即银行体系的资产业务创造出货币供给，货币供给又形成有支付能力的购买总额，从而影响社会总需求，中央银行通过调节货币供给的规模就能影响社会总需求的扩张水平。因而，货币供给量是否合理决定着社会总需求是否合理，从而决定着社会总供求能否达到均衡。

（二）社会总供给决定货币需求

我们知道，社会总供求的平衡包含商品、劳务总供给与商品、劳务总需求的平衡，因为任何商品、劳务都需要用货币来度量其价值并通过货币交换实现其价值，商品市场上的商品供给由此决定了一定时期货币市场上的货币需求。另外，社会总供给对货币需求的影响，还表现在生产周期方面，即使生产规模不变，生产周期延长，也要求追加货币供给量。即使上述两个因素不变，商品价格水平上涨或下跌，也会扩大或减少货币需求。商品供给决定了一定时期的货币需求，有多少商品供给，必然需要相应的货币供给量与之相适应。

（三）货币供给对社会总供给的影响

货币供给量在对社会总需求产生影响的同时，又通过两个途径影响社会总供给：一是如货币供给量的变化发生在社会有闲置生产要素的前提下，货币供给量的增加会导致社会总需求的相应增加，通过对社会闲置生产要素进行有机组合，导致社会总供给增加和对货币需求的增加，从而使商品市场和货币市场都恢复均衡状态；二是货币供给量的增加和由此引起的社会总需求的增加，并未引起社会总供给的实质性增加，而是引起价格上涨和总供给价格总额增加，对货币实际要求并未增加，从而使货币市场和商品市场只是由于价格水平上涨而处于一种强制的均衡状态。

（四）货币供求均衡与社会总供求平衡

在货币市场上，货币需求决定了货币供给。这是因为货币需求是货币供给的基础，中央银行控制供给的目的就是货币供给与货币需求相适应，以维持货币均衡。而在商品市场上，商品供给与商品需求必须保持平衡，这不仅是货币均衡的物质保证，而且是社会总供求平衡的出发点和归宿。

货币均衡通常变现为货币供给等于货币需求，即 $M_s = M_d$，由 $M_d = PT/V$，得：

$$M_d V = PT$$

式中，$M_d V$ 表示社会总需求，PT 表示社会总供给，两边处于平衡状态。由此可见，若货币供求处于平衡状态，则社会总供求也可以达到平衡状态，表现为经济的长期稳定增长和物价水平的相对稳定。因此，货币均衡是实现社会总供求平衡的前提条件，社会总供求平衡则是货币均衡的表现。

如果把社会总供求平衡放在市场的角度观察，它包括了商品市场的平衡和货币市场的平衡，即社会总供求平衡是商品市场和货币市场的统一平衡。商品供求与货币供求之间的关系，可用图 12-1 来简要说明。

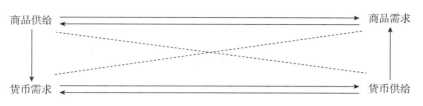

图 12-1　商品供求和货币供求关系

图 12-1 清楚地表明，商品供给决定了一定时期的货币需求，而货币需求决定了货币供给，货币供给形成对商品的需求，商品的需求必须与商品的供给保持平衡，这是宏观经济平衡的出发点和归宿。在这个关系图中，货币供求的均衡是整个宏观经济平衡的关键。要保持货币供求均衡，需要中央银行控制好货币供给量，使货币供给量与客观货币需求量经常保持一种相互适应的关系，以保证经济发展有一个良好的货币金融环境。

本章小结

货币供给是指经济主体把所创造的货币投入流通的过程。货币供给量通常是指一国经济中的货币存量。在货币供给过程中，中央银行直接控制基础货币的规模，商业银行则通过其存款货币的创造机制来扩大货币供给量，两者对货币供给的扩张或收缩都发挥着重要作用。

在西方货币需求理论中，货币需求是指经济主体持有货币的意愿。现实的主流观点是指社会各部门在既定的收入或财富范围内能够而且愿意以货币形式持有的数量。

西方货币需求理论按其影响程度和先后顺序主要有古典学派的货币需求理论（包括现金交易数量说和现金余额说）、凯恩斯的货币需求理论和弗里德曼的现代货币数量说。当然，中国长期关注的是马克思的货币需要量学说。

社会总供给决定货币需求。在货币经济中，社会上的商品和劳务供给的目的，显然是为了获取等值的货币。因此，经济体系的运动表现为商品和劳务的运动和货币运动。货币方面的任务就是通过货币与实际部门资源的对流保证商品和劳务方面的正常运转。经济体系中到底需要多少货币，从根本上说，取决于有多少实际资源需要货币实现其流转并完成生产、交换、分配和消费相互联系的再生产流程。但同等的总供给有偏大或偏小的货币需求。

课后练习

一、名词解释

货币供给　货币供给量　货币需求　货币均衡　货币失衡

二、问答题

1. 我国划分货币层次的原则是什么？

2. 如何理解货币供给的内生性与外生性？

3. 如何正确理解货币需求的含义？决定货币需求的因素有哪些？

4. 简述凯恩斯流动性偏好理论。

5. 凯恩斯与弗里德曼的货币需求理论有什么不同？

6. 如何正确理解货币需求的含义？决定货币需求的因素有哪些？

7. 目前影响我国货币需求的因素有哪些？

8. 影响货币均衡实现的主要因素有哪些？

9. 简述货币均衡与社会总供求均衡。

案例分析

货币供应充足，金融市场总体稳定

央行 2015 年 11 月 12 日公布的金融统计数据显示，10 月末，广义货币（M2）余额为 136.10 万亿元，同比增长 13.5%，增速分别比上月末和去年同期高 0.4 和 0.9 个百分点，是 2015 年以来的最高增速。不少专家向本报记者表示，货币供应充足，金融市场总体稳定，说明货币政策效果已有所显现。

一、稳健货币政策维持 M2 高增速

金融研究中心高级金融分析师鄂永健向本报记者表示，从央行前期的多次"双降"政策实施和其他结构性货币政策工具使用情况以及公开市场操作情况可以发现，M2 保持 13.5% 左右的增速实属意料之中。

2014 年年底以来，央行多次降准降息以及开展公开市场操作，主要目标在于释放信贷投放空间助力稳增长和对冲外汇占款持续减少带来的基础货币缺口。公开市场操作和 MLF（中期借贷便利）方面，10 月公开市场净回笼 850 亿元，而 MLF 增加 1 055 亿元，PSL（抵押补充贷款）、SIF（常备借贷便利）等工具并未运用。此外，降准在一定程度上改变了货币乘数，提高了货币创造能力。基础货币缺口逐渐填补，加之货币乘数提高，确保了 M2 增速维持在 13% 以上。

二、信贷和社会融资双双缩量

央行公布的社会融资规模统计数据显示，2015 年 10 月，社会融资规模增量为 4 767 亿元，比上月少 8 523 亿元，同比减少 2 040 亿元。新增人民币贷款为 5 136 亿元，较上月 10 504 亿元减少一半以上。鄂永健表示，信贷和社会融资季节性回调现象明显，然而社会融资规模缩量也反映出目前经济运行压力依然较大。

鄂永健表示，信贷和社会融资的双双缩量，主要存在以下几方面原因和经济暗示：一是 10 月份金融数据通常有一定的季节性现象，主要受节假日效应等因素影响而形成；二是实体经济下行压力依然较大，"双降"所释放的流动性在很大程度上还无法快速与仍不景气的融资需求进行有效对接，导致实际信贷投放缩量；三是短期贷款负增长，票据融资欠幅回升，中长期贷款仍占新增贷款的主要部分，约 68.47%。这也说明，目前，稳增长仍主要依靠一些类似基建投资的中长期项目，短期项目尚未完全激活，企业经营压力依然较大。

李建军认为，企业的人民币贷款长期项目增加 1 519 亿元，尽管比 9 月下滑，但也是近几个月来的较高水平，说明一方面企业的长期投资仍在有序进行，长期预期没有发生变化。

不过这也说明，信贷支持的着重点仍是一些中长期项目，投资亮点不足，转型和调整的压力还在。

三、供给端改革释放更多红利

鄂永健表示，当前经济下行压力依然较大，企业融资需激活缓慢，稳增长仍需要依靠一些前期计划好的中长期项目实质性落地。"在经济活力优先的前提下，短期刺激尽管仍显必要，但转型期间的借贷能力实际上显示出一定的疲态。"李建军表示，现在的首要工作应该还是继续推进各项改革，利用供给端改革红利的释放，提升总体的效率和技术水平，为经济长久持续发展做好扎实工作。

从金融角度来说，尽管各项改革已在稳步推进，仍有很多工作要做。李建军表示，未来也要从普惠金融角度出发，丰富金融业态，对小微企业普及金融知识，提升中小企业借贷意愿，激发企业活力和支持企业创新，促进经济转型升级。

（资料来源：金融界网，转引自《金融时报》）

分析：根据上述资料，对此案例进行分析。

第十三章

货币政策

第一节　货币政策与货币政策目标

一、货币政策概述

（一）货币政策的含义

货币政策（monetary policy）是现代国家经济政策的重要内容。在现代市场经济条件下，国民经济商品化、货币化、信用化程度不断加深，整个国民经济都借助货币来运行。货币政策是指中央银行为实现一定的经济目标，运用各种货币政策工具调控货币供给量和利率等中介目标，进而实现宏观经济目标的方针和措施的总和。货币政策在一国的宏观经济政策中居于十分重要的地位，而中央银行则是这一货币政策的制定者和执行者。

就一国的货币政策来看，一般包括五个方面的内容，即货币政策最终目标、货币政策工具、货币政策操作指标和中介目标、货币政策的传导机制及政策实施效果等方面。这几个方面彼此相关，构成了完整而丰富的货币政策体系，即中央银行运用货币政策工具，作用于货币政策的操作指标和中介目标，进而通过中介目标的变化实现货币政策最终目标并对货币政策的实施效果进行评价。因此，在制定和实施货币政策时，必须对这一有机整体进行统筹考虑。

（二）货币政策的特点

1. 货币政策是宏观经济政策

货币政策是通过调节和控制社会的货币供给来影响宏观经济运行，进而达到某一特定的宏观经济目标的经济政策，因而，货币政策一般涉及的是整个国民经济运行中的经济增长、物价稳定、充分就业、国际收支平衡等宏观总量以及与此相关的货币供给量、信用量、利率、汇率等变量，而不是银行或企业金融行为中的资产、负债、所有者权益、收入、费用、利润等微观经济问题。

2. 货币政策是调节社会总需求的政策

在市场经济条件下，社会总需求是指整个社会有货币支付能力的总需求。货币政策正是通过对货币的供给来调节社会总需求中的投资需求、消费需求、出口需求，并间接影响社会总供给的变动，从而促进社会总需求和总供给的平衡。

3. 货币政策主要是间接调控政策

市场经济在某种程度上又称法制经济，因此，货币政策一般不采用或很少采用直接的行政手段来调控经济，而主要运用经济手段、法律手段调整"经济人"的经济行为，进而调控经济。

4. 货币政策是长期连续的经济政策

货币政策的最终目标如稳定物价、充分就业、经济增长和国际收支平衡等，都是一国长期的政策目标，短期内是难以实现的。而货币政策的具体操作和调节措施又具有短期性、实效性的特点。因此，货币政策的各种具体措施是短期的，需要连续操作才能逼近或达到货币政策的长期目标。

（三）货币政策的功能

货币政策作为国家重要的宏观调控工具，主要具有以下五个方面的功能。

1. 促进社会总需求与总供给的均衡，保持币值稳定

社会总需求与总供给的均衡是社会经济平稳运行的重要前提。社会总需求是有支付能力的需求，它是由一定时期的货币供给量决定的。中央银行通过货币政策的实施，调节货币供给量，影响社会总需求，从而促进社会总需求与总供给的平衡，有利于币值稳定。

2. 促进经济的稳定增长

人类社会是在不断发展的，而它的发展离不开经济增长。由于各种因素的影响，经济增长不可避免地会出现各种波动，剧烈的波动对经济的持续稳定增长是有害的。"逆风向行事"的货币政策具有促进经济稳定增长的功能。在经济过度膨胀时，通过实施紧缩性货币政策，有利于抑制总需求的过度膨胀和价格总水平的急剧上涨，实现社会经济的稳定；在经济衰退和萧条时，通过实施扩张性货币政策，有利于刺激投资和消费，促进经济的增长和资源的充分利用。

3. 促进充分就业，实现社会稳定

非充分就业既不利于劳动力资源的充分利用，又可能导致社会的不稳定。因而，促进充分就业，实现社会稳定就成为宏观经济调控的重要目标之一。就业水平的高低受经济规模、速度和结构等因素的影响。货币政策通过一般性货币政策工具的运用可对货币供给总量、经济规模和速度产生重要影响，从而对就业水平产生影响；通过选择性货币政策工具的运用，可对货币供给结构、经济结构、就业水平产生影响。

4. 促进国际收支平衡，保持汇率相对稳定

在经济和金融日益全球化、国际化的宏观环境下，一个国家汇率的相对稳定是保持其国民经济稳定健康发展的必要条件。而汇率的相对稳定又是与国际收支平衡密切相关的。货币政策通过本外币政策协调、本币供给的控制、利率和汇率的适时适度调整等，对促进国际收支平衡、保持汇率相对稳定具有重要作用。

5. 保持金融稳定，防范金融危机

保持金融稳定是防范金融危机的重要前提。货币政策通过一般性政策工具和选择性政策工具的合理使用，可以调控社会信用总量，有利于抑制金融泡沫和经济泡沫的形成，避免泡沫的突然破灭对国民经济，特别是金融部门的猛烈冲击，有利于保持金融稳定和防范金融危机。

（四）货币政策的类型

1. 扩张性货币政策

在社会有效需求不足、生产要素大量闲置、产品严重积压、市场明显疲软、国民经济处于停滞或低速增长情况下，中央银行应采取扩张性货币政策。扩张性货币政策主要采取降低存款准备金率、降低再贴现率、在公开市场上回购有价证券等措施，以增加货币供给量，使利率下降，让企业和居民更容易获得生产资金和消费资金，并通过投资需求和消费需求规模的扩大来增加社会总需求，刺激经济恢复增长，直至达到复苏、繁荣局面。同时还可适度调高汇率，使本币对外贬值，以利出口，通过出口需求的扩大来弥补国内需求的不足。采用扩张性货币政策要适时、适度，避免信贷的过久、过度扩张，引发通货膨胀。当然，要使货币政策见效快，还应注意与财政政策及其他宏观调控政策相配合。

2. 紧缩性货币政策

当社会总需求过旺、通货膨胀压力加大、投资和消费明显过热时，中央银行可通过减少货币供给量，使利率升高，从而抑制投资，压缩总需求，限制经济增长。当社会总需求不旺、通货紧缩趋强、投资和消费低迷时，中央银行采取的措施是扩张性货币政策中所用措施的反向操作。同时，在对外经济关系上，可调低汇率，使外币与本币相比有所贬值，以利于扩大进口，增加国内有效供给。

3. 中性货币政策

当社会总供求基本平衡、物价稳定、经济增长以正常速度递增时，中央银行根据不同时期国家的经济目标和经济状况，并不会不断地调节货币需求量，而是把货币供给量固定在预定水平上。其理由是在较短时期内，货币供给量的增减会自动得到调节，国家的经济目标和经济状况不会因此受到影响。但实践证明，由于货币政策效应的长期性和不确定性，可能会对经济产生不利影响，各国中央银行一般不采用这种类型的货币政策。

二、货币政策的最终目标

货币政策的最终目标包括币值稳定、经济增长、充分就业和国际收支平衡。

（一）币值稳定

抑制通货膨胀，避免通货紧缩，保持价格稳定和币值稳定是货币政策的首要目标。通货膨胀特别是严重通货膨胀，将导致严重后果，主要包括以下几点。

（1）社会分配不公。一些人的生活水平因此而下降，社会矛盾尖锐化。

（2）借贷风险增加。通货膨胀突然加速时，贷出资金的人将遭受额外的损失；通货膨胀突然减速时，借入资金的人将遭受额外的损失，正常的借贷关系将遭到破坏。

（3）相对价格体系遭到破坏。价格信号作为市场机制有效配置资源的基础遭到破坏，经济秩序混乱，并最终影响经济的稳定增长。

（4）严重的通货膨胀导致货币的严重贬值，可能导致其货币体系的彻底崩溃。通常，通货膨胀与货币供给的过度扩张紧密相关，抑制通货膨胀，保持价格稳定和币值稳定就成为货币政策的首要目标。

但是，抑制通货膨胀的目标并非通货膨胀率越低越好。价格总水平的绝对下降，即负通胀率，将会带来通货紧缩。通货紧缩将严重地影响企业和公众的投资和消费预期，制约其有效的投资需求和消费需求的增长，使企业销售下降，存货增加，利润下降，企业倒闭和失业率上升，经济增长停滞甚至严重衰退，陷入经济危机。因此，抑制通货膨胀和避免通货紧缩是保持币值稳定的货币政策目标不可分割的两个方面。

（二）经济增长

经济增长是提高社会生活水平的物质保障，任何国家要不断地提高其人民的生活水平，必须保持一定速度的经济增长。经济增长也是保护国家安全的必要条件，一个国家的经济实力，是决定其在激烈的国际经济和政治、军事竞争中的竞争能力的重要因素。因此，加速经济发展，对发展中国家尤为重要。一国经济为了快速增长，必须有效地利用自己的资源，并为了增加生产潜力而进行投资。低于潜在水平的增长将会导致资源的浪费，高于潜在水平的增长将会导致通货膨胀和资源的破坏。

作为宏观经济目标的增长应是长期稳定的增长。过度追求短期的高速甚至超高速增长可能导致经济比例的严重失调和经济的剧烈波动。货币政策作为国家干预经济的重要手段，保持国民经济的长期稳定增长是其不可推卸的责任。

（三）充分就业

所谓充分就业，是指任何愿意工作并有能力工作的人都可以找到一个有报酬的工作，这是政府宏观经济政策的重要目标。非充分就业，表明存在社会资源特别是劳动力资源的浪费，失业者生活质量下降，并导致社会的不稳定。因此，很多国家把充分就业作为最重要的宏观经济目标。但是，充分就业并不是追求零失业率。由于摩擦性失业、结构性失业、季节性失业和过渡性失业的存在，一定程度的失业在经济正常运行中是不可避免的，这种失业被称为自然失业。而由于总需求不足所导致的失业则是应该尽量避免的。因此，充分就业的目标就是要将失业率降到自然失业率水平。就业水平受经济发展的规模、速度和结构以及经济周期的不同阶段等众多因素的影响。货币政策对国民经济发展的规模、速度、结构以及经济周期变动等方面具有重要影响，特别是在经济衰退、失业严重的时候，实行扩张性的货币政策，对于扩大社会总需求、促进经济发展、降低失业率具有重要意义。

（四）国际收支平衡

保持国际收支平衡是保证国民经济持续稳定增长和经济安全甚至政治稳定的重要条件。一个国家国际收支失衡，无论是逆差还是顺差，都会给该国经济带来不利影响。巨额的国际收支逆差可能导致外汇市场对本币信心的急剧下降，资本大量外流，外汇储备急剧下降，本币将会大幅贬值，并导致严重的货币和金融危机。20世纪90年代的墨西哥金融危机和亚洲金融危机的爆发，就是这方面的最好例证。而长期的巨额国际收支顺差，既使大量的外汇储备闲置，造成资源的浪费，又要为购买大量的外汇而增发本国货币，可能导致或加剧国内通货膨胀，此外，巨额的经常项目顺差或逆差还可能加剧贸易摩擦。当然，相比之下，逆差的危害比顺差更大，因此各国调节国际收支失衡主要是为了减少甚至消除国际收支逆差。

货币政策在调节国际收支方面具有重要作用。在资本项目自由兑换的情况下，提高利率将吸引国际资本的流入，降低资本项目逆差或增加其盈余；反之亦然。汇率的变动对国际收支平衡也具有重要影响。本币贬值有利于促进出口、抑制进口，降低贸易逆差或增加其盈余，但却不利于资本项目的平衡。反之，本币升值将吸引国际资本流入，有利于资本项目平衡，但却抑制出口、鼓励进口，不利于经常项目平衡。因此，货币政策的目标之一，就是要通过本外币政策的协调，实现国际收支的平衡。

保持金融稳定，是避免货币危机、金融危机和经济危机的重要前提。货币危机是由货币严重贬值带来的货币信用危机。在不兑现的信用货币条件下，一旦发生信用危机，将可能直接威胁到该货币的流通及其货币制度的稳定。货币危机既可能由国内恶性通货膨胀、货币对内严重贬值引致，也可能由对外严重贬值引致。如1997年亚洲金融危机爆发之初是一种对外严重贬值的货币危机。

货币危机通常会演变为金融危机。金融危机主要指由银行支付危机带来的大批金融机构倒闭，并威胁到金融体系的正常运行。亚洲金融危机爆发后，东南亚国家由于本币大幅贬值，使企业和银行所借大量短期外债的本币偿债成本大幅上升，导致大量的企业和金融机构无力偿债而破产。

金融危机处理不当通常引发经济危机。经济危机是经济的正常运行秩序遭到严重破坏，企业大量破产，失业大幅上升，经济严重衰退，甚至濒临崩溃的一种恶性经济灾害。历史上出现的经济危机，大多是由金融危机引发的。在当今经济全球化、金融一体化的浪潮冲击下，保持一个国家的金融稳定具有更加重要的意义。

三、货币政策诸目标间的关系

（一）稳定物价和充分就业

稳定物价与充分就业两个目标之间经常发生冲突。英国经济学家菲利普斯的实证研究证明了这一点。1958年，菲利普斯通过考察1861—1975年间英国的失业率与工资物价变动率之间的关系后，得出这样一个基本结论：失业率和物价上涨率之间存在着此消彼长的替代关系。

菲利普斯曲线如图13-1所示：失业率高，物价上涨率低；失业率低，物价上涨率高。其基本原理在于：货币政策要实现充分就业的目标（即B点左移至A点），只能通过扩张信用和增加货币供给量来刺激投资需求和消费需求，以此扩大生产规模、增加就业人数，但社会总需求的增加必然在一定程度上引起一般物价水平的上涨。因此，中央银行只能以牺牲稳定物价的政策目标为代价来实现充分就业的目标。

面对物价稳定与充分就业之间的矛盾，中央银行可有三种选择：一是失业率较高的物价稳定；二是通货膨胀率较高的充分就业；三是在失业率和物价上涨率之间相机抉择。在具体操作中，中央银行只能根据具体的社会经济条件相机抉择，寻求物价上涨率和失业率之间某一适当的组合点。

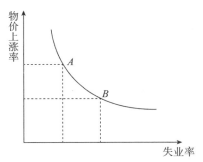

图13-1　菲利普斯曲线

（二）经济增长与充分就业

经济增长与充分就业两个目标之间具有一致性。美国经济学家奥肯于1962年提出了关于经济增长率与失业率关系的"奥肯定律"：失业率与经济增长率具有反向的变动关系。那么，作为失业率的对立面，充分就业就与经济增长具有同向的变动关系。也就是说，经济增长有助于增加就业，降低失业率。其基本原理是：中央银行通过增加货币供给量使利率水平降低，刺激企业增加投资，扩张生产规模，生产规模的扩大伴随就业的增加，进而带来产出的增加和经济的增长。

（三）稳定物价和经济增长

稳定物价与经济增长两个目标之间具有矛盾性。由菲利普斯曲线推导可知，物价上涨率与经济增长率之间成同向变动关系，则稳定物价与经济增长两个目标反向变动，存在矛盾性。现代市场经济条件下各国的经济运行实践也显示，经济的增长一般伴随着物价水平一定程度的上涨，这是因为经济的增长必然要求投资需求和消费需求的增长，进而要求增加货币供给量，而货币供给量的增加将导致物价水平一定程度的上涨。

（四）稳定物价和国际收支平衡

稳定物价有利于实现国际收支平衡。通常来说，在各国贸易结构不变的条件下，如果各国都保持本国的物价稳定，则物价稳定与国际收支平衡目标能够同时实现。但如果一国保持物价稳定，而其他国家出现了通货膨胀，则会使本国出口商品价格相对较低，出口增加、进口减少，国际收支发生顺差。同样的道理，如果本国国际收支出现逆差，为了平衡国际收支采取本币对外贬值的措施，则在促进出口增加的同时，可能会导致国内通货膨胀加剧，因为商品出口的增加减少了对国内市场商品的供给，进口商品的价格因本币对外贬值而提高，两方面因素共同推高本国的物价水平。

（五）经济增长和国际收支平衡

一般来说，经济增长通常会增加对进口商品的需求，同时由于国民收入的增加带来货币支付能力的增加，会导致对一部分本来是用于出口的商品转向内销。两方面作用的结果是进口的增长高于出口的增长，导致贸易逆差。为了平衡国际收支，消除贸易逆差，中央银行需要紧缩信用，减少货币供给，以抑制国内的有效需求，但是生产规模也会相应缩减，从而导致经济增长速度放慢。因此，经济增长与国际收支平衡之间也存在矛盾，难以同时兼得。

正是由于货币政策诸目标之间存在矛盾，所以货币政策几乎不可能同时实现这些目标，于是就出现了货币政策目标的选择问题。在货币政策实践中，不同的国家在不同的时期，总是根据具体的经济情况来选择货币政策的最终目标或侧重于某一方面。例如，德国一直把稳定货币作为货币政策的唯一目标，奉行"单一目标论"；而美国则奉行"多目标论"，将稳定物价、充分就业、经济增长和国际收支平衡都作为货币政策的最终目标，只是在不同的经济背景下，货币政策的最终目标有所侧重。在经济萧条时期，保持经济增长和充分就业是货币政策目标的相对重点；而在经济高涨时期，稳定物价则会成为货币政策的首要目标。

四、货币政策最终目标的统一性与矛盾性

（一）充分就业与经济增长的关系

按照奥肯定律，GDP增长比潜在GDP增长每快2%，失业率下降1个百分点；GDP增长比潜在GDP增长每慢2%，失业率上升1个百分点。失业与经济增长之间存在负相关关系，因而，充分就业与经济增长之间通常存在正相关关系。但是，由于经济增长可以采取劳动密集型、资本密集型或资源密集型、知识密集型等不同发展模式，除劳动密集型外，其他几种增长模式与充分就业有一定的矛盾。

（二）稳定币值与经济增长和充分就业的关系

根据菲利普斯曲线和奥肯定律，通货膨胀、经济增长和就业之间通常存在正相关关系。

但过高的通货膨胀将破坏正常的经济秩序，从而迫使经济进行紧缩调整，降低经济增长速度和就业率。

（三）稳定币值与国际收支平衡的关系

币值稳定和汇率稳定有利于国际收支平衡，但为了贸易平衡而对外贬值则可能导致国内通货膨胀加剧。有时为拯救濒临破产的银行而增发货币，可能导致通货膨胀。国际收支平衡有利于金融的稳定。国际收支失衡，如贸易赤字和资本大量外流，将导致货币危机。金融的稳定也有利于国际收支的平衡，金融动荡将加剧资本外流，加剧国际收支失衡。

表 13-1 介绍了一些国家货币政策最终目标的发展变化情况。

表 13-1　各国货币政策最终目标的比较

国别	二十世纪五六十年代	二十世纪七八十年代	二十世纪九十年代以来
美国	以充分就业为主	以币值稳定为主	以反通胀为唯一目标
日本	对外收支平衡，物价稳定	币值稳定，对外收支平衡	物价稳定，对外收支平衡
德国	以币值稳定为主，兼顾国际收支平衡	以币值稳定为主，兼顾国际收支平衡	以币值稳定为主，兼顾国际收支平衡
英国	以币值稳定为主，兼顾国际收支平衡	以币值稳定为主	以反通胀为唯一目标
加拿大	充分就业，经济增长	以币值稳定为主	以反通胀为唯一目标
意大利	充分就业，经济增长	以币值稳定为主，兼顾国际收支平衡	以币值稳定为主，兼顾国际收支平衡

第二节　货币政策工具以及运用

一、货币政策工具概述

货币政策工具是中央银行为了实现货币政策的最终目标而采取的措施和手段。为了实现货币政策的最终目标，中央银行不仅要设置用于观测和跟踪的中介指标，还需要有强有力的货币政策工具。

判断一项货币政策工具是否强有力，有以下几个标准。

（一）控制货币供应量的能力

由于货币供应量的增减变动不仅能直接影响总支出，而且能影响金融市场资金的松紧，甚至影响利率及资产重估，再间接影响整个经济活动，所以，货币政策工具的优劣主要看对货币供应量的影响力如何。优良的货币政策工具对货币供应量的控制力强，相反则对货币供应量的控制力弱。

当然，不能期望货币政策工具对货币供应量有完全的控制力，因为商业银行和一般大众的活动对货币供应量都或多或少发挥影响，但货币当局所能操作的政策工具具有更大的影响力。

（二）对利率的影响程度

利率也是货币政策的一个中介目标，利率水平的变动在一定程度上影响支出意向。所以，货币政策工具的任务之一是影响利率水平，借以影响经济活动。

货币政策工具不仅应当对利率总水平有所影响，而且还应当影响长短期利率结构变化，从而影响资金的使用方向。大体上说，提高短期利率，将减少大众持有货币及向银行借款的需求量；提高长期利率，将产生长期投资支出趋减的效果。所以，货币政策工具必须产生对利率结构的影响力。

（三）对商业银行行为的影响

商业银行创造的存款是货币供应量的主要部分，商业银行的经营活动直接影响企业和个人的支出，如果货币政策工具不能强有力地影响商业银行的行为，那么实现货币政策的最终目标就是一句空话。货币政策工具对商业银行行为的影响主要是通过商业银行的准备金变动来实现的，因此，货币政策工具必须能有效地制约准备金的变动。

（四）对大众预期的影响

货币政策对大众预期心理有十分重要的影响。某一货币政策工具，经过实施之后，就会立刻产生"告示作用"，从而对企业及大众产生心理影响。而这种心理预期变化，有可能加深货币政策的效果，也有可能抵消货币政策的效果。因此，在选择货币政策工具时，必须注意它对大众心理预期影响的方向，如果产生的影响是正方向的，则可视为工具，反之则相反。

（五）伸缩性

货币政策当然要以解决经济问题、实现货币政策目标为任务。但经济形势是时常变化的，有时货币政策必须随时进行调整，以适应经济形势的变化。因此，货币政策工具必须具备充分的伸缩性，可以根据任何经济形势的变化而进行调整。当然，这种伸缩性必须是有限制的，如果伸缩性太大，就会引起货币政策多变，使受影响的经济部门无所适从。

二、再贴现政策及业务操作

（一）再贴现政策的含义

再贴现政策是指中央银行通过提高或降低再贴现率的办法，影响商业银行等存款货币机构从中央银行获得的再贴现贷款和超额准备金，达到增加或减少货币供给量，实现货币政策目标的一种政策措施。再贴现政策一般包括两方面的内容：一是调整再贴现率；二是规定向中央银行申请再贴现票据的资格。

再贴现政策是由历史上较早出现的再贴现业务发展而来的。早期的再贴现业务是一种纯粹的信用业务。商业银行通过将其持有的未到期的商业票据拿到中央银行办理再贴现，以获得一定数量的资金，解决暂时的资金短缺问题。随着中央银行职能的不断完善和调节宏观经济作用的日益加强，再贴现业务逐步演化为一种调节货币供给总量的货币政策工具。

再贴现率高低及其变动影响到中央银行的货币政策效应，因此必须谨慎对待。中央银行决策机构通常定期举行会议研究并决定再贴现率。在美国，它适用于所有调节性贷款，而其他贴现贷款则不同程度地与市场利率挂钩，如表 13-2 所示。

表 13-2　美国再贴现利率的应用

贷款种类	贴现率情况	与市场利率的关系
调节性贷款	基础贴现率	低于联邦基金利率
季节性贷款	与市场利率挂钩	高于基础贴现率
延伸性贷款	30 天后与市场利率挂钩	高于基础贴现率

（二）再贴现政策的优缺点

再贴现政策最大的优点是中央银行可利用它来履行最后贷款人的职责，并在一定程度上体现中央银行的政策意图，既可以调节货币总量，又可以调节信贷结构。但它同样存在一定的局限性。

1. 调整再贴现率的告示效应是相对的，有时并不能准确反映中央银行货币政策的意向

如果市场利率相对于再贴现率正在上升，则再贴现贷款将增加。这时即使中央银行并无紧缩意图，但为了控制再贴现贷款规模和调节基础货币的结构，它也会提高再贴现率以便其保持与市场利率变动的一致。但这可能被公众误认为是中央银行正在转向紧缩性货币政策的信号。这时，告示效应带来的可能并非有助于中央银行货币政策意向的正确表示。更好的办法是直接向公众宣布中央银行的货币政策意图。

2. 当中央银行把再贴现率定在一个特定水平时，有可能导致再贴现贷款规模乃至货币供给量发生非政策意图的较大波动

当中央银行把再贴现率定在一个特定水平上时，市场利率与再贴现率中间的利差将随市场利率的变化而发生较大的波动。这些波动可能导致再贴现贷款规模乃至货币供给量发生非政策意图的较大波动。

3. 利用再贴现率调整来控制货币供给量，主动权并不完全在中央银行

中央银行能够调整再贴现率，但不能强迫商业银行借款。相对于公开市场业务，再贴现政策的效果更难以控制，其再贴现率也不能经常反复变动，缺乏灵活性。由于再贴现政策存在上述局限性，货币学派的代表人物弗里德曼和其他一些经济学家建议，中央银行应该取消这项政策工具，以建立更为有效的货币控制。但大多数经济学家并不支持该建议，他们认为再贴现政策仍然具有重要的作用。

另一种建议则主张再贴现率与市场利率挂钩。这种建议得到美国许多专业经济学家的支持，但美联储明确表示反对。美联储认为再贴现率的调整仍应根据市场状况来进行，此项政策仍是一种较好的货币政策工具。

三、公开市场业务及操作

公开市场业务是指中央银行在金融市场买进或卖出有价证券，以改变商业银行等存款货币机构的准备金，进而影响货币供给量和利率，实现货币政策目标的一种政策措施。

（一）公开市场业务的作用

公开市场业务通常具有以下三个方面的作用。

1. 调控存款货币银行准备金和货币供给量

中央银行通过在金融市场买进或卖出有价证券，可直接增加或减少商业银行等存款货币机构的超额储备水平，从而影响存款货币银行的贷款规模和货币供给总量。

2. 影响利率水平和利率结构

中央银行通过在公开市场买卖有价证券，可从两个渠道影响利率水平。当中央银行买进有价证券时，一方面，证券需求增加，证券价格上升，影响市场利率；另一方面，商业银行储备增加，货币供给增加，影响利率。当中央银行卖出有价证券时，利率的变化方向相反。此外，中央银行在公开市场买卖不同期限的有价证券，可直接改变市场上不同期限证券供求平衡状况，从而使利率结构发生变化。

3. 与再贴现政策配合使用，可以提高货币政策效果

当中央银行提高再贴现率时，如果商业银行持有较多超额储备而不依赖中央银行贷款，使紧缩性货币政策难以奏效，中央银行若以公开市场业务相配合，在公开市场卖出证券，则商业银行的储备必然减少，紧缩政策目标得以实现。

（二）公开市场操作的政策目的

公开市场操作的政策目的有以下两个。

1. 维持既定的货币政策，又可称为保卫性目标

除了中央银行的公开市场业务外，影响存款货币银行储备的因素还有许多，如公众持有通货数量的改变等。这些因素并非中央银行能够直接控制的，因此，要避免这些因素变动对存款货币银行储备水平和货币供给总量的影响，中央银行必须预测这些因素的变化，并采取相应的公开市场业务来抵消其变化的影响，以保持存款货币银行储备水平的稳定和既定货币政策目标的实现。在此目标下，公开市场操作任务是：通过及时、准确的短期操作，来保证既定货币政策目标的实现。

2. 实现货币政策的转变，又可称为主动性目标

当中央银行货币政策方向和力度发生变化时，可通过公开市场业务来实现其转变。在此目标下，其任务是通过连续、同向操作，买入或卖出有价债券，增加或减少商业银行储备总量和货币供给总量，达到实施扩张性或紧缩性货币政策的目标。

（三）公开市场业务的优点

与其他货币政策工具相比，公开市场业务具有以下优点。

（1）公开市场业务的主动权完全在中央银行，其操作规模完全受中央银行自己控制，不像再贴现贷款规模那样不完全受中央银行控制。

（2）公开市场业务可以灵活精巧地，用较小的规模和较少的步骤进行操作，较为准确地达到政策目标，不会像存款准备金政策那样对经济产生过于猛烈的冲击。

（3）公开市场业务可以进行经常性、连续性的操作，具有较强的伸缩性，是中央银行进行日常性调节的较为理想的工具。

（4）公开市场业务具有极强的可逆转性，当中央银行在公开市场操作中发现错误时，可立即逆向使用该工具以纠正其错误，而其他货币政策工具则不能迅速地逆转。

（5）公开市场业务可迅速操作。当中央银行决定要改变银行储备和基础货币时，只要向公开市场交易商发出购买或出售的指令，交易便可很快执行。

正是由于公开市场业务存在许多优点，它已成为大多数国家中央银行经常使用的货币政策工具。部分国家和地区中央银行公开市场操作开展情况如表13-3所示。

表13-3　部分国家和地区中央银行公开市场操作开展情况一览表

国家（地区）	启用时间/年	交易工具	交易方式
英格兰银行	1694	商业票据、政府债券	买卖、回购
美国联邦储备系统	1920	政府债券	回购、买卖
加拿大银行	1935	政府债券	买卖、回购
法兰西银行	1930	货币市场债券、国债	买卖、回购
瑞士国民银行	1930	银行债券	买卖
澳大利亚储备银行	1950	政府债券	回购
德意志联邦银行	1955	政府债券、票据	回购、买卖
韩国银行	1961	政府债券、货币稳定债券、外汇基金债券	回购、发行
日本银行	1962	政府债券、票据、大额可转让定期存单	回购、买卖
菲律宾中央银行	1970	国债、中央银行债券	回购、买卖
巴西中央银行	1970	政府指数债券、中央银行债券	买卖、回购
墨西哥银行	1978	国债	买卖、回购
泰国银行	1979	政府债券、中央银行债券	回购、发行
印度尼西亚银行	1984	中央银行存单、银行承兑汇票	回购、买卖
新西兰储备银行	1986	政府债券、中央银行债券	回购、发行
马来西亚银行	1987	政府债券、中央银行债券	回购、发行
新加坡金融管理局	1980	国债	发行、回购
斯里兰卡中央银行	1984	中央银行债券、国债	发行、回购
埃及中央银行	1980	国债	发行、回购

续表

国家（地区）	启用时间/年	交易工具	交易方式
阿根廷中央银行	1980	国债	买卖、回购
印度储备银行	1980	国债	买卖、回购
波兰国民银行	1990	中央银行债券、国债	发行、买卖、回购
俄罗斯中央银行	1994	国债	买卖、回购、逆回购
中国人民银行	1994	外汇、国债	买卖、回购、逆回购
中国香港特区金融局	1990	外汇、基金、票据	买卖

（资料来源：中国人民银行，1994—1996 公开市场业务年报）

（四）公开市场业务的局限性

（1）公开市场操作较为细微，技术性较强，政策意图的告示作用较弱。

（2）需要以较为发达的有价证券市场为前提。市场发育程度不够、交易工具太少等因素都将制约公开市场业务的效果。

1994 年，伴随我国银行间外汇交易市场的建立，中国人民银行的外汇公开市场业务正式启动。中国人民银行对外汇市场调控的目标是保持人民币汇率的相对稳定。

中国人民银行公开市场业务操作室接受总行关于汇率调控目标和交易限额的指令，根据外汇市场变化情况，通过规范、灵活的操作方式，相继入市买卖外汇，调节汇率，平衡供求，稳定市场，以实现稳定人民币汇率的目标。

中国人民银行的人民币公开市场业务于 1996 年 4 月 9 日正式启动。由于中国人民银行的资产中缺乏可作为公开市场操作的有价证券，公开市场业务主要采用国债回购方式进行交易。中国人民银行资产结构的限制和可供操作的工具单一，特别是短期国债缺乏，利率尚未市场化等原因，都制约了公开市场操作的规模和效应。目前，人民币公开市场业务规模虽然较小，但通过几年的实践，为更多地利用公开市场业务调控经济积累了经验。

（五）公开市场业务操作

1. 公开市场业务的操作计划

公开市场业务具体实施，是通过中国人民银行公开市场业务操作室来完成的。为实现公开市场业务的操作目标，中国人民银行公开市场业务操作室必须首先确定公开市场操作量并制订操作计划。公开市场操作量根据中央银行的货币政策意图和存款货币银行的储备状况来确定。

2. 公开市场业务操作方式

公开市场业务操作有两种基本方式：一是长期性储备调节，为改变商业银行等存款货币机构的储备水平而使用；二是临时性储备调节，为抵消其他因素的影响，维持商业银行等存款货币机构的储备水平而使用。两种操作工具的特点及影响如表 13-4 所示。

表 13-4　公开市场业务操作方式的比较

公开市场业务操作		对储备的影响	特点
长期性操作	购入债券	长期性增加	（1）长期内储备调节 （2）单向性储备调节 （3）用于货币政策重大变化
	售出债券	长期性减少	
临时性操作	购买回购协议	临时性增加	（1）短期内储备调节 （2）双向性储备调节 （3）用于维持既定货币政策

3. 公开市场业务操作对象

中央银行的公开市场业务操作是与政府债券一级交易商进行的。在政府债券市场上，有众多的证券交易商，但中央银行只在其中选择部分一级交易商作为交易对象。如我国 1996 年开始国债公开市场操作时，交易对象有 14 家，1997 年增加为 25 家，各主要商业银行都已包括在内。美国 20 世纪 90 年代约有 46 家一级交易商，其中 13 家为外国公司。美联储选择交易对象的标准，一是该金融机构的资本与其掌握的头寸相比是否充足；二是该金融机构的业务量是否具有一定规模，是否一直是市场比较活跃的报价行；三是该金融机构是否有较强的管理能力。

4. 公开市场业务操作的交易方式

公开市场业务操作的交易方式通常包括有价证券的买卖、回购和发行等。我国目前由于中央银行资产结构中缺乏作为公开市场业务操作交易工具的证券资产，因此交易方式主要采用回购一种方式。回购是指交易的一方（卖方）在卖出债券给另一方（买方）时，买卖双方约定在将来某个时期以双方约定的价格，由卖方向买方买回相同数量的同品种债券的交易。回购主要采用"底价利率招标"方式进行。

5. 公开市场业务操作过程

公开市场业务操作过程是按一定程序进行的。美联储公开市场操作室每天的操作过程如表 13-5 所示。

表 13-5　美联储公开市场操作室每天的操作过程

时间	活动清单
08：30	收集经济金融信息，观察市场反应
09：00	与公开市场交易商讨论市场发展情况
10：30	与财政部电话联系，取得政策的协调一致
10：45	制定一天操作方案
11：15	与公开市场委员会代表举行例行电话会议
11：40	与交易商联系，宣布公开市场操作
17：00	操作情况交流与检查

我国公开市场操作国债回购的过程如下：①每次操作前，中国人民银行公开市场业务操作室公布五个方面的信息：回购的种类、回购债券的品种、回购期限的档次、回购数量总额、回购底价利率；②各交易商在规定的时间内向中国人民银行公开市场业务操作室投标，在同一交易日，每个交易商对中国人民银行公开市场业务操作室发布的每一招标书的投标次数不得超过三次；③中国人民银行公开市场业务操作室根据公平、公正的市场原则确定各交易商的投标是否中标。

中国人民银行公开市场业务操作室在该交易日内向中标的一级交易商发出回购中标通知书。回购中标通知书即为回购成交确认书。若回购双方对回购中标通知书内容无异议，将与国债回购主协议一起构成买卖双方确认交易条款的法律依据；若由于技术性原因而引起回购双方对中标通知书内容发生争议，双方必须于次日上午之前针对有争议部分进行重新核实确认或纠正。回购双方必须在次日（遇节假日顺延）进行清算和交割。

2014年，中国人民银行发布了78个公开市场业务交易公告（〔2014〕第1号至〔2014〕第78号），仅11月份就以利率招标方式开展了7次正回购操作，详细情况如表13-6所示。

表13-6　中国人民银行11月公开市场业务操作详细情况

时间	类型	期限/天	交易量/亿元	中标利率/%
2014. 11. 25	正回购	14	50	3.20
2014. 11. 22	正回购	14	100	3.40
2014. 11. 18	正回购	14	200	3.40
2014. 11. 13	正回购	14	200	3.40
2014. 11. 11	正回购	14	200	3.40
2014. 11. 06	正回购	14	200	3.40
2014. 11. 04	正回购	14	200	3.40

（资料来源：中国人民银行）

除上述法定存款准备金、再贴现和公开市场业务这三大政策工具外，中央银行对金融机构的信用放款也是控制货币供给总量的一个重要工具，包括信用放款条件的规定、信用放款额度及利率等。特别是在计划经济向市场经济转轨的过程中，这一政策工具十分重要。在我国，中央银行对金融机构的信用贷款在中央银行的资金运用和商业银行的储备中占有极大比重。

在西方市场经济国家，当商业银行头寸不足时，它们主要通过向中央银行再贴现的方式获得资金。中央银行虽然在必要时也提供信用放款，但其数量一般不大。中央银行对商业银行的信用放款，由于缺乏抵押和保证，只能根据自己的判断来发放贷款，这使中央银行对其提供的基础货币是否适当缺少准确把握，增加了宏观调控的难度。因此，我国应逐步降低信用贷款的数量。

四、选择性货币政策工具

选择性货币政策工具，是指中央银行针对某些特殊的经济领域或特殊用途的信贷而采用的信用调节工具，主要有消费者信用控制、证券市场信用控制、不动产信用控制和优惠利率。

（一）消费者信用控制

消费者信用控制是指中央银行对消费者不动产以外的耐用消费品分期购买或贷款的管理措施，目的在于影响消费者对耐用消费品有支付能力的需求。

在消费过度膨胀时，可对消费信用采取一些必要的处理措施，如：①规定分期购买耐用消费品首期付款的最低限额，这一方面降低了该类商品信贷的最高贷款额，另一方面限制了那些缺乏现金支付首期付款的消费；②规定消费信贷的最长期限，从而提高每期还款金额，限制平均收入水平和目前收入水平较低的人群的消费；③规定可用消费信贷购买的耐用消费品种类，也就限制了消费信贷的规模。该类措施在消费膨胀时能够有效地控制消费信用的膨胀，许多国家在严重通货膨胀时期都采用过。相反，在经济衰退、消费萎缩时，则应放宽甚至取消这些限制措施，以提高消费者对耐用消费品的购买能力，刺激消费。

（二）证券市场信用控制

证券市场信用控制是指中央银行对有价证券的交易，规定应支付的保证金限额，目的在于限制用借款购买有价证券的比重。它是对证券市场的贷款量实施控制的一项特殊措施，在美国货币政策史上最早出现，目前仍在使用。

中央银行规定保证金限额的目的：一方面是控制证券市场信贷资金的需求，稳定证券市场价格；另一方面则是调节信贷供给结构，通过限制大量资金流入证券市场，使较多的资金用于生产和流通领域。我国自改革开放以来，证券市场从无到有，发展迅速，但也出现了大量信贷资金流入股市、债市和期货市场，导致证券市场过热，出现金融资产泡沫的不良运行状况。为解决该问题，我国实行了证券业和银行业分业经营的管理体制，采取一系列措施限制信贷资金流入股市，限制证券经纪公司向客户透支炒股等，对于我国稳定金融市场、抑制金融泡沫、避免金融危机发挥了重要作用。

（三）不动产信用控制

不动产信用控制是指中央银行对商业银行等金融机构向客户提供不动产抵押贷款的管理措施，主要是规定贷款的最高限额、贷款的最长期限和第一次付现的最低金额等。采取这些措施的目的主要在于限制房地产投机，抑制房地产泡沫。美国在第二次世界大战和朝鲜战争时期，为了确保经济资源的合理利用，特设置 W 规则限制消费信用，设置 X 规则限制不动产信用。

我国在 20 世纪 90 年代初期也出现了房地产过热的情况，各行各业、各种资金大量流向房地产投机，形成大量的房地产泡沫。为了限制房地产投机，国家采取了一系列措施限制信贷资金向房地产业的过度流入，对抑制房地产泡沫发挥了一定的作用。而在 20 世纪 90 年代后期，为了有效地扩大内需、刺激经济增长，抵消亚洲金融危机和世界经济衰退的不利影响，国家则采取了一系列措施放开房地产信贷限制，特别是住房信贷限制，既配合了住房分配货币化改革的需要，又推动了住房消费和房地产业的发展。2007 年房产价格上涨过快，对全面物价上涨起了推波助澜的作用，国家采取各种办法控制房价，包括提高第二套住房贷款的首付比例等方法。

（四）优惠利率

优惠利率是指中央银行对国家拟重点发展的某些部门、行业和产品规定较低的利率，以鼓励其发展，有利于国民经济产业结构和产品结构的调整和升级换代。优惠利率主要配合国民经济产业政策使用。如对急需发展的基础产业、能源产业、新技术、新材料的生产，出口创汇企业的产品生产等，制定较低的优惠利率，提供资金方面的支持。

实行优惠利率有两种方式：一是中央银行对这些需要重点扶持发展的行业、企业和产品规定较低的贷款利率，由商业银行执行；二是中央银行对这些行业和企业的票据规定较低的再贴现率，引导商业银行的资金投向和投量。优惠利率多为发展中国家所采用。我国在此方面也使用较多。

第三节　货币政策的操作指标、中介指标和传导机制

一、操作指标和中介指标的作用与选择标准

（一）操作指标和中介指标的作用

中央银行要想实现诸如物价稳定、充分就业等货币政策最终目标，就要在货币政策工具与最终目标之间设置中间性指标。中间性指标包括操作指标和中介指标两个层次。

操作指标是中央银行通过货币政策工具操作能够有效准确实现的政策变量，如准备金、基础货币等指标。对货币政策工具反应灵敏和处于货币政策工具的控制范围之中是货币政策操作指标的主要特征。

中介指标处于最终目标和操作指标之间，是中央银行通过货币政策操作和传导后能够以一定的精确度达到的政策变量，主要有市场利率、货币供给量等指标。中介指标离货币政策工具较远，但离最终目标较近，与货币政策的最终目标具有紧密的相关关系。

中央银行的货币政策操作就是通过货币政策工具直接作用于操作指标，进而引起中介指标的调整，最终实现期望的货币政策最终目标。

（二）操作指标和中介指标的选择标准

通常认为操作指标和中介指标的选取要符合以下几项标准。

1. 可测性

可测性是指作为货币政策操作指标和中介指标的金融变量必须具有明确的内涵和外延，使中央银行能够迅速而准确地收集到有关指标的数据资料，以便进行观察、分析和监测。

2. 可控性

可控性是指中央银行通过货币政策工具的运用，能对其所选择的金融变量有效地进行调控，能够准确地控制金融变量的变动状况及其变动趋势。

3. 相关性

相关性是指作为货币政策操作指标的金融变量必须与中介指标密切相关，作为中介指标

的金融变量必须与货币政策的最终目标密切相关，中央银行通过对操作指标和中介指标的调控，能够促使货币政策最终目标的实现。

4. 抗干扰性

货币政策在实施过程中经常会受到许多外来因素或非政策因素的干扰，只有选择那些抗干扰能力比较强的操作指标和中介指标，才能确保货币政策达到预期的效果。

二、作为操作指标的金融变量

各国中央银行使用的操作指标主要有存款准备金和基础货币。

（一）存款准备金

存款准备金由商业银行的库存现金和在中央银行的准备金存款组成。在存款准备金总额中，由于法定存款准备金是商业银行必须保有的准备金，不能随意动用，因此，对商业银行的资产业务规模起直接决定作用的是商业银行可自主动用的超额准备金，也正因为此，许多国家将超额准备金选作货币政策的操作指标。超额准备金的高低，反映了商业银行的资金紧缺程度，与货币供给量紧密相关，具有很好的相关性。例如，如果商业银行持有的超额准备金过高，说明商业银行资金宽松，已提供的货币供给量偏多，中央银行便应采取紧缩措施，通过提高法定准备金率、公开市场卖出证券、收紧再贴现和再贷款等工具，使商业银行的超额准备金保持在理想的水平上；反之亦然。尽管中央银行可以运用各种政策工具对商业银行的超额准备金进行调节，但商业银行持有多少超额准备金最终取决于商业银行的意愿和财务状况，受经济运行周期和信贷风险的影响，难以完全为中央银行所掌握。

（二）基础货币

基础货币是流通中的通货和商业银行等金融机构在中央银行的存款准备金之和。基础货币作为操作指标的主要优点有：一是可测性强，基础货币直接表现在中央银行资产负债表的负债方，中央银行可随时准确地获得基础货币的数额；二是可控性、抗干扰性强，中央银行对基础货币具有很强的控制能力，通过再贴现、再贷款以及公开市场业务操作等，中央银行可以直接调控基础货币的数量；三是相关性强，作为货币供给量的两个决定因素之一，中央银行基础货币投放量的增减，可以直接扩张或紧缩整个社会的货币供给量，进而影响总需求。正是基于基础货币的这些优点，很多国家中央银行把基础货币作为较为理想的操作指标。

三、作为中介指标的金融变量

市场经济国家通常选用的货币政策中介指标主要是利率和货币供给量，也有一些国家选择汇率指标。利率、货币供给量等金融变量作为货币政策中介指标，各有其优缺点。

（一）利率

20世纪70年代以前，西方各国的中央银行大多以利率作为中介指标。利率作为中介指标的优点有三。一是可测性强。中央银行在任何时候都能观察到市场利率水平及结构，可随时对收集的资料进行分析判断。二是可控性强。中央银行作为"最后贷款人"，可直接控制对金融机构融资的利率。中央银行还可通过公开市场业务和再贴现率政策，调节市场利率的走向。三是相关性强。中央银行通过利率变动引导投资和储蓄，从而调节社会总供给和总需求。但利率作为中介指标也有不足之处，其抗干扰性较差，主要表现在利率本身是一个内生变量，利率变动是与经济循环相一致的。经济繁荣时，利率因资金需求增加而上升；经济萧条时，利率因资金需求减少而下降。利率作为政策变量时，其变动也与经济循环相一致。经济过热时为抑制需求而提高利率，经济疲软时为刺激需求而降低利率。于是，当市场利率发生变动时，中央银行很难确定是内生变量发生作用还是政策变量发生作用，因而也便难以确定货币政策是否达到了应有的效果。

（二）货币供给量

20 世纪 70 年代以后，西方各国的中央银行大多以货币供给量为中介指标。货币供给量作为中介指标的优点有三。一是可测性强。货币供给量中的 M_0、M_1、M_2 都反映在中央银行或商业银行及其他金融机构的资产负债表上，便于测算和分析。二是可控性强。通货由中央银行发行并注入流通，通过控制基础货币，中央银行也能有效地控制 M_1 和 M_2。三是抗干扰性强。货币供给量作为内生变量是顺循环的，即经济繁荣时，货币供给量会相应地增加，以满足经济发展对货币的需求；而货币供给量作为外生变量是逆循环的，即经济过热时，应该实行紧缩的货币政策，减少货币供给量，防止由于经济过热而引发通货膨胀。然而，理论界对于货币供给量指标应该选择哪一层次的货币看法不一。争论的焦点在于 M_1、M_2 哪个指标和最终政策目标之间的相关性更强。

20 世纪 90 年代以来，一些发达国家先后放弃货币供给量指标而采用利率指标，这是因为 80 年代末以来的金融创新、金融放松管制和全球金融市场一体化的发展，使各层次货币供给量的界限更加不易确定，从而导致基础货币的扩张系数失去了以往的稳定性，货币总量同最终目标的关系更加难以把握，结果使中央银行失去了对货币供给量的强有力的控制。

（三）其他指标

有些经济、金融开放程度比较高的国家和地区，还选择汇率作为货币政策的中介指标。这些国家的货币当局确定其本币同另一个经济实力较强国家货币的汇率水平，通过货币政策操作，盯住这一汇率水平，以此实现最终目标。

四、我国货币政策的中介指标与操作指标

从 1994 年 10 月起，中国人民银行开始定期向社会公布货币供给量统计，把货币供给量作为货币政策最主要的中介指标。经过两次修订后，现阶段我国的货币供给量分为 M_0、M_1 和 M_2 三个层次：M_0 为流通中现金；M_1 为 M_0 加上企事业单位活期存款，称为狭义货币供给量；M_2 为 M_1 加上企事业单位定期存款、居民储蓄存款和证券公司客户保证金，称为广义货币供给量。在这三个层次的货币供给量中，M_0 与消费物价变动密切相关，是最活跃的货币；M_1 反映居民和企业资金松紧变化，是经济周期波动的先行指标，流动性仅次于 M_0；M_2 流动性偏弱，但反映的是社会总需求的变化和未来通货膨胀的压力状况。通常所说的货币供给量，主要是指 M_2。除了货币供给量之外，中国人民银行还关注贷款规模变量，一是因为贷款规模与货币供给量紧密相关；二是因为在国际收支双顺差的背景下，中国人民银行

为了稳定人民币汇率水平，通过国外资产渠道被动投放了大量基础货币，有可能引起商业银行资金过于宽裕，信贷规模过度增长，进而引起货币供给量的过度增加，影响货币政策最终目标的实现。

目前，我国的利率还没有完全市场化，在这种情况下，利率还不适宜充当货币政策的中介指标。随着我国金融改革的不断推进和利率市场化的逐渐完成，利率有可能成为未来我国的货币政策中介指标。

与货币供给量作为中介指标相对应，目前我国货币政策的操作指标主要是基础货币。中国人民银行资产负债表的负债栏中的储备货币即为我国的基础货币，中国人民银行可通过公开市场业务、再贴现与再贷款政策对基础货币进行调控，依据基础货币与货币供给量之间的相关关系，对货币供给量进行相应调节，以实现政策目标。

2007 年，我国的上海银行间同业拆放利率（shibor）正式运行，当市场利率纳入我国货币政策的中介指标体系后，上海银行间同业拆放利率也将会成为我国货币政策的操作指标之一。

五、我国货币政策传导机制

（一）货币政策传导机制

货币政策传导机制是指运用货币政策手段或工具影响中介指标进而实现最终目标的途径和过程的机能。

至于采用哪些政策手段更有利于实现货币政策最终目标，以及其过程和机制的有效性如何，在西方有不同的理论和立场，主要有凯恩斯学派和货币学派的传导机制理论。

1. 凯恩斯学派传导机制理论

凯恩斯学派主张传导过程中的主要机制或主要环节是利率，认为货币供应量的变动或调整必须首先影响利率的升降，然后才能使投资及总支出发生变化，进而影响总收入的变化。用符号可以表示为：

$$M \rightarrow r \rightarrow I \rightarrow E \rightarrow Y$$

式中，M 表示货币量；r 表示利率；I 表示投资；E 表示总支出；Y 表示总收入。其中，特别强调利率的变化通过资本边际效率的影响使投资以乘数方式增减，最后影响社会总收支的变化。

2. 货币学派传导机制理论

货币学派认为利率在货币传导机制中并不起重要作用，强调货币供应量在整个传导机制中具有真实效果。

这种主张认为，增加货币供应量在开始时会降低利率，但不久会因货币收入增加和物价上涨而使名义利率上升，而实际利率则有可能回到并稳定在原来的水平上。他们认为，货币政策的传导机制主要不是通过利率间接地影响投资和收入，而是通过货币实际余额的变动直接影响支出和收入，用符号表示为：

$$M \rightarrow E \rightarrow Y$$

可见，用哪些政策工具作为传导机制，理论界存在疑义，在实际运用中各个国家也不尽相同。

（二）货币政策的作用过程

在西方国家，货币政策的作用过程一般由以下三个基本环节构成。

（1）从中央银行至各金融机构和金融市场，即中央银行通过法定存款准备金、贴现率和公开市场业务等货币政策工具，调节各金融机构的超额准备金量和金融市场融资条件（包括利率），以控制各金融机构的贷款能力和金融市场的资金融通。

（2）从各金融机构和金融市场至企业和个人的投资与消费，即中央银行通过货币政策的实施，如提高或降低利息率，扩张或紧缩货币供应量，使各金融机构和企业、个人调整自己的投资和消费，从而使社会的投资和消费发生变化。

（3）从企业、个人的投资、消费至产量、物价和就业的变动。个人投资消费行为的变化，必然会引起产量、物价和就业的变动，最终影响经济发展、物价稳定、就业充分、国际收支平衡等的实现。

（三）货币政策时滞

货币政策时滞又称货币政策时差，是指货币政策的实施影响重要经济变量所需要的时间。货币政策时滞的存在，是因为货币政策的最终目标是实现经济增长、充分就业、物价稳定和国际收支平衡，但货币政策本身并不直接作用于最终目标，而是通过货币政策的中介目标，即政策手段发挥的效果或作用，才能对最终目标产生影响。货币政策时滞有长有短。

我国货币政策传导过程一般经过三个阶段：第一阶段是从中央银行至金融机构和金融市场；第二阶段是从各金融机构和金融市场至企业和个人的投资与消费；第三阶段是影响企业、个人的投资消费乃至产量、物价和就业的变动。总之，货币政策从运用到产生政策效果，经过三个过程，这三个阶段总括为货币政策的传导过程。我国货币政策传导过程如图13-2所示。

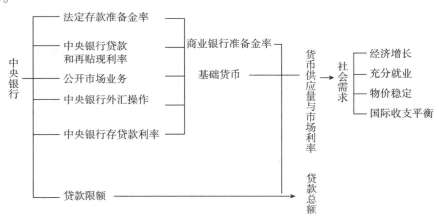

图13-2 我国货币政策传导过程

第四节 货币政策与其他宏观经济政策的协调与配合

一、货币政策与财政政策的协调配合

货币政策和财政政策成为现代国家共同运用的宏观经济政策，即大多数国家在运用货币和财政政策对宏观经济运行、货币供给与需求进行控制和调节。

货币政策与财政政策之间存在统一性。一是两大政策的调控目标是统一的，即都属于实现目标可采取的政策。二是两者都是需求管理政策：货币政策管理货币供应量，而在商品货币经济条件下，货币供应量的变动是社会总需求变动的象征；财政政策管理财政收支，其执行结果无论是赤字还是大体平衡，最终对社会总需求都有重大影响。三是从经济运行的统一性来看，财政、信贷和货币发行同处于社会再生产资金循环或运行过程之中，社会资金的统一性、货币流通的统一性和货币资金各部分之间的相互流动性，使财政、信贷和货币发行三者有着不可分割的内在联系，任何一方的变化都会引起其他方面的变化，最终引起社会总需求与总供给的变化。因此，两个政策目标如果不统一和协调，必然造成政策效应的相悖，造成宏观经济运行的失控。

货币政策与财政政策的不同点有三。一是政策工具不同。货币政策工具主要是存款准备金率、再贴现率、公开市场业务、贷款限额、中央银行存贷款利率等；财政政策工具主要是税种、税率、预算收支、公债、补贴、贴息等。二是调节范围不同。货币政策的调节基本上限于经济领域，其他领域处于次要地位；而财政政策调节的范围不仅限于经济领域，还包括非经济领域。三是政策时滞不同，即财政货币政策影响重要经济变量所需时间不同。货币政策工具使用较为简便，而财政政策工具从确定到实施，过程比较复杂，因而货币政策内部时滞较短，财政政策则长些；相反，货币政策外部时滞较长，因为货币政策手段发挥作用要经过三个环节，间接对经济起作用；财政政策的外部时滞较短，因为财政政策作用较直接，如调节税率后，企业的收支就会立即发生变化。

二、货币政策与产业政策的协调配合

产业政策是指政府为了促进国民经济稳定协调地发展，而对产业结构和产业组织构成进行某种形式干预的政策。

一国的产业政策在宏观经济政策中往往起重要作用。货币政策受产业政策的制约，又反作用于产业政策。具体表现为产业结构决定信贷资金分配结构，已经形成的产业结构需要相应的货币信贷资金供应结构。信贷资金分配又有相对独立性，特别是在市场经济条件下，银行的资金配置以盈利性、安全性、流动性为原则；而产业政策偏重于社会效益，是一国经济发展战略意图的体现，这中间有可能产生矛盾。这就需要处理好两种政策的配置问题。

1. 产业政策对货币政策具有导向作用

产生政策的实施效果，需要各短期宏观经济政策来完成，所以它对短期经济政策包括货

币政策加以引导，借以实现政策目标。

2. 产业政策作为供给管理政策，以增加供给来引导有效需求

货币政策主要是需求管理政策，产业政策直接调节供给结构，通过资源优化配置，在现有资源条件下增加供给。供给的实现，又依赖于货币政策手段通过从紧或从松的货币供给，抑制或增加货币需求。

3. 产业政策作为一种结构性调整政策

产业政策作为一种结构性调整政策，为货币政策的实现提供了保证，即为经济、金融、物价的长期稳定打下了坚实基础。

4. 货币政策对产业政策的失误具有矫正作用

产业政策也存在正负效应问题，如超高速发展或结构扭曲的产业政策，有可能引起通货膨胀。货币政策作为需求管理政策，通过紧缩政策来抑制经济超高速发展，通过货币供给结构倾斜，对失衡的经济结构加以矫正。

三、货币政策与收入政策的协调配合

收入政策在西方被定义为影响或控制价格、货币工资和其他收入增长率而采取的货币和财政措施以外的政府行动。它是政府为了降低一般价格水平上升的速度而采取的强制性或非强制性限制货币工资和价格的政策。

收入政策对货币稳定的重要性、与货币政策相配合的必要性在于以下两方面。

（1）货币稳定问题是一个社会总供给与总需求平衡的问题，收入分配和社会总供给与总需求之间有着极为密切的内在联系。社会产品实现以后，必须通过分配和再分配环节，最后形成消费基金和积累基金。积累基金要与生产要素相对应，消费基金要与消费品相对应。两者相适应，意味着总供给与总需求相适应，物价才能保持稳定。

（2）在不兑现信用货币流通条件下，价值形态国民收入可能出现超分配。超分配可能是价值形态国民收入总量大于实物形态国民收入总量，一般由政府、企业、个人收入总量过多引起，这会由于需求膨胀导致通货膨胀；也可能是分配比例不合理，引起供给与需求结构失衡，而结构失衡容易引起结构性通货膨胀。

★拓展阅读13-1

央行：继续实施稳健货币政策注重松紧适度

证券时报网2015年09月25日讯，中国人民银行货币政策委员会2015年第三季度例会日前在北京召开。

会议分析了当前国内外经济金融形势。会议认为，当前我国经济金融运行总体平稳，但形势的错综复杂不可低估。世界经济仍处于国际金融危机后的深度调整期。主要经济体经济走势进一步分化，美国积极迹象继续增多，欧元区复苏基础尚待巩固，日本经济温和复苏但仍面临通缩风险，部分新兴经济体实体经济面临较多困难。国际金融市场和大宗商品价格波动性上升，跨市场、跨地区相互影响，风险隐患增多。

会议强调，要认真贯彻落实党的十八大、十八届三中与四中全会和中央经济工作会议精神。密切关注国际国内经济金融最新动向和国际资本流动变化，坚持稳中求进、改革创新，继续实施稳健货币政策，更加注重松紧适度，灵活运用多种货币政策工具，保持适度流动性，实现货币信贷及社会融资规模合理增长。改善和优化融资结构和信贷结构。提高直接融资比重，降低社会融资成本。继续深化金融体制改革，增强金融运行效率和服务实体经济能力。进一步推进利率市场化和人民币汇率形成机制改革，保持人民币汇率在合理均衡水平上的基本稳定。

本章小结

货币政策是指中央银行为实现一定的经济目标，运用各种工具调节和控制货币供给量，进而影响宏观经济的方针和措施的总和。货币政策包括政策目标、实现目标的政策工具、监测和控制目标实现的各种操作指标和中介指标、政策传递机制和政策效果等基本内容。

货币政策最终目标包括币值稳定、经济增长、充分就业、国际收支平衡。一般性货币政策工具是对货币供给总量或信用总量进行调节和控制的政策工具，主要包括法定存款准备金政策、再贴现政策和公开市场业务三大政策工具，俗称"三大法宝"。选择性货币政策工具主要有消费者信用控制、证券市场信用控制、不动产信用控制和优惠利率等。

货币政策与其他宏观经济政策的协调配合问题，主要是指货币政策与财政政策的关系问题。此外，货币政策与收入政策、产业政策的配合也很重要。

课后练习

一、名词解释

货币政策　一般性货币政策工具　再贴现　法定存款准备金　优惠利率　货币传导机制　财政政策　产业政策

二、问答题

1. 简述货币政策的含义与特点。
2. 简述货币政策目标之间的关系。
3. 简述一般性货币政策工具。
4. 简述选择性货币政策工具。
5. 如何理解货币政策与财政政策的协调配合？

案例分析

货币政策与宏观调控应主动适应新常态

今年是"十三五"规划编制的关键之年。"十三五"时期，我国经济面临哪些挑战和变化？宏观调控和货币政策又该如何作为？

　　"未来 5 年，我国都将在新常态下。新常态下，我国宏观经济运行将越来越依赖改革红利，如何通过宏观调控将改革红利释放出来，主动适应和引领经济发展新常态，将是今后调控的重点。"本报专家委员会委员、中行国际金融研究所副所长宗良表示。

　　有关专家认为，从目前至 2017 年以"三期叠加"为核心特征，称之为"新常态第一阶段"。产能过剩、房地产泡沫、地方政府债务是这一阶段最为突出的影响因素。"三期叠加"后的 2017 年至 2020 年，继续全面深化改革，可以称之为"新常态第二阶段"。

　　那么，"十三五"时期，中国宏观调控如何适应经济新常态？"保持定力、稳定政策""主动作为、预调微调""预调微调要远近结合""改革创新完善调控方式，使财政政策、货币政策更加有效地发挥作用""更加注重市场化调控手段"……采访中，多位专家和学者纷纷表达了对未来五年宏观调控的预计。

　　宗良表示，为实现"十三五"时期经济社会的主要发展目标，首先要继续坚持稳增长，实现对新的发展驱动力的培育。要思考面对国际新一轮科技和产业革命的大趋势，如何抓住这一历史机遇，推动国家创新驱动战略实现；针对"十三五"时期可能面临的最重要制约因素，做好政策应对，着力化解产能过剩压力，加强逆周期宏观审慎监管，防范系统性金融风险，进一步释放改革动力，推进资金资源配置更优化，更好地发挥市场的作用。

　　接受采访的专家认为，"十三五"时期，宏观调控首先要继续坚持多目标制的货币政策。一方面，保持经济运行在合理区间内，政策上保持定力；另一方面，要主动作为、预调微调，适度、有序、有针对性地根据经济的变化采取适度措施。在保持政策连续性的同时，加强政策的前瞻性。

　　其次，宏观调控要不断改革创新，完善方式，寓改革于宏观调控之中。进入新的发展阶段以后，既有的政策可用空间在进一步缩小，要不断通过改革创新，配合经济发展新阶段的要求。具体来看，要通过深化财税体制改革来增强财政政策的作用，释放市场活力。货币政策要继续推进利率市场化，放宽市场准入，建立存款保险制度并使其充分发挥作用。通过改革创新完善调控方式，使财政政策、货币政策更加有效地发挥作用。

　　再次，宏观调控要更好体现灵活性，做到远近结合，既要着眼于当下矛盾，实施定向调控；也要着力构建有利于长远发展的金融体系，从根基入手。

　　"尽管目前我们对'十三五'规划中金融改革和货币政策方面将会有哪些具体表述尚不清楚，但建立健全中央银行的利率调控框架、加强对市场预期的引导、强化价格型调控和传导机制、进一步完善人民币汇率形成机制、加快发展外汇市场、支持人民币在跨境贸易和投资中的使用、加强对国内外风险的有效监控、继续深化金融改革等内容，都是可预期的，相信这些都会成为未来金融改革和发展的重要内容。"宗良称。

（资料来源：《金融时报》，2015 年 3 月 16 日）

　　分析：根据上述资料，对此案例进行分析。

第十四章

通货膨胀与通货紧缩

第一节　通货膨胀的定义与分类

一、通货膨胀的定义

西方经济学家对通货膨胀的定义长期存在争论，大体上可分为"货币派"和"物价派"。"货币派"认为，通货膨胀是物价的普遍上升，而且这种上升是由货币过度供应引起的，"过度的货币追逐相对不足的商品和劳务"。"物价派"不同意"货币派"关于货币数量直接决定物价的理论，他们认为这只是在充分就业实现以后的一种特殊情况。"物价派"主张用一般物价水平或总价格水平的上升来定义通货膨胀。凯恩斯在其著作《就业、利息和货币通论》中指出，在非充分就业情况下，增加的货币最初会全部为产量的扩大所吸收，物价可保持不变；当就业量逐渐增加时，投资的增加就会引起劳动边际生产力的下降，于是物价会随着有效需求的增加而上涨，此时增加的货币只是部分地被产量的扩大所吸收，物价上涨的速度将小于货币数量的增长率，凯恩斯把这种情况称为半通货膨胀。当达到充分就业后，货币供给的增加而引起的有效需求的增加已没有增加产量和就业的作用，物价便随货币供给的增加同比例地上涨，这才是真正的通货膨胀。两派分歧的实质在于对物价上升原因的解释。

多数经济学家认为，通货膨胀是总体物价水平的持续的、较为明显的上升。对于这个定义，有必要增加几点说明。

（1）通货膨胀不是指一次性或短期的价格总水平的上升，而是一个持续的过程。同样，也不能把经济周期性的萧条、价格下跌以后出现的周期性复苏阶段的价格上升视为通货膨胀。只有当价格持续地上涨作为趋势不可逆转时，才可称为通货膨胀。

（2）通货膨胀不是指个别商品价格或某个行业商品价格的上升，而是指价格总水平的上涨。

（3）通货膨胀是价格总水平的明显上升，轻微的价格水平上升，比如说 0.5%，就很难说是通货膨胀。

（4）在自由市场经济中，通货膨胀表现为物价水平的明显上涨；而在非市场经济中，通货膨胀以一种隐性的形式存在，表现为商品短缺、凭票供应、持币待购以及强制储蓄等形式。

二、通货膨胀的衡量

当一个经济中的大多数商品和劳务的价格连续在一段时间内普遍上涨时，宏观经济学就称这个经济经历着通货膨胀。按照这一说明，如果仅有一种商品价格上升，这不是通货膨胀。只有大多数商品和劳务的价格持续上升，才是通货膨胀。

那么，如何理解大多数商品和劳务的价格上涨呢？考虑到现实经济中成千上万种不同商品价格加总的实际情况，以及经济中一些商品价格上涨的同时，另一些商品的价格却可能在下降，而且各种商品价格涨跌幅度也不尽相同等复杂情况，宏观经济学运用价格指数这一概念来进行说明。

先看一下人们较熟悉的股票市场的情况。在股票市场上，在开市期间的每时每刻都有许多股票在进行交易。在同一时间里，所交易的股票的价格各异，而且它们都在不断变化。有些股票价格上涨，有些股票价格下跌，且各种股票的涨跌幅度不相同，有些大、有些小。在这种市场中，单用某一种股票价格的变化来描述整个股票市场的价格变动情况显然是不合适的。那么，究竟怎样描述整个股票市场的价格变动情况呢？为此，人们提出了股票价格指数的概念。股票价格指数是股票市场上各种股票价格的一种平均数，利用股票价格指数及其变化，人们可以衡量和描述整个股票市场的价格变化情况。

与股票的情形类似，宏观经济学用价格指数来描述整个经济中的各种商品和劳务价格的总体平均数，也就是经济中的价格水平。宏观经济学中常涉及的价格指数主要有 GDP 折算指数、消费价格指数（CPI）和生产者价格指数（PPI）。有了价格指数这一概念，就可以将通货膨胀更为精确地描述为经济社会在一定时期的价格水平持续地和显著地上涨。通货膨胀的程度通常用通货膨胀率来衡量。通货膨胀率被定义为从一个时期到另一个时期价格水平变动的百分比，用公式表示为：

$$\pi_t = (P_t - P_{t-1})/P_{t-1}$$

式中，π_t 表示 t 时期的通货膨胀率；P_t 和 P_{t-1} 分别表示 t 时期和 $t-1$ 时期的价格水平。如果用上面介绍的消费价格指数来衡量价格水平，则通货膨胀率就是不同时期的消费价格指数变动的百分比。假定一个经济的消费价格指数从上年的 100 增加到今年的 127，那么这一时期的通货膨胀率就为 $(127 - 100)/100 = 27\%$。

三、通货膨胀的分类

对于通货膨胀，西方学者从不同角度进行了分类。

（一）按照价格上升的速度进行分类

按照价格上升的速度，西方学者认为存在着三种类型的通货膨胀。第一，温和的通货膨胀，指每年物价上升的比例在10%以内。目前，许多国家存在这种温和型的通货膨胀。一些西方经济学家并不十分害怕温和的通货膨胀，甚至有些人认为这种缓慢而逐步上升的价格对经济和收入的增长有积极的刺激作用。第二，奔腾的通货膨胀，指通货膨胀率在10%～100%。这时货币流通速度提高而货币购买力下降，并且均具有较快的速度。西方学者认为，当奔腾的通货膨胀发生以后，由于价格上涨率高，公众预期价格还会进一步上涨，因而采取各种措施来保护自己，以免受通货膨胀之害，这使得通货膨胀加剧。第三，超级通货膨胀，指通货膨胀率在100%以上。发生这种通货膨胀时，价格持续猛涨，人们都尽快地使货币脱手，从而大大加快货币流通速度。其结果是，人们对货币完全失去信任，货币购买力猛降，各种正常的经济联系遭到破坏，致使货币体系和价格体系最后完全崩溃。在严重的情况下，还会出现社会动乱。

（二）按照对价格影响的差别分类

按照对不同商品的价格影响的大小加以区分，存在着两种通货膨胀的类型：第一种为平衡的通货膨胀，即每种商品的价格都按相同比例上升，这里所指的商品价格还包括生产要素的价格，如工资率、租金、利率等；第二种为非平衡的通货膨胀，即各种商品价格上升的比例并不完全相同，例如，甲商品价格的上涨幅度大于乙商品的，或者，利率上升的比例大于工资上升的比例，等等。

（三）按照人们的预期程度加以区分

按照人们的预期程度，可分为两种通货膨胀类型。一种为未预期到的通货膨胀，即价格上升的速度超出人们的预料，或者人们根本没有想到价格会上涨。例如，国际市场原料价格的突然上涨所引起的国内价格的上升，或者在长时期中价格不变的情况下突然出现的价格上涨。另一种为预期到的通货膨胀。例如，当某一国家的物价水平年复一年地按5%的速度上升时，人们便会预计到，物价水平将以同一比例继续上升。既然物价按5%的比例增长为意料之中的事，则该国居民在日常生活中进行经济核算时会把物价上升的比例考虑在内。比如，银行贷款的利率肯定会高于5%，因为5%的利率仅能起到补偿通货膨胀的作用。由于每个人都把5%的物价上涨考虑在内，所以每个人所要求的价格在每一时期中都要上升5%。每种商品的价格上涨5%，劳动者所要求的工资、厂商所要求的利率都会以相同的速度上涨。因此，预料之中的通货膨胀具有自我维持的特点，有点像物理学上的运动中物体的惯性。因此，预期到的通货膨胀有时又被称为惯性的通货膨胀。

第二节　通货膨胀的原因

一、货币现象的通货膨胀

关于通货膨胀的原因，西方经济学家提出了各种解释，主要的有三种。一是货币数量论的解释，强调货币在通货膨胀中的重要性；二是用总需求与总供给来解释；从需求的角度和供给角度解释；三是从经济结构因素变动的角度说明通货膨胀的原因。

货币数量论认为，每一次通货膨胀背后都有货币供给的迅速增长，用公式表示为：

$$MV = Py$$

式中，M 表示货币供给量；V 表示货币流动速度，V ＝名义收入／货币量，一定时期平均一元钱用于购买最终产品与劳务的次数；P 表示价格水平；y 表示实际收入水平；MV 反映的是经济中的总支出；Py 反映的是名义收入水平。因为经济中对商品与劳务支出的货币额即为商品和劳务的总销售价值，所以方程两边相等。可以推出 $\pi = m - y + v$，π 是通货膨胀率，m 是货币增长率，v 是流通速度变化率，y 是产量增长率。

二、需求拉动通货膨胀

需求拉动通货膨胀，又称超额需求通货膨胀，指总需求超过总供给引起一般价格水平的持续显著上涨。需求拉动型通货膨胀理论是一种比较古老的通货膨胀理论，这种理论把通货膨胀解释为"过多的货币追求过少的商品"。此外，对需求拉动型通货膨胀还有一种解释，这就是以弗里德曼为首的现代货币主义所作的解释，他们认为总需求的增长最终是由货币量过多所造成的，用货币供给增长和货币供给的加速可以分别解释通货膨胀率和通货膨胀的加速。这样，便把现代通货膨胀归因于凯恩斯主义国家干预经济的政策所引起的货币量过度发行，用曲线图 14-1 表示。

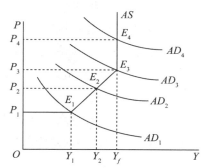

Y—总产出或国民收入；P—物价水平；AD—社会总需求曲线；AS—社会总供给曲线；E—均衡点。

图 14-1　需求拉动型通货膨胀

三、成本推动通货膨胀

成本推动通货膨胀，又称成本通货膨胀或供给通货膨胀，指在没有超额需求的情况下，由于供给方面成本的提高而引起一般价格水平持续上升和显著上涨，用曲线图14-2表示。

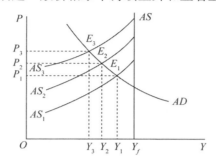

Y—总产出或国民收入；Y_f—充分就业条件下国民收入；P—物价水平；

AD—社会总需求曲线；AS—社会总供给曲线；E—均衡点。

图14-2 成本推动型通货膨胀

（一）工资推动通货膨胀

有的西方学者认为，成本推动通货膨胀主要由工资的提高造成，把这种成本推动通货膨胀叫作工资推动通货膨胀，区别于利润提高造成的成本推动通货膨胀。

工资推动通货膨胀指不完全竞争的劳动市场造成的过高工资所导致的一般价格水平的上涨。在不完全竞争的劳动市场上，由于工会组织的存在，工资不再是竞争的工资，是工会和雇主集体议价的工资。由于工资增长率超过生产率增长率，工资的提高导致成本提高，导致一般价格水平上涨，这就是所谓的工资-价格螺旋现象：工资提高引起价格上涨，价格上涨又引起工资提高。工资提高和价格上涨形成了螺旋式上升运动。

（二）利润推动通货膨胀

利润推动通货膨胀指垄断企业和寡头企业利用市场实力牟取过高利润所导致的一般价格水平的上涨。在不完全竞争的产品市场，垄断企业和寡头企业为了追求更大的利润，可以操纵价格，把产品价格定得很高，导致价格上涨速度超过成本增长的速度。

四、结构型通货膨胀

许多经济学家认为，在没有需求拉动和成本推动的情况下，只是由于经济结构因素的变动，也会出现一般价格水平的持续上涨。他们把这种价格水平的上涨叫作结构型通货膨胀。这些结构因素包括以下几点。

（一）"瓶颈"制约

在有的国家，由于缺乏有效的资源配置机制，资源在各部门之间的配置严重失衡，有些行业生产能力过剩，另一些行业，如农业、能源、交通等部门则严重滞后，形成经济发展的

"瓶颈"。当这些"瓶颈"部门的价格因供不应求而上涨时，便引起了其他部门的连锁反应，形成一轮又一轮的价格上涨。

（二）需求移动

社会对产品和服务的需求不是一成不变的，它会不断地从一个部门转移到另外一个部门，而劳动力及其他生产要素的转移则需要时间。因此，原先处于均衡状态的经济结构可能因需求的移动而出现新的失衡。那些需求增加的行业，价格和工资将上升；但是需求减少的行业，由于价格和工资刚性的存在，却未必会发生价格和工资的下降。其结果，需求的转移导致了物价的总体上升。

（三）劳动生产率增长速度的差异

部门间劳动生产率增长速度的不同会引起整体物价水平的上升，这是结构型通货膨胀理论最津津乐道的一个命题。其基本的逻辑是，一国经济可根据劳动生产率增长速度的差异而划分为不同的部门。为方便起见，不妨将生产率增长较快的部门称为先进部门，将生产率增长较慢的部门称为落后部门。如果不同部门内的货币工资增长率都与本部门的劳动生产率增长率相一致，则价格水平便可以维持在原有的水平上。但是落后部门的工人往往会要求与先进部门的货币工资上涨率（它等于该部门劳动生产率的增长率）看齐，因为如果不这样的话，他们的相对实际工资就要下降，而这显然是他们所不愿意的。不少经济学家甚至相信，工人对相对实际工资的关心要超过对实际工资的关心。由于这一压力，货币工资的整体水平便与先进部门的劳动生产率同比例增长。其结果是落后部门的生产成本上升，并进而造成物价整体水平的上升。

结构型通货膨胀理论标志着人们对通货膨胀成因认识的进一步深化，特别是在许多发展中国家，经济结构的失衡和部门间劳动生产率增长的差异确实在促成通货膨胀方面扮演着重要角色。但是结构型通货膨胀的发生同样要以货币扩张为条件，因为在货币总量不变的条件下，这些结构性的因素也只能导致相对价格的变化，而不是整体价格的上涨。

五、其他原因

通货膨胀是一种非常复杂的经济现象，往往是由多种原因引起的。除了需求拉动、成本推动和结构因素以外，还存在一些诸如供给不足、预期不当、体制因素等其他原因。

（一）供给不足

在社会总需求不变的情况下，社会总供给相对不足，也会引起物价上涨，出现通货膨胀。社会总供给不足的原因，可能是生产性投资不足，以致产出减少；也可能是由于劳动生产率低下，企业管理水平不高，以致收入高、效益低；还可能是由于产品质量低劣，样式陈旧，品种、功能单一，不能满足人们的需要，从而不能形成有效供给。这几种情况都会导致社会总需求与社会总供给失衡，出现通货膨胀。

（二）预期不当

在持续的通货膨胀情况下，公众对通货膨胀会产生预期，提前做出反应。例如，雇员要求增加工资时就会加入预期的通货膨胀率，而雇主则会按其预期的通货膨胀率提高产品价格。如果预期不当，通常是公众对未来通货膨胀的走势产生过于悲观的估计，以致其预期的通货膨胀率往往高于实际将要发生的通货膨胀率，这样，物价就会以更快的速度上涨，形成实际上的本期通货膨胀，而实际上的通货膨胀又会对下一轮的公众预期产生不良影响。

（三）体制因素

体制不完善也会引发通货膨胀，尤其是在体制转型国家，新、旧体制交替中各种错综复杂的矛盾交织到一起，可能产生或助长通货膨胀。在我国，影响通货膨胀的体制因素主要表现在以下几方面。

（1）企业制度不完善。产权关系不明晰，不能真正成为自主经营、自负盈亏、自担风险、自我发展的独立法人，这就使企业缺乏自我预算约束，出现企业间收入攀比，不顾收益，盲目投资，以致投资需求膨胀等不正常现象，诱发通货膨胀。

（2）财政金融体制不完善。中央银行的独立性、权威性不够，缺乏对宏观经济的有效调控手段，以致对控制货币供应量心有余而力不足，同时银行缺乏自我约束机制和风险防范机制，这些都使货币供应量经常性失控，引发通货膨胀。

（3）流通体制不完善。流通秩序混乱，流通环节过多，物价管理制度措施不完善，都为哄抬物价、变相涨价等行为提供了"温床"。

通货膨胀的原因在通货膨胀产生的现实过程中，通常是综合起作用的。当然，具体到每一次通货膨胀，可能某一种原因或某几种原因起主要作用。

第三节　通货膨胀的经济效应与治理

一、通货膨胀与经济增长

关于通货膨胀如何影响经济增长，主要有三种观点：促进论、促退论和中性论。所谓促进论，就是认为通货膨胀具有正的产出效应。持这一观点的人认为，在资本主义经济长期处于有效需求不足、实际经济增长率低于潜在经济增长率的状态下，政府可以实施通货膨胀政策，用增加赤字预算、扩张投资支出、提高货币供给增长率等手段刺激有效需求，促进经济增长。

促退论正好与促进论相反，是一种认为通货膨胀会损害经济增长的理论。具体表现在以下几方面。首先，通货膨胀会降低借款成本，从而诱发过度的资金需求。而过度的资金需求会迫使金融机构加强信贷配额管理，从而削弱金融体系的运营效率。其次，较长时期的通货膨胀会增加生产性投资的风险和经营成本，资金从生产性部门流向非生产性部门。最后，通货膨胀持续一定时间后，政府可能采取全面价格管制的办法，削弱经济的活力。

中性论是认为通货膨胀对产出、对经济成长既无正效应也无负效应的理论。这种理论认为，由于公众预期，在一段时间内人们会对物价上涨进行合理的行为调整，就会使通货膨胀各种效应的作用相互抵消。

二、通货膨胀的资本积累效应

通货膨胀对资本的积累效应是指通过价值再分配影响剩余价值转化为追加资本数量的变化效果。关于该效应，主要存在两种观点。

（一）通货膨胀对资本积累的正面效应

在一定时期内，通货膨胀具有强制储蓄作用。在通货膨胀未被预期、名义工资没有变动的情况下，居民消费和储蓄货币数量不变，两者的实际数额均减少，减少部分相当于政府运用通货膨胀强制储蓄的部分。在物价上涨、名义工资不变的情况下，企业获得较多利润，从而增加生产，扩大积累。

（二）通货膨胀对资本积累的负面影响

从长远来看，通货膨胀不会增加资本积累，而且还会对金融、财政的积累产生破坏性影响。

首先，造成金融萎缩，使其无法发挥正常功能。在通货膨胀造成货币贬值时，以实物保持财产的倾向导致储蓄和存款被提取，信贷资金来源减少，加之提供信用的不利，银行就会压缩信贷业务和其他正常业务，使正常的融资渠道受阻。此外，随着物价上涨，融资须以高利率为代价，而高利率又难以为所有的投资者所接受，结果必然是金融萎缩，使金融机构丧失集中社会资本的应有作用。

其次，恶化财政收支状况。财政赤字是产生通货膨胀的主要原因之一。为了弥补财政赤字，一般采用发行国库券、公债或向银行透支等方式。这样，在通货膨胀时期，政府作为国家信用的债务人可以减轻一定的债务负担。同时，为弥补财政赤字，增发货币可以获得追加的财政收入，也就是西方经济学者所说的"通货膨胀税"。但从根本上说，当通货膨胀发展到一定程度后，对财政也同样产生消极影响，因为严重的通货膨胀会引起经济衰退，破坏、缩减财政收入的来源，而财政支出却不能减少，相反还要增加，导致财政收支状况的进一步恶化。另外，一国的通货膨胀率如果经常地高于国际平均通货膨胀率，还会引起国际收支恶化，黄金和外汇储备外溢。

三、通货膨胀的资源配置效应

资源配置是指不同的生产要素，如生产资料和劳动力的组合形式。将社会资源按比例地分配到各个生产部门和环节，即为资源的合理配置。通货膨胀对资源的配置效应，是通过不同商品相对价格变动引导的。通货膨胀的资源配置效应表现在以下两个方面。

（一）优化组合作用

在某种特定条件下，通货膨胀对资源配置可以起到优化组合的作用。在某些行业和部门有发展潜力而资源供应短缺的情况下，通货膨胀可能使其供不应求的产品价格迅速上升，吸引资源，使资源向需要发展的部门和行业转移。

（二）阻碍效应

通货膨胀发展到一定程度以后，会对资源的优化组合产生阻碍效应。从总体角度分析，这种阻碍合理配置资源的效应是主要的。

四、通货膨胀的治理

通货膨胀严重影响了资本主义国家经济的正常发展，为此，各主要资本主义国家都十分重视平抑通货膨胀，将其视为经济工作的主要任务之一，制定并采取了一系列措施来抑制通货膨胀。概括而言，主要治理措施有下列几种。

（一）紧缩性货币政策

由于通货膨胀是纸币流通条件下出现的经济现象，引起物价总水平持续上涨的主要原因是流通中的货币量过多。因此，各国在治理通货膨胀时，所采取的重要措施之一就是紧缩货币政策，即中央银行实行抽紧银根政策，以通货紧缩或紧缩货币，减少流通中货币量的办法来提高货币购买力，减轻通货膨胀压力。掌握货币政策工具的中央银行一般采取下列措施。

（1）出售政府债券。这是公开市场业务的一种方法，中央银行在公开市场上出售各种政府债券，就可以缩减货币供应量和货币供应量潜在的膨胀，这是最重要且经常使用的一种抑制政策工具。

（2）提高贴现率和再贴现率，以影响商业银行的贷款利息率，这势必带来信贷紧缩和利率上升，有利于控制信贷的膨胀。

（3）提高商业银行的法定准备金率，以减少商业银行放款，从而减少货币供应。

（4）直接提高利率，紧缩信贷。利率的提高会增加使用信贷资金的成本，借贷就将减少，同时利率提高，还可以吸收储蓄存款，减轻通货膨胀压力。

（二）紧缩性财政政策

用紧缩性财政政策治理通货膨胀就是紧缩财政支出、增加税收、谋求预算平衡、减少财政赤字。

（三）收入政策

收入政策就是政府为了降低一般物价水平上涨的幅度而采取的强制性或非强制性的限制货币工资和价格的政策，其目的在于控制通货膨胀而不至于陷于"滞胀"。收入政策一般包括下列几方面内容。

（1）确定工资—物价指导线，以限制工资—物价的上升。这种指导线是由政府当局在一定年份内允许总货币收入增加的一个目标数值线，即根据统计的平均劳动生产率的增长，政府当局估算出货币收入的最大增长限度，而每个部门的工资增长率应等于全社会劳动生产率增长趋势，不允许超过。只有这样，才能维持整个经济中每单位产量的劳动成本的稳定，预定的货币收入增长就会使物价总水平保持不变。

（2）工资管制（或冻结工资）。工资管制即强制推行的控制全社会职工货币工资增长总额和幅度，或政府强制性规定职工工资在若干时期内的增加必须固定在一定水平上的措施。管制或冻结工资被认为可以降低商品成本，从而减轻成本推动通货膨胀的压力。这是通货膨胀相当严重时采取的非常措施，但正是因为通货膨胀严重，人民收入及生活水平持续下降，冻结或管制工资措施实施起来更为困难。

（3）以纳税为基础的收入政策。这是指通过一种对过多地增加工资的企业按工资增长超额比率征以特别税款的办法，来抑制通货膨胀。一般认为，实行这种税收罚款办法，可以使企业有所约束，拒绝工资超额提高，并同工会达成工资协定，从而降低工资增长率，减缓通货膨胀率。

（四）价格政策

通过反托拉斯法限制价格垄断，是价格政策的基本内容。价格垄断有可能出现定价过高和哄抬物价的现象，为了治理通货膨胀，就必须限制价格垄断。

（五）供应政策

提高劳动生产率，降低商品成本，增加有效供给。供应政策的主要内容包括：①减税，即降低边际税率；②削减社会福利开支；③稳定币值；④精简规章制度，给企业松绑，刺激企业创新积极性，提高生产率等。

第四节　通货紧缩

一、通货紧缩的定义和主要表现

通货紧缩是与通货膨胀相对的一个概念，其主要表现是生产和投资萎缩，经济增长率明显下降，甚至出现负增长；投资者信心下降，甚至产生恐惧心理；设备利用率下降，失业率上升；市场疲软，需求严重不足；商品积压，价格持续下降；进出口贸易迅速缩减；国际收支危机、本币汇率下跌；股市暴跌或剧烈波动；众多的大企业陷入了经营困境；银行和证券等金融机构利润大幅下降，甚至因严重亏损而倒闭。通货紧缩的这些表现，往往在一些国家具有突发性。但是，不同国家通货紧缩的表现是不同的。通货紧缩最主要的表现是需求严重不足和商品价格总水平持续走低。由于通货紧缩对经济多方面的负影响，严重的通货紧缩会导致社会政治的不稳定，甚至严重的动荡或政府更迭。

在经济实践中，判断某个时期的物价下跌是否是通货紧缩，一看通货膨胀率是否由正转为负；二看这种下降的持续是否超过了一定时限。有的国家以一年为界，有的国家以半年为界，我国通货紧缩潜在压力较大，可以一年为界。只要具备两条中的一条，就可以认为是通货紧缩。

通货紧缩依其程度不同，可分为轻度通货紧缩、中度通货紧缩和严重通货紧缩三类。通货膨胀率持续下降，并由正值变为负值，此种情况可称为轻度通货紧缩；通货膨胀率持续负增长超过一年且未出现转机，此种情况应视作中度通货紧缩；中度通货紧缩继续发展，持续时间达到两年左右或物价降幅达到两位数，此时就是严重通货紧缩。

发达国家多属效益型经济，且经济基数大，年经济增长 3% ~4% 已相当可观。中国是一个发展中国家，属数量型经济，经济增长中水分较大，不仅无法忍受经济负增长这种明显的衰退，即使年均增长低于 7%，各方面问题也会非常突出。因此，判断我国经济是否出现衰退，不能完全参照发达国家的增长率。总之，尽管关于经济增长和货币供应状况的分析对于判断通货紧缩非常重要，但通货紧缩的最终判断标准还是物价的普遍持续下跌。从某种意义上说，经济下滑是通货紧缩的结果，货币供应收缩是通货紧缩的原因之一，它们都不是通货紧缩本身。

二、造成通货紧缩的因素

以我国 20 世纪 90 年代末发生的通货紧缩为例。

（一）货币现象

从 1993 年实行"适度紧缩"货币政策开始，各类货币供应量增长速度不断下降。根据这一结果，1998 年以来的货币供应量增长率显然偏低。这一结果的政策含义也是明显的，为了保持经济的平稳增长和价格水平的基本稳定，有必要保持比较平稳的货币供应量增长率，但它也给政府采取相机抉择的货币政策留下空间。

（二）亚洲金融危机是通货紧缩的导火索

亚洲金融危机使我国承受了出口减少和进口商品价格下降的双重压力。东南亚发生金融危机以后，处于危机中的各国都使本国货币大幅度贬值，出口商品价格降低，导致我国出口受到较大影响。这种压力一方面直接来自日本（由于日元贬值，中国出口产品的日元价格上升），另一方面来自其货币已大幅度贬值的其他亚洲国家（地区）。由于菲律宾、泰国、马来西亚和印度尼西亚等国货币贬值，而我国出口商品结构和出口市场又与这些国家相近，中国在国际市场上遇到这些国家产品的激烈竞争。亚洲货币贬值特别是日元贬值还对我国人民币汇率稳定构成巨大压力，由于企业和公众增强人民币汇率贬值预期，企业结售汇不积极，资金外逃加剧。亚洲金融危机对我国影响的另一个重要方面就是减少了中国的外资流入。由于周边国家货币贬值，人民币汇率相对上升，不利于出口额的增长和通货紧缩的缓解。

（三）生产能力严重过剩是通货紧缩的内在原因

中国生产能力过剩首先表现在宏观上潜在产出水平明显提高，而实际产出水平已低于潜在产出水平。到 1995 年，我国许多重要产品的生产能力利用率都徘徊在 50% 上下，有的甚至低于 40%。如果考虑高库存情况，我国生产能力闲置就更为严重。我国有一半产品生产能力利用率不足 60%，最低的只有 10%。供给相对过剩是通货紧缩的主要原因。造成生产能力过剩的根源是长期以来的盲目投资和重复建设，是以往速度型经济增长方式造成的必然结果。各地和各行业盲目投资、重复建设作为计划经济向市场经济转换过程中的顽症，在我国一些企业经济生活中始终没有得到很好的解决，长期积累形成的负面效应表现为我国经济效益低下、资源严重浪费、库存大量增加和各地区产业结构趋同，加剧了我国生产能力过剩。生产能力的过剩必然导致市场供过于求，价格下降。生产者还可能进行过度竞争，引起价格的进一步下跌。

（四）企业效率低加剧了通货紧缩

中国出现通货紧缩之前，企业经济效益就一直在下降。中国企业效率的低下，不仅仅表现在盈利能力下降，更体现在缺乏创新机制和创新能力上。从经济增长的一般发展规律来看，一个逐步走向自由化的经济体的增长方式大致经过三个阶段：第一阶段是廉价劳动力和原材料的大量投入推动经济增长阶段；第二阶段因为经济存在大量投资机会，经济在快速的货币化过程中，大量资金投入拉动经济增长；第三阶段，市场已经基本被瓜分完毕，市场规则逐步完善，经济开始从"粗放型"向"集约型"过渡，来自国内外的市场竞争压力加剧，市场上的竞争逐渐从资本的竞争转化为技术和管理的竞争，技术进步成为经济增长的主要推动力量。缺乏创新能力，意味着投资机会的减少和经济增长的乏力。

（五）缺乏新的投资需求扩张机制强化了通货紧缩

理论界关于我国缺乏新的投资需求扩张机制的观点可以概括为：一是随着投融资体制、金融体制改革的深化，商业银行和国有企业预算约束逐步"硬化"，抑制了来自过去那种不计投资回报、重复建设的虚假投资需求和随之派生的消费需求。虚假需求不足导致社会总需求规模收缩。二是金融机构出现强烈的信贷自紧缩趋向。这归因于金融企业强化风险约束机制，将风险责任落实到人，银行由过去的个人利益最大化的"乱贷"转变为个人风险最小化的"惜贷"。三是在投融资体制上仍存在严重的所有制歧视。随着非正规融资渠道的清理，非国有经济因缺乏足够的资金支持而失去发展活力。我国微观需求扩张存在严重体制障碍，处于旧的虚假需求被抑制、新增长方式和新经济体制所产生的需求不足的阶段。

（六）商品供求总量与供求结构严重失衡以及居民即期消费的缩减造成物价下降

商品供给大于市场需求，供给结构不适应需求结构，造成商品价格总水平较长时期处于低位徘徊的局面。双重失衡使商品的需求增长速度小于供给增长速度，从而使整个社会在供过于求压力不断增强的过程中出现通货紧缩。居民缩减即期消费、增加储蓄，导致消费品市场低迷。主要有以下几个原因。

1. 居民家庭未来支出预期增大，未来预期收入增长减缓

近几年，我国推出了一系列重大改革措施，包括机构精简、国企改革、社会保障制度改革等。这些改革为经济长期健康稳定发展提供了制度保障。但同时，随着改革的深化，社会福利市场化步伐加快。原来由国家支付的许多福利项目费用将逐步转移，主要由居民家庭和个人支付。一些改革措施会在一定程度上降低居民的即期收入和未来预期收入，最具代表性的是住房制度、医疗保险制度和教育体制改革。

2. 农村市场萎缩

从当时情况看，农民收入增长相对较慢：一方面，乡镇企业效益大幅下滑以致部分倒

闭，使农村非农收入直线减少；另一方面，农产品价格降低，各类物价指数负增长，农村实际收入增长缓慢，有些地区甚至出现负增长。

3. 购买力存在结构性问题

由于收入向两极分化，高收入阶层因收入增长快于消费品生产结构的调整，消费趋于饱和，需求的增长受到产品结构的抑制；低收入阶层因收入增长缓慢，有效购买力不足，消费需求受到收入和购买能力的制约，不能转化为现实的消费。

三、通货紧缩对经济社会的影响

通货紧缩的危害很容易被人忽视，因为表面上看，一般价格的持续下跌会给消费者带来一定的好处，在低利率和低物价增长的情况下，人们的购买力会有所提高。然而，通货紧缩的历史教训令人提心吊胆，如 20 世纪 30 年代全球经济大危机。通货紧缩与通货膨胀一样，对经济发展造成不利影响。通货紧缩会加速实体经济进一步紧缩，因此，它既是经济紧缩的结果，又反过来成为经济进一步紧缩的原因。通货紧缩一旦形成，如果不能及时处理好，可能会带来如下一系列问题。

（一）通货紧缩可能形成经济衰退

通货紧缩是经济衰退的加速器。通货紧缩使个人消费支出受到抑制。与此同时，物价的持续下跌会提高实际利率水平，即使名义利率下降，资金成本仍然比较高，致使企业投资成本昂贵，投资项目变得越来越没有吸引力，企业因而减少投资支出。此外，商业活动的萎缩会造成更低的就业增长，并形成工资下降的压力，最终造成经济衰退。

（二）通货紧缩会加重债务人的负担

在通货紧缩的情况下，企业负债的实际利率较高，而且产品价格出现非预期下降，收益率也随之下降，企业进一步扩大生产的动机会随之下降。生产停滞，企业归还银行贷款的能力有所减弱，这便使银行贷款收回面临更大的风险。而银行资产的质量变坏，使得个人更倾向于持有现金，从而可能出现流动性陷阱。如果企业持续降低产品价格且产量难以保证，企业就会减少就业岗位、减少资本支出，消费者因此产生的第一反应是减少消费。这样，降低成本成为企业共同防护的手段，竞争导致价格下跌、再下跌，从而形成通货紧缩。

（三）通货紧缩使消费总量趋于下降

初看起来，通货紧缩对消费者是一件好事，因为消费者只需支付较低的价格便可获得同样的商品。但是，在通货紧缩的情况下，就业预期、价格和工资收入、家庭资产趋于下降。消费者会因此而缩减支出、增加储蓄。正是在通货紧缩条件下，工人如果要得到同样多的面包，就得工作更长的时间。综合来说，通货紧缩使消费总量趋于下降。

（四）通货紧缩容易使银行业产生大量不良资产

通货紧缩可能使银行业面临困境，当银行业面临一系列系统恐慌时，一些资不抵债的银行会因存款人"挤提"而被迫破产。通货紧缩一旦形成，便可能形成"债务—通货紧缩陷阱"。此时，货币变得更为昂贵，债务则因货币成本上升而相应上升。虽然名义利率未变甚至下调，但实际利率仍然较高，债务负担有所增加，企业经营的困难会最终体现在银行的不良资产上。因此，通货紧缩对于银行来说，容易形成大量的不良资产。

本章小结

通货膨胀是指流通中的货币量超过了客观需要量，从而引起货币贬值和物价普遍、持续上涨的经济现象。通货膨胀是总体物价水平持续的、较为明显的上升。通货膨胀更为精确地描述为经济社会在一定时期价格水平持续地和显著地上涨。通货膨胀的程度通常用通货膨胀率来衡量。

通货膨胀可以按照价格上升的速度、对价格影响的差别、人们的预期程度等加以区分。通货膨胀包括需求拉动型、成本推动型、结构型通货膨胀等。通货膨胀的经济效应包括：经济增长效应、资本积累效应、资源配置效应。通货紧缩是商品和服务价格的普遍持续下降，是经济衰退的货币表现。

课后练习

一、名词解释

通货膨胀　通货膨胀率　物价指数

二、问答题

1. 通货膨胀一般分为哪几类？
2. 通货膨胀产生的原因是什么？
3. 通货膨胀会引发怎样的后果？又该如何有效治理通货膨胀？
4. 通货紧缩的产生原因是什么？会引发怎样的后果？

案例分析

20 世纪 90 年代的日本通货紧缩

自 20 世纪 90 年代初日本经济泡沫破灭后，日本经济陷入了衰退的困境：股票市场和房地产市场长达十多年的持续下跌，银行系统坏账如山、运转失灵，政府债务居高不下，物价持续下降。在这些问题中，通货紧缩是困扰日本经济的最大难题之一。从经济增长速度来看，1990—1994 年经济一直处于下滑状态，GDP 增长速度从 1990 年的 5.5% 下降到 0.7%。1997—1998 年，日本首次出现了连续两年的经济负增长，经济增长率分别为 -0.4% 和 -1.9%。在物价方面，1992—1995 年间，日本的批发物价指数每年都在下降，1996—1997 年转为上升，但从 1998 年开始又转为下降，1998—2001 年分别比上年下降了 1.6%、3.3%、0.1% 和 0.9%，2002 年 1—3 月和 4—6 月又分别比上年同期下降了 1.4% 和 1.1%。

愈演愈烈的通货紧缩，严重影响了日本经济。它使得企业经营环境日趋恶化，企业利润降低，破产公司数量大增，失业率升高。同时加重了财政赤字危机。据统计，从 1997 年至 2000 年，日本的国税收入由 539 415 亿日元减少为 456 780 亿日元，3 年间减少 15.3%。生产经济增长情况和物价水平变化的实际情况表明，日本自 1992 年以来开始出现通货紧缩，1997 年后半年以来通货紧缩局势进一步恶化。

1. 日本出现通货紧缩的主要原因

日本泡沫经济的破灭对其通货紧缩的形成产生了重要影响，其对经济最直接的负面影响是使日本资产价格大量缩水。仅在 1990 年以后的 5 年间，日本全国资产损失达 800 亿日元，其中土地等资产减少了 379 亿日元，股票减少了 420 亿日元，两者相加接近当时日本两年的 GDP。

（1）资产的缩水降低了居民个人拥有的金融资产财富，对其消费需求产生了巨大的负财富效应，国民消费意识由热转冷，个人消费趋于不振。

（2）金融机构的资产大量缩水，银行自有资产急剧下降。大量的贷款无法收回，造成了银行出现巨额不良债权。不良债权的产生，一方面严重影响了整个金融体系的安全，另一方面使金融机构大量压缩贷款，导致社会的货币供应量更加不足，给日本经济带来严重冲击。

（3）企业投资需求不足。资产的缩水使企业的股票资产大大减少，同时企业在泡沫经济膨胀时期也存在着盲目投资、重复建设，生产能力大量过剩，企业被迫调整存量资产。这一切都导致企业的投资裹足不前。

2. 日本治理通货紧缩的对策

针对通货紧缩情况，日本政府采取多种措施以刺激经济增长。

（1）扩张性财政政策。为了刺激经济增长，抑制物价下降，从 1992 年起，日本政府连续 10 次推出以减税和增加公共事业投资为主要内容的扩张性财政政策，涉及财政收支规模达 130 万亿日元。例如，1998 年 4 月，日本政府宣布了一项历史上规模最大的、价值 16.6 万亿日元的综合经济对策，包括的内容如下：1998—1999 年度减少 4.6 万亿日元的所得税和其他税收；增加各类公共工程开支 7.7 万亿日元；增加各种政府开支 4.3 万亿日元。

（2）扩张性货币政策。在货币政策方面，日本政府也在不断推出以降息为中心的扩张性货币政策，力图通过降低利率来扩大货币发行量，刺激民间消费和投资的增长，达到抑制通货紧缩、促进经济增长的目的。从 1991 年 7 月起，日本银行连续下调官方利率。到 1995 年 9 月，日本的再贴现率降到了 0.5%，并一直维持了 5 年之久。此后，日本银行又于 1999—2000 年实行了"零利率"政策，到 2001 年 2 月又两次下调再贴现率，当时再贴现率为 0.25%，处于历史上的最低水平。

（3）通过立法，整顿金融秩序。在运用财政和货币政策刺激经济增长的同时，日本政府采取了一些金融体制改革和结构调整措施。在 1998 年 12 月，日本国会相继通过了《金融重建关联法》和《金融功能早期健全法》，对濒临破产和已破产的金融机构由政府注入资金，取得控股权，由政府主导来处理金融机构的不良资产。截至 1999 年 3 月末，日本政府已对 15 家主要银行投入 7.5 万亿日元的资金，加上银行自身获得的 2.2 万亿日元，补充资本近 9.7 万亿日元。政府出面对金融机构进行整顿，可以保护存款人的利益，稳定民心，防止出现挤兑行为，同时也避免了这些金融机构的破产对日本经济和国际金融市场造成的危机。

（资料来源：林毅夫，张永军. 通货紧缩的理论与现实 ［M］ 北京：中国经济出版社，2000）

分析：

1. 对比日本与我国，分析两国通货紧缩的相同与不同之处。

2. 日本通货紧缩情况给我国什么启示？

第十五章

国际金融与管理

第一节　外汇与汇率

世界上现有的 200 多个国家和地区中，绝大多数有自己的货币，中国是人民币，美国是美元，英国是英镑，日本是日元，俄罗斯是卢布。美元、英镑、日元、卢布对中国来说都是外币。当一国的国内贸易等经济活动跨出国境，变为国际贸易等国际经济交易行为后，即会产生大量的跨国债权债务关系，而在通常情况下，一国货币不能在另一国流通，当需要清偿因国际贸易引起的对外债权债务时，人们便需要把本国货币兑换成外国货币，从而产生外汇交易。在外汇交易过程中，必然涉及一国货币与另一国货币的兑换，即汇率。汇率是一个非常重要的变量，因为汇率的变动不仅影响每笔进口和出口交易的盈利与亏损，影响出口商品的竞争能力，还会通过各种传导机制对一国的国内经济和国际经济产生影响。所以对汇率的研究便成为国际金融的重要内容。

一、外汇的含义

（一）外汇的概念

外汇（Foreign Exchange）的概念可以从动态和静态两个角度加以界定。从动态角度看，外汇是指人们将一种货币兑换成另一种货币以清偿国际间的债权债务的金融活动，此时的外汇等同于国际结算；从静态角度看，外汇又有广义和狭义之分，广义的外汇泛指一切以外国货币表示的资产，即外汇是一种支付工具或手段。国际货币基金组织（IMF）曾对此做过明确的说明："外汇是货币当局（中央银行、货币管理机构、外汇平准基金及财政部）以银行存款、国库券、长短期政府债券等形式保有的在国际收支逆差时可以使用的债权。"我国于2008 年 8 月 5 日公布的修订后的《中华人民共和国外汇管理条例》中所称的外汇，是指下列以外币表示的可以用作国际清偿的支付手段和资产：外币现钞，包括纸币、铸币；外国支付凭证或者支付工具，包括票据、银行存款凭证、银行卡等；外币有价证券，包括债券、股票等；特别提款权；其他外汇资产。

狭义的外汇是指以外币表示的可用于国际之间结算的手段。在此意义上，以外币表示的有价证券和黄金不能视为外汇，因为它们不能直接用于国际结算，只有把它们变为在国外的银行存款才能用于国际结算。至于暂时存放在持有国境内的外币现钞，同样不能直接用于国际结算，也不能算作外汇。也就是说，只有存放在国外银行的外币资金，以及将对银行存款的索取权具体化了的外币票据才能构成外汇，主要包括银行汇票、支票、银行存款等，这也就是通常意义上的外汇。

一种外币要成为能够清偿跨国债权债务的外汇，就必须在国际经济交往中为各国所普遍接受，这是需要建立在人们可以自由地将其兑换成其他货币的基础之上的。可见，无须货币发行国批准，即可自由兑换或向第三国办理支付的可兑换货币（Convertible Currency）是外汇的一个本质属性。日常生活中，我们比较熟悉的一些外汇，如美元、英镑、欧元、日元、瑞士法郎等，都是可兑换货币。此外还有一个特例，那就是记账外汇，它是根据两国政府间的清算协定，在双边支付时记载使用的外汇。

（二）外汇的种类

1. 根据外汇的来源不同，外汇可分为贸易外汇和非贸易外汇

贸易外汇是指通过商品出口而取得的外汇。在我国外汇储备中，贸易外汇占了很大的比重。

非贸易外汇是指通过对外提供劳务、汇回投资收益和侨汇等途径取得的外汇。非贸易外汇对个别国家而言是其外汇收入的主要来源。

2. 根据能否自由兑换，外汇可分为自由外汇和记账外汇

自由外汇是指根据国际货币基金协定规定，无须货币发行国批准，在国外及金融市场上可以自由兑换成其他国家的货币，或用于对第三国进行支付的货币，接受方应无条件接受并承认其法定价值的外汇。

记账外汇又称协定外汇，是指在两国政府签订的支付协定中所使用的外汇，在一定条件下可以作为两国交往中使用的记账工具。记账外汇不经货币发行国管理当局批准，不能自由兑换为其他国家的货币，也不能对第三国进行支付，只能根据两个国家政府的有关协定，在相互间使用。实际上，记账外汇仅仅起到记账的作用，原则上可以使用任何货币，包括本币。例如，两个友好国家的政府为了节省自由外汇的使用，可以签订一个关于双边贸易结算的支付协定，开设账户记载彼此间的债权和债务，并在一定时期（如年终）集中冲销，并结算出贸易差额。对顺差国来说，当顺差额被转入下一年度，用于抵消其以后的债务时，这一差额便是顺差国的外汇。由于它被加载在双方指定银行专门开设的清算账户上，故称记账外汇。

3. 根据外汇交易的交割日期不同，外汇可分为即期外汇和远期外汇

即期外汇又称现汇，指在成交后于当日或两个营业日内办理交割的外汇。

远期外汇又称期汇，是指按协定的汇率和数量签订买卖合同，在约定的未来某一时间（如 30 天、60 天、90 天等）进行交割的外汇。买卖期汇可以预防汇率变动的风险。

二、外汇市场

（一）外汇市场的概念和构成

国际支付中要求进行各种货币的兑换，这种需求导致了外汇市场的产生。所谓外汇市场（Foreign Exchange Market），是指由各种经营外汇业务的机构和个人汇合在一起进行具有国际性的外汇买卖的活动和交易场所，简言之，是经营外汇买卖的交易场所和交易网络。外汇市场有两种，即有形市场和无形市场。有形市场，也叫具体市场，是指外汇交易在固定场所、固定时间内，交易双方面对面进行交易的场所。无形市场，也叫抽象市场，是指外汇交易双方利用电话、电报、电传等通信设备进行交易，而无固定场所，也无固定时间，24 小时都可进行交易的市场。目前外汇交易中，绝大多数是在无形市场上进行的。

外汇市场的参与者主要有外汇银行、外汇经纪人、中央银行和其他客户。目前世界上比较大的外汇市场有 30 多个，其中最重要的有伦敦、纽约、东京、新加坡、苏黎世、中国香港、巴黎和法兰克福外汇市场等。外汇市场的结构和交易流程如图 15-1 所示。

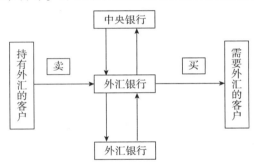

图 15-1　外汇市场的结构和交易流程

（二）外汇交易

外汇交易是指在外汇市场上进行各种外汇买卖的活动。通常交易的货币主要是美元、欧元、英镑、日元、加拿大元等，其中美元的交易量最大。2002 年以后，欧洲联盟各国的货币逐步退出市场，由欧元来代替，欧元也成为外汇市场上的主要交易对象。外汇市场进行交易时通常要用到各个币种的代码，表 15-1 列出了主要货币的代码。

表 15-1　主要货币的标准代码

货币名称	代码	货币名称	代码
美元	USD	人民币	CNY
英镑	GBP	港元	HKD
欧元	EUR	澳门元	MOP

续表

货币名称	代码	货币名称	代码
日元	JPY	韩元	KRW
瑞士法郎	CHF	泰铢	THB
澳大利亚元	AUD	墨西哥比索	MXN
新西兰元	NZD	马来西亚林吉特	MYR
加拿大元	CAD	丹麦克朗	DKK

外汇市场上的外汇交易主要有以下几种。

1. 即期外汇交易

即期外汇交易（Sport Transaction），又称现汇交易，是指外汇买卖成交后，在两个营业日内办理交割的外汇业务。即期交易主要用于进出口结算、银行间平衡头寸、套汇、个人用汇和侨汇等，都须在即期外汇市场上进行。例如，出口商因出口赚的外汇结算回来换成人民币，个人出境以人民币购外汇等均属即期外汇交易。

2. 远期外汇交易

远期外汇交易（Forward Transaction），也叫期汇交易，是指外汇买卖双方签订买卖协议，并按约定在未来某一时间进行交割的外汇交易。其作用有套期保值、投机等。远期外汇汇率是在即期汇率的基础上加减远期汇率的升（贴）水点数而形成。例如，某一进口商有一宗引进设备业务，付款期在3个月后，由于担心外汇汇率上升会使付款的成本加大，那么就要做购买3个月后交割的远期外汇交易。

3. 掉期交易

掉期交易（Swap Transaction），指的是买入（或卖出）一笔即期外汇的同时卖出（或买入）相同金额的同一种货币的远期外汇的交易。其作用主要有保值、与套利相结合获利、调整银行资金期限结构等。掉期交易有即期对即期掉期交易、即期对远期掉期交易、远期对远期掉期交易等类型。例如，在买进美元现汇的同时，卖出3个月美元的期汇，从而转移此间美元汇率下跌而承担的风险。

4. 外汇期货交易

外汇期货交易（Foreign Currency Future Transaction），是指在期货交易所内进行买卖外汇期货合约的交易。这是20世纪70年代后才发展起来的新型外汇交易。它和远期外汇交易相比有许多不同之处。

（1）外汇期货交易必须在交易所内进行；而远期外汇交易则在场内外都可以进行。

（2）外汇期货交易合同是标准化的；而远期外汇交易的合同却是非标准化的，一切由双方协议来决定。

（3）外汇期货交易的汇率为公开竞价产生；而远期外汇交易的汇率却是在即期汇率的基础上加（减）升（贴）水点数而得。

（4）外汇期货交易必须缴纳保证金；而远期外汇交易则一般不需要。

（5）外汇期货交易必须通过外汇经纪人进行；而远期外汇交易则有无经纪人都可以。

（6）外汇期货交易由专门的清算机构每日对未平仓者的盈亏状况进行清算；而远期外汇交易到期进行结算。

（7）外汇期货交易的参与者中绝大部分（98%以上）通过买卖平仓终止交割义务；而远期外汇交易大多数要在交割日进行现汇交割。

外汇期货交易的最大作用就是套期保值，同时也可投机获利，即通过买空卖空交易获取差价。

5. 外汇期权交易

前述外汇业务中，不管是远期外汇交易还是外汇期货交易，都有一个共同的缺点，就是在避免汇率风险时也消除了从汇率波动中牟利的可能性。而外汇期权交易恰好弥补了前两者的不足，它既能避免汇率波动所带来的损失，又能保留从汇率波动中牟利的机会。

外汇期权交易（Foreign Currency Option Transaction），是指外汇期权合约购买者向出售者付出一定比例的期权费后，即可在有效期内享有按协定价格和金额履行或放弃买卖某种外币权利的交易行为。这是一种期汇交易权利的买卖，也是一项新兴的外汇业务，1982 年 12 月诞生于美国费城股票交易所。其作用有保值和投机两种。例如，某一日本出口企业出口价值 1 000 万美元的货物，一个月之后收回外汇。假定该出口企业签订的卖出一个月期的 1 000 万美元的合同，合同中规定的汇率为 1 美元＝100 日元，但合同到期执行时，市场的实际汇率为 1 美元＝102 日元，那么该出口企业将损失 2 000 万日元；如果出口商购买一个外汇期权合同，它就可以放弃原来所签订的外汇交易合同，从而按 1 美元＝102 日元交易。

6. 套汇交易

套汇交易是指套汇者利用两个或两个以上外汇市场上某些货币的汇率差异进行外汇买卖，从中套取差价利润的行为。

套汇交易分为直接套汇和间接套汇两类。直接套汇也称两角套汇，是指利用两个不同地点的外汇市场上某些货币之间的汇率差异，在两个市场上同时买卖同一货币、赚取差价的行为。间接套汇也称三角套汇，是指利用 3 个不同地点的外汇市场上的汇率差异，同时在 3 个市场上贱买贵卖，从中赚取汇率差价的行为。

7. 套利交易

套利交易也叫利息套汇，是指两个不同国家的金融市场短期利率高低不同时，投资者将资金从利率较低的国家调往利率较高的国家，以赚取利差收益的外汇交易。

套利交易分为抛补套利和不抛补套利两类。抛补套利是指套利者把资金从低利率货币转向高利率货币的同时，在外汇市场上卖出高利率货币的远期，以避免汇率风险。不抛补套利是指套利者单纯把资金从低利率货币转向高利率货币，从中谋取利差的行为。

三、汇率

（一）汇率及其标价方法

汇率又称汇价、外汇行市或外汇牌价，是一国货币折算成另一国货币的比率，或者说是一国货币相对于另一国货币的价格。将两国货币兑换比率表示出来的方法叫汇率标价法。目前，国际上使用的汇率标价方法有三种：直接标价法、间接标价法、美元标价法。

1. 直接标价法

直接标价法是指以一定单位（100 或 1 000）的外国货币作为标准，折算成若干单位的本国货币来表示汇率。包括我国在内的世界上大多数国家采用直接标价法。在直接标价法下，外国货币数额固定不变，本国货币数额发生变化。如果单位外币所能换取的本国货币越多，即外汇汇率上升，则说明本国货币对外贬值；反之，如果单位外币所能换取的本国货币越少，即外汇汇率下跌，则说明本国货币对外升值。

2. 间接标价法

间接标价法是指以一定单位的本国货币为标准，折算成若干单位的外国货币来表示的汇率。英国一直采用间接标价法，美国从 1978 年 9 月 1 日起也改用间接标价法，但美元对英镑等少数货币则使用直接标价法。在此标价法下，如果一定单位的本国货币折算的外国货币数量增多，则说明本国货币汇率上升，即本币升值、外币贬值；相反，如果一定单位的本国货币折算的外国货币数量减少，则说明本国货币汇率下跌，即本币贬值、外币升值。

【例 15-1】 在香港外汇市场上，某银行给出的美元对港元的即期汇率为 USD1 = HKD 7.752 0/32，这是直接标价法，则美元作为外汇，美元买入价为 7.752 0，美元卖出价为 7.753 2，每买卖 1 美元银行可获得 0.001 2 港元的收益；若在纽约外汇市场上，某银行给出的美元对港元的即期汇率仍为 USD1 = HKD 7.752 0/32，则是间接标价法，港元作为外汇，港元买入价为 7.753 2，港元卖出价为 7.752 0，每买卖价值 1 美元的港元，银行可获得 0.001 2 港元的收益；若在伦敦外汇市场上，某银行给出的美元对港元的即期汇率为 USD1 = HKD 7.752 0/32，则既不是直接标价法也不是间接标价法，美元和港元均为外汇，外汇银行根据贱买贵卖原则买卖外汇，银行若买入 1 美元，支付给客户 7.752 0 港元，银行若卖出 1 美元，收入 7.753 2 港元，因此，美元的买入价为 7.752 0，美元的卖出价为 7.753 2。由于银行买入美元而支付港元，也可以看作是银行卖出港元而买入美元，因此，在这里，美元的买入价就是港元的卖出价；同样道理，美元的卖出价，就是港元的买入价。

按照汇率标价惯例，无论何种汇率的标价方法，总是数字较小的在前面，数字较大的在后面，为了方便记忆，我们总结出买入汇率和卖出汇率的判断方法：直接标价法，"前买后卖"（即买入价在前，卖出价在后）；间接标价法，"前卖后买"（即卖出价在前，买入价在后）；标准货币，"前买后卖"（即标准货币的买入价在前，卖出价在后）；报价货币，"前卖后买"（即报价货币的卖出价在前，买入价在后）。

3. 美元标价法

美元标价法是以一定单位的美元为标准来计算应兑换多少其他各国货币的汇率表示法。其特点是：美元的单位始终不变，汇率的变化通过其他国家货币量的变化来表现。这种标价方法主要是随着国际金融市场之间外汇交易量的猛增，为便于国际交易，而在银行之间报价时通常采用的一种汇率表示方法。目前已普遍使用于世界各大国际金融中心，这种现象某种程度反映了在当前的国际经济中美元仍然是最重要的国际货币。美元标价法仅仅表现世界其他各国货币对美元的比价，非美元货币之间的汇率则通过各自对美元的汇率进行套算。

（二）汇率的种类

1. 买入汇率、卖出汇率和中间汇率

从银行买卖外汇的角度区分，汇率可分为买入汇率、卖出汇率和中间汇率。买入汇率是银行向同业或客户买入外汇时所使用的汇率；卖出汇率是银行向同业或客户卖出外汇时所使用的汇率。在直接标价法下，买入汇率小于卖出汇率，即外币折合本币数较少的那个汇率是买入汇率，外币折合本币数较多的那个汇率是卖出汇率。在间接标价法下则相反。买入汇率与卖出汇率之间的差额是银行买卖外汇的收益。买入汇率与卖出汇率的算术平均数是中间汇率，中间汇率的计算公式是：

$$中间汇率＝（买入汇率＋卖出汇率）÷2$$

2. 基准汇率与套算汇率

根据制定汇率的方法不同，汇率分为基准汇率和套算汇率。由于外国货币种类繁多，一国货币当局通常无法制定本国货币与每一种外国货币之间的汇率水平，因此，各国往往会选定一种或几种外国货币作为关键货币，制定各关键货币与本国货币的兑换比率，这个汇率即被称为基准汇率。关键货币的选择标准一般是：可以自由兑换，在本国国际收支中使用较多，在外汇储备中占比大。美元、欧元、日元等货币在较多国家被选为关键货币。2006 年 8 月以前我国基准汇率有四种：人民币对美元、欧元、日元、港币的汇率，8 月以后基准汇率又增加了人民币对英镑的汇率。

套算汇率又称交叉汇率，是根据本国基准汇率套算出本国货币对国际金融市场上其他货币的汇率，或套算出其他外币之间的汇率。人民币对美元、欧元、日元、港币、英镑以外的其他外币的汇率为套算汇率。

套算汇率的具体套算方法可分为三种情况，简述如下。

（1）两种汇率的中心货币相同时，采用交叉相除法。

【例 15-2】 即期汇率行市 1 USD＝7.797 2/7.801 2 HKD，

港币对日元的套算买入价为：

$$1 \text{ HKD}＝109.510 0/7.801 2 \text{ JPY}＝14.037 6 \text{ JPY}$$

港币对日元的套算卖出价为：

$$1 \text{ HKD}＝109.910 0 /7.797 2 \text{ JPY}＝14.096 1 \text{ JPY}$$

（2）两种汇率的中心货币不同时，采用同边相乘法。

【例15-3】 即期汇率行市 1 USD = 7.797 2/7.801 2 HKD

$$1 \text{ GBP} = 1.767 8/1.772 4 \text{ USD}$$

英镑对港币的套算买入汇率为：

$$1 \text{ GBP} = 7.797 2 \times 1.767 8 \text{ HKD} = 13.783 9 \text{ HKD}$$

英镑对港币的套算卖出汇率为：

$$1 \text{ GBP} = 7.801 2 \times 1.772 4 \text{ HKD} = 13.826 8 \text{ HKD}$$

（3）按中间汇率求套算汇率。

【例15-4】 某日电讯行市：1 GBP = 1.770 1 USD，1 USD = 109.71 JPY

则英镑对日元的套算汇率为：

$$1 \text{ GBP} = 1.770 1 \times 109.71 \text{ JPY} = 194.197 7 \text{ JPY}$$

3. 即期汇率与远期汇率

按照外汇交易的清算交割时间划分，汇率分为即期汇率和远期汇率。一般的外汇交易是在买卖双方成交后的当日或两个营业日内进行外汇交割，这种即期外汇交易所使用的汇率就是即期汇率，也叫现汇汇率。远期汇率是在未来一定时期进行外汇交割，而事先由买卖双方签订合同达成协议的汇率。到了交割日期，由协议双方按预定的汇率、金额进行钱汇两清。远期汇率的期限一般是1~6个月。在国际市场上，大多数商品交易从签订合同到实际收款或付款都会有一段时间，在这段时间内如果汇率发生变化，产品的成本就会相应变化，从而造成汇率风险，为了锁定产品成本、规避汇率风险，企业在签订出口产品合同的同时，通常会与银行签订远期外汇买卖合同，设定将来办理外汇买卖时的汇率，此汇率即为远期汇率。远期汇率与即期汇率之间存在差额，差额用升水、贴水或平价来表示。升水表示远期汇率比即期汇率高，贴水则表示远期汇率比即期汇率低，平价表示两者相等。

在实务中，远期汇率的报价有以下三种方式。

（1）完整汇率报价方式。完整汇率报价方式又称直接报价方式，是直接报出完整的不同期限远期外汇的买入价和卖出价。银行对客户的远期外汇报价通常使用这种方法。例如，某日美元对日元的1个月远期汇价为：USD 1 = JPY 105.15/25。

（2）汇水报价方式。只标出远期汇率与即期汇率的差额，不直接标出远期汇率的买入价和卖出价。远期汇率与即期汇率的差额，称为汇水或远期差价（Forward Margin）。远期差价在外汇市场上是以升水（Premium）、贴水（Discount）和平价（Parity）来表示的。升水表示远期外汇比即期外汇贵，贴水表示远期外汇比即期外汇贱，平价表示两者相等。

由于汇率标价方法不同，计算远期汇率的公式也不相同。

在直接标价法下：

$$远期汇率 = 即期汇率 + 升水额$$

$$远期汇率 = 即期汇率 - 贴水额$$

在间接标价法下：

$$远期汇率 = 即期汇率 - 升水额$$

远期汇率=即期汇率+贴水额

【例 15-5】 某日在纽约外汇市场上，即期汇率为 USD 1＝JPY 100.48/58，若 3 个月远期差价为：10/20，则美元 3 个月远期汇率为多少？

解：首先判断标价方法。在纽约外汇市场上，即期汇率为 USD 1＝JPY 100.48/58，为间接标价法，然后，判断升水、贴水。间接标价法下，前面的数字是卖价，后面的数字是买价，这里买价大于卖价，所以是贴水。最后，根据公式进行计算。在间接标价法下，远期汇率等于即期汇率加上贴水额。即 USD 1＝JPY（100.48+0.001 0）/（100.58+0.20）＝JPY100.58/78。

需要说明的是，实际上无论采用何种标价方法（直接标价法、间接标价法、美元标价法等），只要远期差价点数顺序是前小后大，就用加法；只要远期差价点数的顺序是前大后小，就用减法，即"前小后大往上加，前大后小往下减"。同时，远期差价点数"前小后大"说明标准货币升水，报价货币贴水；远期差价点数"前大后小"说明标准货币贴水，报价货币升水。

4. 官方汇率与市场汇率

按照国家对汇率管制的宽严程度可将汇率分为官方汇率和市场汇率。官方汇率也称法定汇率，是指国家货币管理当局所公布的汇率。这种汇率具有法定性质，政府往往规定一国官方的外汇交易都应以该汇率为标准。市场汇率是指在外汇市场上由外汇供求决定的汇率。

5. 名义汇率与实际汇率

以是否剔除通货膨胀因素为标准，汇率可分为名义汇率和实际汇率。外汇市场上公布的汇率通常是名义汇率，没有剔除物价的因素。实际汇率等于名义汇率用外国与本国价格水平之比调整后的值，公式为：

实际汇率=名义汇率×（外国价格指数÷本国价格指数）

实际汇率使我们能够完整测度两国产品相对（价格）竞争力的强弱。理论界对实际汇率还有另外一种解释：各国政府为了增加出口和限制进口，经常对各类出口商品进行财政补贴或减免税收，对进口则征收各种类型的附加税，实际汇率便是名义汇率与这些补贴和税收之和或之差，公式可表示为：

实际汇率=名义汇率±财政补贴和税收减免

（三）影响汇率变动的主要因素

1. 通货膨胀

按照购买力平价说，两国货币之间的比率，从根本上来说是由各自所代表的价值量决定的。物价是一国货币实际价值在商品市场的体现，一国发生通货膨胀，意味着该国货币代表的实际价值量下降，这将引起外汇市场上对该国货币的抛售，需求减少，该国货币对外贬值，外汇汇率上升，本币汇率下跌。另一方面，在国内外市场联系密切的情况下，一国较高的通货膨胀率会削弱本国商品在国际市场的竞争能力，减少出口，并提高外国商品在本国市场的竞争能力，增加进口，这也会导致对外汇的需求大于供给，促使该国货币在外汇市场上贬值。

2. 经济增长

一国的经济增长对汇率的影响是复杂的、多方面的。首先，一国经济增长率高，意味着该国居民收入水平上升较快，由此会造成对进口产品需求的增加，外汇需求随之增加。其次，一国经济增长率高，往往也意味着生产率提高较快，由此通过生产成本的降低改善本国产品的竞争地位，从而有利于增加出口、抑制进口。第三，一国经济增长率高，意味着一国经济发展态势良好，具有较高的投资回报率，这会吸引国外资金流入本国进行直接投资，增加外汇供给。总体来说，一国短期的经济增长往往会引起进口的增加，外汇需求增加，外汇汇率有升值的趋势；如果一国的经济增长率长期超过其他国家，由于上述各种作用的综合发挥，该国的货币通常会有对外长期升值的趋势。

3. 国际收支

所谓国际收支，简言之，是指一国商品、劳务的进出口及资本的流入和流出。一国国际收支出现逆差，意味着该国外汇市场上外汇供给小于外汇需求，会引起外国货币汇率上升，本币汇率下跌；反之，一国国际收支顺差，则意味着该国外汇市场上外汇供给大于外汇需求，会导致外国货币汇率下跌，本币汇率上升。

4. 利率

利率对汇率的影响主要是通过短期资本的跨国流动实现的。资金具有趋利性，一国的高利率水平会吸引国际资本流入该国套取利差，从而增加该国外汇的供给，导致即期外汇汇率下跌。反之，一国的低利率水平会引起国际资本流出该国，从而减少该国外汇的供给，导致即期外汇汇率上升。

5. 心理预期

随着市场发育程度的提高，心理预期因素对汇率的变化有着越来越重要的影响。心理预期因素主要影响短期汇率的变动：当预期某一国家货币在未来将会升值，则外汇市场上的投资者会大量买进该国货币，造成市场上外汇供给的增加，本币需求的上升，助推本币升值；相反，则会助推本币贬值。

6. 政府干预

20世纪70年代布雷顿森林体系解体后，各国趋向实行浮动汇率制度，但各国中央银行为维护经济稳定、实现一定的经济发展目标，都会对汇率进行不同程度的干预，把汇率稳定或调控到一个对本国经济发展有利的水平上。在汇率出现剧烈波动时，各国中央银行往往通过买卖外汇进行市场干预，使汇率变动有利于本国。一些主要发达国家在市场汇率波动剧烈时往往会协调它们之间的宏观经济政策，或采取联合干预的措施，共同影响汇率走势。干预或联合干预对汇率短期走势有重大影响，但不能根本扭转汇率变动的长期趋势。

上述影响汇率变动的因素中，前三项属于长期影响因素，后三项属于影响短期国际资本流动的短期因素。除了上述因素外，还有许多其他因素会影响汇率的变动，如财政货币政策、政治局势、社会状况，等等。在不同的外汇管理制度和经济体制下，各种因素对汇率作用的大小也各不相同。比如在实行外汇管制的国家，由于限制了本外币资产之间的转换，利率对于汇率的影响就相对较小。现实的汇率水平是多种因素共同作用的结果。

四、汇率制度

汇率制度是指一国货币当局对本国汇率变动的基本方式的安排或规定，如规定本国货币对外价值、规定汇率的波动幅度、规定本国货币与其他货币的汇率关系、规定影响和干预汇率变动的方式等。汇率制度的选择制约着汇率水平的波动幅度。

（一）固定汇率制与浮动汇率制

传统上，金融理论通常将汇率制度分为两大类：固定汇率制和浮动汇率制。

1. 固定汇率制

固定汇率制是指两国货币的汇率基本固定，汇率的波动幅度被限制在较小的范围内，各国货币当局有义务维持本币币值基本稳定的汇率制度。金本位制下的汇率制度、第二次世界大战后至20世纪70年代初布雷顿森林体系下的汇率制度，都是固定汇率制度。动用外汇储备是货币当局维持固定汇率波动幅度的一种手段。当市场上对外国货币需求增加，以本国货币表示的外国货币价格上涨接近规定的波动上限时，该国货币当局可动用外汇储备，在市场上出售外国货币，增加外币供给，以平抑汇率上涨幅度；反之，可在外汇市场上买进外国货币，增加本国外汇储备。此外，外汇管制、举借外债、签订互换货币协议等都是一国货币当局维持固定汇率波动幅度时可以采取的措施。

2. 浮动汇率制

浮动汇率制是指一国货币当局不再规定本国货币与外国货币的比价，也不规定汇率波动的幅度，汇率由外汇市场的供求状况自发决定的一种汇率制度。在浮动汇率制度下，货币当局不再承担维持汇率波动界限的义务。20世纪70年代布雷顿森林体系崩溃后，西方主要发达国家先后实行了浮动汇率制。

按照政府是否对汇率进行干预，浮动汇率制度可分为自由浮动和管理浮动。自由浮动又称清洁浮动，是指货币当局不对外汇市场进行任何干预，完全由外汇市场供求决定本国货币汇率的涨落。管理浮动又称肮脏浮动，是指货币当局按照本国经济利益的需要干预外汇市场，使汇率朝有利于本国的方向浮动。现实中，绝对的自由浮动汇率制度是不存在的，西方主要发达国家实行的基本上是管理浮动。

（二）国际货币基金组织对汇率制度的分类

1999年，国际货币基金组织基于其成员事实上的汇率制度安排，将汇率制度分为八类。

1. 无独立法定货币的汇率安排

无独立法定货币的汇率安排，主要有美元化汇率和货币联盟汇率，即一国将另一国货币作为唯一法定货币在本国流通，如巴拿马将美元作为其法定货币在巴拿马境内自由流通；或一国属于货币联盟的成员，与联盟中的其他成员共用同一种法定货币，如欧元区统一使用欧元。

2. 货币局制度

货币局制度即一国货币当局从法律上隐含地承诺本国货币按固定汇率兑换某种特定的外币，同时通过对货币发行权限的限制来保证履行法定承诺。

3. 其他传统的固定盯住制

其他传统的固定盯住制即一国货币当局将本国货币（公开或实际）按固定的汇率盯住一种主要外币或者一篮子外币，汇率围绕中心汇率上下波幅不超过 1%。1998—2004 年我国人民币对美元的汇率波动区间较窄，被划归此类汇率安排。

4. 平行盯住的汇率安排

平行盯住的汇率安排即一国汇率被保持在官方或者实际的固定汇率带内波动，其波动幅度超过中心汇率上下 1%。

5. 爬行盯住汇率安排

爬行盯住汇率安排即一国汇率按照固定的、预先宣布的比率进行较小的定期调整，或者根据若干量化指标的变动，定期小幅调整汇率。

6. 爬行带内的浮动汇率安排

爬行带内的浮动汇率安排即一国汇率在一定范围内围绕中心汇率上下浮动，同时中心汇率按照固定的、预先宣布的比率进行定期调整，或者根据若干量化指标的变动，定期小幅调整中心汇率。

7. 不事先公布汇率干预方式的管理浮动制

不事先公布汇率干预方式的管理浮动制即一国货币当局通过在外汇市场上积极干预来影响汇率的变动，但不事先宣布汇率的干预方式。

8. 浮动汇率制

浮动汇率制即一国汇率水平基本上由市场决定，偶尔的外汇干预旨在缓和汇率变动，防止汇率过度波动，而不是为汇率建立一个基准汇率。

如果将国际货币基金组织划分的八类汇率制度分别划入固定汇率制和浮动汇率制，则前三类大体可划入固定汇率制，后五类大体可划入浮动汇率制。

（三）人民币汇率制度的演进

自 1949 年至今，人民币汇率制度经历了由官定汇率到市场决定汇率、从固定汇率到有管理的浮动汇率的演变。

1. 计划经济时期的人民币汇率制度（1949—1978 年）

1949 年 1 月 18 日，中国人民银行开始在天津公布人民币汇率；之后于 1950 年 7 月 8 日起全国实行统一的人民币汇率。1953 年我国进入计划经济时期，人民币汇率作为计划核算的工具，要求相对稳定。在当时以美元为中心的国际货币体系下，我国基本维持纸币流通下的固定汇率制度。当时人民币汇率盯住英镑，只在英镑出现币值变动时才做出顺应调整。1972 年 6 月 23 日，我国改按一篮子货币对人民币汇率计算调整。

2. 转轨经济时期的人民币汇率制度（1979—1993 年）

（1）实行贸易内部结算价和对外公布汇率的双重汇率制度。1981—1984 年间，为解决人民币汇率水平相对贸易外汇价格偏低，而对非贸易外汇价格偏高的问题，人民币官方汇率实行了贸易内部结算价和非贸易公开牌价的双重汇率制度，进出口和非贸易外汇收支分别采取不同的汇价结算。1985 年 1 月 1 日，取消内部结算价，重新实行单一汇率，汇率为 1 美元折合 2.8 元人民币，这是人民币汇率的第一次并轨。

（2）根据国内外物价变化调整官方汇率。1985—1990 年间，我国根据国内物价的变化多次大幅度调整汇率。由 1985 年 1 月 1 日的 1 美元折合 2.8 元人民币，逐步调整至 1990 年 11 月 17 日的 1 美元折合 5.22 元人民币。

（3）实行官方汇率和外汇调剂市场汇率并存的汇率制度。从 1980 年起各地开始陆续实行外汇调剂制度，设立外汇调剂中心，开办外汇调剂公开市场业务，外汇调剂量逐步增加，形成了官方汇率和调剂市场汇率并存的局面。

从 1991 年 4 月 9 日起，对官方汇率的调整由以前大幅度、一次性调整的方式转为逐步微调的方式，即实行有管理的浮动。至 1993 年年底，调至 1 美元折合 5.8 元人民币，同时，放开外汇调剂市场汇率，让其随市场供求状况浮动。

3. 社会主义市场经济时期的人民币汇率制度（1994 年汇率并轨至今）

1993 年底国务院发布《中国人民银行关于进一步改革外汇管理体制的通知》，宣布从 1994 年 1 月 1 日起实行以市场供求为基础的、单一的、有管理的浮动汇率制，我国自此实行有管理的浮动汇率制度。此后人民币官方汇率与（外汇调剂）市场汇率并轨，实行银行结售汇，建立全国统一的银行间外汇市场，实行以市场供求为基础的单一汇率。

1997 年亚洲金融危机后，其他亚洲国家的货币纷纷贬值，中国经济面临亚洲金融危机冲击和内部需求下降的双重挑战。在这一形势下，为了稳定亚洲经济，中国政府明确宣布坚持人民币汇率不贬值的方针，开始将人民币盯住美元，直至 2005 年 7 月 21 日，人民币对美元的汇率基本稳定在 1 美元兑 8.27 元人民币的水平上。

2005 年 7 月 21 日，我国进一步推进汇率形成机制改革，开始实行以市场供求为基础、参考一篮子货币进行调节、有管理的浮动汇率制度。这次汇率机制改革的主要内容包括三个方面。

（1）汇率调控的方式。实行以市场供求为基础、参考一篮子货币进行调节、有管理的浮动汇率制度。人民币汇率不再盯住单一美元，而是参照一篮子货币、根据市场供求关系来进行浮动。篮子内的货币构成，将综合考虑在我国对外贸易、外债、外商直接投资等外经贸活动占较大比重的主要国家及地区的货币。

（2）中间价的确定和日浮动区间。中国人民银行于每个工作日闭市后公布当日银行间外汇市场美元等交易货币对人民币汇率的收盘价，作为下一个工作日该货币对人民币交易的中间价格。每日银行间外汇市场美元对人民币的交易价仍在人民银行公布的美元交易中间价上下0.3%的幅度内浮动，非美元货币对人民币的交易价在人民银行公布的该货币交易中间价上下3%的幅度内浮动。

（3）起始汇率的调整。中国人民银行授权中国外汇交易中心公布，2015年8月14日银行间外汇市场人民币汇率中间价为：1美元对人民币6.397 5元，1欧元对人民币7.132 5元，100日元对人民币5.144 1元，1港元对人民币0.825 21元，1英镑对人民币9.987 9元，1澳大利亚元对人民币4.710 9元，1新西兰元对人民币4.189 0元，1新加坡元对人民币4.575 5元，1加拿大元对人民币4.896 7元，人民币1元对0.624 75林吉特，人民币1元对10.098 5俄罗斯卢布。前一交易日，人民币对美元汇率中间价报6.401 0。中间价报价机制改革后，人民币对美元汇率中间价持续三个交易日大幅下跌，14日终于止跌反弹，市场认为人民币汇率波动将趋于平稳。

完善人民币汇率形成机制，是建立和完善社会主义市场经济体制、充分发挥市场在资源配置中的基础性作用的内在要求，也是深化经济金融体制改革、健全宏观调控体系的重要内容。我国汇率制度改革的总体目标是：建立健全以市场供求为基础的、有管理的浮动汇率制度，保持人民币汇率在合理、均衡水平上的基本稳定。在汇率制度改革中坚持的原则是主动性、可控性和渐进性。

第二节　国际收支及其调节

早在17世纪初叶，葡萄牙、法国、英国等一些国家的经济学家在提倡"贸易差额论"，即通过扩大出口限制进口的方式来积累金银货币的同时，就提出了国际收支的概念，并把它作为分析国家财富的积累、制定贸易政策的重要依据。由于当时国际经济还处于发展的初期，国际收支被解释为一个国家的对外贸易差额。随着世界各国经济交往的扩大，国内外商品市场、金融市场和生产要素市场紧密联系、相互影响，国家收支的含义也不断发展和丰富。为了更好地调控宏观经济活动，实现内外均衡的目标，一个国家需要一种分析工具来了解和掌握本国对外经济交往的全貌，而国家收支正是这种分析工具。

一、国际收支的概念

国际收支（Balance of Payment）是指一国（或地区）居民在一定时期（一年、一季、一月）与非居民之间进行的各种经济交易的系统记录。国际收支能综合反映一国对外经济交往状况，是开放经济的重要宏观经济变量，是一国或地区制定合理的对外经济政策和宏观经济调控政策赖以分析的工具。其内涵十分丰富，应该从以下几个方面加以把握。

（一）国际收支是一个流量概念

国际收支是一个时期数，这个时期可以是一年、一个季度、一个月。但在实践中，各国通常以一年为一个报告期。如果不明白这点，就容易把国际收支与国际借贷相混淆。而国际借贷又称国际投资头寸，是个存量概念，是指在某个时点上一国居民对外资产和对外负债的状况。例如，称美国为净债务国，就是指美国国际投资头寸净值为负，其对外资产小于对外负债。

此外，国际收支与国际借贷所包含的范围不同。国际经济交易中的赠与、侨民汇款与战争赔偿等"无偿交易"，都包括在国际收支中，但这些交易的发生都不会引起国际借贷的变化，因而不包括在国际借贷中。但一国国际收支中的资本账户收支差额的历年累计，即为该国的国际借贷或国际投资头寸。

（二）国际收支反映的是国际经济交易的全部内容

国际经济交易是指经济价值从一个经济单位向另一个经济单位的转移。其中，经济价值包括实际资产和金融资产。构成国际收支内容的居民与非居民之间的经济交易分为四类。

1. 交换

交换是一交易者向另一交易者提供了具有一定经济价值的实际资源，含货物、服务、收入和金融资产并从对方得到价值相等的回报。具体包括：①商品、服务与商品、服务之间的交换，如易货贸易、补偿贸易等；②金融资产与商品、服务的交换，如商品劳务的买卖（进出口贸易）等；③金融资产与金融资产的交换，如货币资本借贷、货币或商品的直接投资，有价证券投资以及无形资产（如专利权、版权）的转让买卖等。

2. 转移

转移是一交易者向另一交易者提供了具有一定经济价值的实际资源资产，但是没有得到任何补偿。包括：①商品服务由一方向另一方无偿转移，如无偿的物资捐赠、服务和技术援助等；②金融资产由一方向另一方无偿转移，如债权国对债务国给予债务注销，富有国家对低收入国家的投资捐赠等。

3. 移居

移居指一个人把住所从一经济体搬迁到另一经济体的行为。这种行为会导致两个经济体的对外资产、负债发生变化，这一变化应记录在国际收支中。

4. 其他依据推论而存在的交易

有些交易并没有发生实际资源（如资金或商品）的流动，但可以根据推论确定居民与非居民之间交易的存在，也需要在国际收支中予以记录。例如，甲国投资者将在乙国的直接投资的投资收益用于再投资，这样，投资收益中一部分属于甲国的投资者，用于再投资的话就是居民与非居民之间的交易，尽管这一交易行为并不涉及两国间的资金运动，但必须在国际收支中反映出来。

（三）只有居民和非居民之间的经济交易才是国际经济交易

居民和非居民是两个不同的概念。公民是一个法律概念，而居民则是一个经济概念。他国的公民如果在本国长期从事生产和消费，也可以属于本国居民。居民包括个人、政府、非营利团体和企业四类。根据国际货币基金组织的解释，自然人居民是指那些在本国居住时间长达一年以上的个人，但官方外交使节、驻外军事人员等均是所在国的非居民；法人居民是指在本国从事经济活动的各级政府机构、非营利团体和企业。因此，跨国公司的母公司和子公司分别是所在国居民，但国际性机构如联合国、国际货币基金组织等均是任何国家的非居民。

二、国际收支平衡表

（一）国际收支平衡表的概念

国际收支平衡表（Balance of Payment Statement）又称国际收支差额表，是指一定时期内（通常为一年）一国与世界其他国家的经济体之间所发生的按照复式记账原理和特定账户分类，以货币记录的综合统计报表。国际收支平衡表是在世界统一规范原则基础上编制的一国涉外经济活动报表，集中反映了一国国际收支的具体构成和全貌。

（二）国际收支平衡表的构成

国际收支平衡表包含的内容极为广泛，它是一个国家在一定时期内对外经济、政治、军事、文化往来所引起的国际收支状况的系统反映，国际货币基金组织为了便利各成员编制国际收支平衡表，并使平衡表具有可比性，于1948年首次颁布了《国际收支手册》第一版，以后又先后于1950年、1961年、1977年、1993年修订了手册，不断地补充了新的内容。目前，国际货币基金组织各成员大都采用国际货币基金组织1993年颁布的《国际收支手册》第五版的国际收支概念和分类，编制国际收支平衡表。该手册对编表所采用的概念、准则、惯例、分类方法以及标准构成等都进行了统一的规定和说明。标准由两大账户组成：经常账户、资本和金融账户。在国际收支平衡表中除了这两大账户外，还有一个错误和遗漏账户，这是人为设立的一个平衡账户。概括起来，国际收支平衡表中有三大账户，即经常账户、资本和金融账户、遗漏账户。

目前，我国国际收支平衡表按国际货币基金组织颁布的《国际收支手册》第五版的原则编制，主要由四个项目构成。

1. 经常账户

经常账户（Current Account）又称经常往来项目，它反映我国与外国进行经济交往中经常发生的项目，是国际收支平衡表中最基本和最重要的项目，在整个国际收支总额中占据很大的份额。经常账户具体包括进出口货物、服务收支、收益收支、官方和其他部门的经常转移四个主项。

进出口货物是经常账户交易最重要的一个内容。根据国际收支的一般原则，所有权的变更决定国际货物交易的范围和记载时间，即货物的出口和进口应在货物的所有权从一国居民转移到另一非居民时记录。

服务收支是经常账户的第二大内容。当今，国际服务交易不断扩大，形式向多样化发展，主要包括三类：一是运输；二是旅游；三是其他各类服务。

收益收支是指生产要素在居民与非居民之间进行流动引起的报酬的变化。生产要素包括劳动力和资本。

官方和其他部门的经常转移指商品、劳务和金融资产在居民与非居民之间转移后，并未得到补偿与回报。主要包括：各级政府的无偿转移，如战争赔款、政府间的经济援助、军事援助和捐赠，政府与国际组织间定期缴纳的费用，以及国际组织作为一项政策向各级政府提供的转移；私人的无偿转移，如侨汇、捐赠、继承、赡养费、资助性汇款、退休金等。

经常账户若收入大于支出就称"顺差"，支出大于收入则称为"逆差"。目前我国在经常账户下人民币已经实现了自由兑换。

2. 资本和金融账户

资本和金融账户（Capital and Financial Account）是指对资产所有权在居民与非居民之间的流动行为进行记录的账户，反映了金融资产在一国与他国之间的转移，即国际资本的流动，它包括资本账户和金融账户两大部分。

（1）资本账户记录居民与非居民之间的资本转移和非生产、非金融资产的收买或放弃，包括两个项目：资本转移，非生产、非金融资产的收买或出售。

资本转移主要登录投资捐赠和债务注销的外汇收支。投资捐赠可以现金形式，也可以实物形式。债务注销即债权国放弃债权，而不要求债务国给予回报。需要注意的是，资本账户下的资本转移和经常账户下的经常转移不同，前者不经常发生，规模相对大；而后者除政府无偿转移外，一般经常发生，规模相对小。

非生产、非金融资产的收买或出售主要登录那些非生产就已存在的资产（土地、矿藏等）和某些无形资产（专利权、商标权、经销权等）收买或出售而发生的外汇收支。

（2）金融账户主要反映居民与非居民间由于借贷、直接投资、证券投资等经济交易所发生的外汇收支，包括三个项目：直接投资、证券投资和其他投资。

直接投资是直接投资者为获取本国以外的企业的经营权的投资。它可以采取直接在国外投资建立企业的形式，也可以采取购买非居民企业一定比例股票的形式，还可以采取将投资利润进行再投资的形式。

证券投资是指购买非居民国政府的长期债券、非居民国公司的股票和债券等。需要指出的是，国际货币基金组织规定，拥有非居民国企业的股权达到10%时为直接投资，我国则规定达到25%时才为直接投资。

其他投资是指上述两项投资未包括的其他金融交易，如货币资本借贷；与进出口贸易相结合的各种贷款、预付款、融资租赁等。

3. 储备资产

储备资产是国家拥有的可用于平衡国际收支差额的国际性金融资产。主要包括货币黄金、特别提款权、在国际货币基金组织储备头寸、外汇和其他债权。

货币黄金指货币当局所持有的货币性黄金。货币黄金的交易仅在货币当局与其他国家货币当局之间进行，或在一国货币当局与国际货币基金组织之间进行。

特别提款权是国际货币基金组织所发行的一种记账单位。根据国际货币基金组织的规定，当成员发生国际收支逆差时，可以动用特别提款权来偿还，它是一项补充的国际储备资产。

在国际货币基金组织的储备头寸，是指国际货币基金组织的成员在基金组织的普通资金账户的头寸，记在储备资产的分类项目下，包括一国向国际货币基金组织的认缴份额中用以兑换货币缴纳的部分和国际货币基金组织可以随时偿还的该国对基金组织的贷款。

外汇，包括一国货币当局对非居民的债权，其形式表现为货币、银行存款、政府的有价证券、中长期债券、货币市场工具、衍生金融产品及中央银行之间或政府之间的各种安排下的不可交易的债权。

其他债权是指除上述以外的债权项目。

4. 误差与遗漏

误差与遗漏（Errors and Omissions）账户不是交易产生的，而是由于会计上的需要，为解决借贷双方的不平衡而人为设置的一个账户。如前所述，国际收支平衡表是按复式记账原理编制，所有账户的借方总额和贷方总额应该是平等的。但由于各种国际经济交易的统计资料来源不一，有的数据甚至是估算的，加上一些人为的因素（如有些数据需要保密，不宜公开等），国际收支平衡表实际上不可避免地会出现借方余额或贷方余额。基于会计上的需要，一般就人为地设置一个账户以抵消统计的偏差。如果借方总额大于贷方总额，则误差与遗漏记入贷方；反之，如果贷方总额大于借方总额，则误差与遗漏记入借方。

根据 2008 年 12 月 IMF 颁布的《国际收支和国际投资头寸手册（第六版）》，国际收支平衡表调整为经常账户、资本和金融账户、遗漏账户三大账户。为了清楚起见，现将国际收支平衡表的标准组成部分用表 15-2 表示。

表 15-2　国际收支平衡表：标准组成部分

	贷　方	借　方
1. 经常账户（Current Account）		
A. 货物和服务		
a. 货物		
b. 服务		
1. 运输		
1.1 海运		
1.2 空运		
1.3 其他运输		
2. 旅游		
2.1 因公		
2.2 因私		
3. 通信服务		

续表

	贷　方	借　方
4. 建筑服务		
5. 保险服务		
6. 金融服务		
7. 计算机和信息服务		
8. 专有权利使用费 　　　和特许权		
9. 其他商业服务		
10. 个人、文化和娱乐服务		
11. 别处未提及政府服务		
B. 收入		
1. 职工报酬		
2. 投资收入		
2.1 直接投资		
2.2 证券投资		
2.3 其他投资		
C. 经常转移		
1. 各级政府		
2. 其他部门		
2. 资本和金融账户（Capital and Financial Account）		
A. 资本账户		
1. 资本转移		
2. 非生产、非金融资产 　　　收买/放弃		
B. 金融账户		
1. 直接投资		
2. 证券投资		
3. 其他投资		
4. 储备资产		
3. 误差与遗漏（Errors and Omissions）		

（三）国际收支平衡表的编制

编制国际收支平衡表时，需要对各个项目进行归类，分成若干个账户，并按照需要进行排列，即所谓的账户分类。因此，计入国际收支平衡表的每一笔具体交易是一国的居民单位与另一国的居民单位之间发生的经济往来。从宏观上看，国际收支平衡表的会计主体是国家，不是该国的任一经济单位。也就是说，国际收支平衡表以一个国家为整体，反映该国与整个外部世界的交易情况。

1. 编制原理

国际收支平衡表的编制按照国际会计的通行准则，采用复式记账原理来系统记录每笔国际经济交易。所谓复式记账原理是以借贷为记账符号，本着"有借必有贷，借贷必相等"的原则，对发生的每笔经济业务都用相等的金额，在两个或两个以上的有关账户作相互联系的登记。因此，从理论上讲，国际收支平衡表的借方总额和贷方总额总是相等的。

2. 记账法则

根据复式记账法，贷方记录资产的减少、负债的增加，借方记录资产的增加、负债的减少。因此，记入国际收支平衡表贷方的项目包括货物和服务的出口、收益的收入、接受的货物、资金的无偿援助、金融负债的增加和金融资产的减少；记入借方项目的是货物和服务的进口、收益的支出、对外提供的货物、资金的无偿援助、金融资产的增加和金融负债的减少。这样，借方总额与贷方总额总是平衡的。但是，在国际收支平衡表中，每一个具体项目的借方和贷方经常是不平衡的，借贷相抵后往往会出现一定的差额，如贸易差额、劳务差额、资本差额等，我们将这些差额称为局部差额。如果贷方大于借方，出现贷方余额时，称为国际收支顺差；如果借方大于贷方，出现借方余额时，称为国际收支逆差。实践中，这种局部差额是可以相互抵消的，如劳务顺差可以抵消贸易逆差，资本项目顺差可以抵消经常项目逆差等。所有局部差额之和，就是国际收支总差额。国际收支较长时期出现总顺差和总逆差，可以反映出一个国家在国际经济中所处的地位，如果长期持续逆差状况得不到改善，就称这个国家发生国际收支危机。当然，国际收支总差额（顺差或逆差）可用平衡项目中的官方储备资产变动来加以平衡。

3. 计价原则

在国际收支平衡表中，采用统一的计价原则，即以市场价格为依据的计价原则。所谓市场价格是指在自愿基础上，买方从卖方手中获取某种物品而支付的货币金额。但是，在易货贸易、税收支付、企业的分支机构与母公司的交易、附属企业的交易、转移等，市场价格可能不存在。对此，习惯的做法是利用同等条件下形成的已知市场价格推算需要的市场价格。单方面转移和优惠的政府贷款等非商业性交易的计价，也须假定这类资源是以市场价格卖出的，并以市场价格来计价。对于不在市场上交易的金融项目（主要是不同形式的贷款），则以它的面值为它的市场价格来计价。

4. 记录时间

在国际收支平衡表中，记录时间应以所有权转移为标准。所有权转移时产生债权债务关系，交易的双方要按照复式记账法进行登记。

三、国际收支的调节

国际收支的调节是指编表国根据经济发展的需要，在对国际收支各个项目和总体状况进行均衡分析的基础上，采取有效措施调节国际收支各个项目的差额和总差额，以达到一定的目标模式的宏观经济管理行为。

（一）国际收支失衡的含义

我们知道，国际收支账户是一种事后的会计性记录。如果仅从国际收支平衡表各项目的记录综合在账面上看，国际收支总是平衡的，这是以复式记账法原理记录国际收支各个项目所致。但我们所讲的国际收支的均衡与失衡并非会计意义上的，而是指实际经济意义上的。也就是说，一国对外经济交易中的收入和支出，一般不可能完全相等。由于种种原因，国际收支经常不均衡，需要通过人为地调节、记录使国际收支平衡表达到均衡。20 世纪 50 年代初期，詹姆斯·米德在其所著的《国际收支》（*The Balance of Payments*）一书中，主张将国际收支平衡表上的各经济交易区分为自主性交易（Autonomous Transaction）和补偿性交易（Compensatory Transaction）。所谓自主性交易又称事前交易（Ex-ante Transaction），即事前纯粹为达到一定的经济目的而主动进行的交易。如经常账户中的货物进出口、提供的服务、经常性转移和资本项目中的长期资本个别项目。国际收支的差额或不均衡就是指自主性交易的不均衡。或者说，如果以上属于自主性交易的各个项目之和等于零，则国际收支处于均衡状态。补偿性交易又称事后交易（Ex-post Transaction），这类交易是为了弥补自主性交易各项目所发生的差额而进行的。例如，资本项目中的短期资本项目、金融账户中的各个项目、错误与遗漏账户等。这给讨论国际收支的均衡与不均衡，提供了判断标准。

按照当前人们的传统习惯和国际货币基金组织的做法，国际收支平衡表可以按下述指标加以观察。

1. 贸易收支差额

贸易收支差额是传统上用得比较多的一种方法，它包括货物与服务在内的进出口收支差额。贸易收支账户实际上仅是国际收支的一个组成部分，在国际经济往来日益频繁的今天，贸易虽不能代表国际收支的整体，但对某些国家来说，贸易收支在全部国际收支中所占的比重相当大，因此，出于简便，可将贸易收支作为国际收支的近似代表。此外，贸易收支在国际收支中还有其特殊重要性，因为商品的进出口情况综合反映了一国的产业结构、产品质量和劳动生产率状况。

2. 经常账户差额

如前所述，经常账户包括进出口货物、服务收支、收益收支、官方和其他部门的经常转移收支等，前三项构成经常项目收支的主体。虽然经常项目的收支也不能代表全部国际收支，但它能综合反映一个国家的进出口状况，因而被各国广为使用，并被当作制定国际收支政策和产业政策的重要依据。

3. 基本账户差额

基本账户差额包括经常账户和长期资本账户所形成的差额。长期资本相对于短期资本来说是一种比较稳定的资本流动，它不是投机性的，而以市场、利润为目的，反映了一国在国际经济往来中的地位和实力。将经常收支和长期资本收支结合在一起，能反映出一国国际收支的基本状况。因此，基本账户便成为许多国家尤其是那些长期资本进出规模较大的国家或地区观察和判断其国际收支状况的重要指标。

4. 综合账户差额

综合账户差额是指经常账户和资本账户与金融账户中的资本转移、直接投资、证券投资和其他投资账户所构成的差额，也就是将国际收支账户中的官方储备账户剔除后的差额。由于综合差额的状况直接影响到该国的汇率是否稳定，且其变动必然导致官方储备的相反方向的变动，因此，通过综合账户差额可以衡量国际收支对一国国际储备所构成的压力。而动用官方储备弥补国际收支的不平衡、维持汇率稳定的措施又会影响到一国的货币发行量。鉴于此，国际货币基金组织倡导使用综合差额这一概念。在没有特别说明的情况下，人们说的国际收支盈余或赤字，通常指的就是综合差额的盈余或赤字。

综上所述，国际收支不平衡的概念有许多种。不同国家往往根据本国的实际情况选用其中一种或若干种，来判断本国在国际经济交往中的地位和状况，并采取相应的对策调整国际收支失衡问题。

（二）国际收支失衡的原因

一般来说，国际收支不平衡的现象是经常的、绝对的，而平衡却是偶然的、相对的。从上述分析可以看出，影响国际收支平衡的原因是多方面的。归结起来大致有以下几方面的原因。

1. 经济增长状况

经济增长对国际收支有明显影响，具体包括两种类型的国际收支不平衡。

（1）周期性不平衡。周期性不平衡（Cyclical Disequilibrium）主要在于各个国家在经济增长过程中由于经济制度、经济政策等原因出现周期性波动，而导致国际收支失衡。典型的经济周期具有危机、萧条、复苏和高涨四个阶段。这四个阶段各有其特点，并对国际收支产生不同的影响。例如，危机阶段的典型特征是生产过剩、国民收入下降、失业增加、物价下跌等，这些因素一般有利于该国增加出口和减少进口，有助于缓解该国的国际收支逆差；高涨阶段的典型特点是生产和收入高速增长、失业率降低、物价上涨等，这些因素一般会刺激进口，抑制出口，从而造成贸易逆差。因此，经济周期会造成一国国际收支顺差或逆差的更替。在世界经济联系日益密切的今天，世界主要贸易国家的周期性经济波动，还会影响其他国家，甚至影响全世界。

（2）收入性不平衡。对一国国家或地区来说，持续的高速增长会较大幅度地提高国民收入水平，在其他因素不变的情况下，随着收入的增加，对进口产品需求会增加，内需也会有所增加，原来出口产品的一部分也会被用于国内消费，进而对国际收支产生影响。但是，国民收入大幅提高后，能否会出现收入性不平衡，还取决于该国的边际储蓄倾向、边际进口倾向和出口能力能否扩大等因素。这种不平衡可以是周期性的、货币性的，或者是由经济处于高速增长时期引起的。

2. 结构性不平衡

结构性不平衡（Structural Disequilibrium）是指当国际分工的结构（或世界市场）发生变化时，一国经济结构的变化不能适应这种变化而产生的国际收支不平衡。由于国情的差异，各国在经济发展过程中形成了适合自身特点的经济结构，在一定的生产资源、技术条件、管理水平和消费结构状况下，根据比较优势原则生产和输出某些商品、劳务，同时也输入另一些商品和劳务，经过动态调整，实现对外贸易的平衡。但是，随着科技的发展，新产品、新技术层出不穷，国际市场商品及劳务价格和供求关系也在不断变化，因此，世界各国要不断调整本国的经济结构以适应国际市场的变化，即使原有的相对平衡和经济秩序受到冲击。如该国的经济结构不能灵活调整以适应国际分工结构的变化，则会产生国际收支的结构性不平衡。事实证明，一国经济、产业结构的调整不是一朝一夕就能实现的，结构性原因造成的失衡具有长期性。

3. 货币性不平衡

货币性不平衡（Monetary Disequilibrium）是指由一国的货币增长速度、商品成本和物价水平发生较大变化而引起的国际收支不平衡。价格是价值的货币表现，货币与价格之间有着密切的联系。当国内货币供过于求时，本币在国内购买力下降，其表现是物价水平普遍上升，假定汇率不发生变化，本国物价水平就会高于其他国家的物价水平，造成出口商品成本增加，对外竞争力下降，出口受到抑制；另一方面，国外商品价格相对低廉，进口将增加，造成国际收支逆差。反之，国内货币供应减少，通货紧缩，物价水平普遍下降，本国出口商品成本、价格相对低于外国商品，有利于刺激出口、抑制进口，国际收支出现顺差。货币性不平衡可以是短期的，也可以是中期的或长期的。

4. 临时性不平衡

临时性不平衡（Stochastic Disequilibrium）是指短期的、由非确定的或偶然的因素引起的国际收支失衡。例如，由于天灾人祸，农作物产量大幅下降，该国被迫增加粮食进口并引起国际收支逆差。这种性质的国际收支失衡，程度较轻，持续时间不长，具有可逆性，因此可以认为是正常现象，一般不需要政策调节。

5. 外汇投机和国际资本流动

第二次世界大战以后，国际资本流动的规模、数量、方向等都发生了巨大变化，成为影响国际收支平衡的重要因素。通常情况下，一国经常项目的顺差或逆差可以通过资本项目的逆差或顺差弥补。另一方面，假如经常项目变化不大，那么，国际资本流动的方向和数量就成为影响一国国际收支平衡的一个重要因素。目前，由于在国际金融市场上形成了大量的国际游资，其冲击力量非常大，大量国际游资流入一国，会使该国形成国际收支的顺差；反之，大量国际游资的流出，则会使该国形成国际收支的逆差。因此，巨额国际游资的流出流入也成为影响一国国际收支平衡的因素。

（三）国际收支失衡的影响与调节

国际收支失衡对一国经济的影响是不容忽视的。它不仅涉及对外支付方面的问题，也涉及一国的国内经济活动。一国长期、大量的国际收支顺差，容易产生本币升值的压力和潜在的通货膨胀压力，有时还会产生并加深国与国之间的矛盾，甚至招致他国的报复或发生冲突。而一国长期、大量的国际收支逆差，将使本国积累的对外负债超过本国的支付能力，严重时可能会发生国际债务危机；持续性巨额逆差国由于外汇短缺，必然引起外汇汇率上升、本币贬值，从而削弱本币的国际地位。因此，一国无论发生持续性顺差还是逆差，都会影响国民经济的正常发展，政府当局必须采取针对性措施进行调节。

国际收支的调节方法往往与本国的货币制度、经济结构等有密切联系。在金本位条件下，国际收支自动调节机制可以发挥作用。但在当前的信用货币制度和国际货币体系下，各国政府主要通过行政手段、经济政策、国际经济合作等方法进行调节。一般采取的对策有以下几种。

1. 财政政策

用财政政策调节国际收支失衡，主要是通过扩大或缩小财政开支、提高或降低税率以及税收补贴等方法。当一国因进口增加、出口减少而发生国际收支逆差时，政府可采取削减财政开支，财政补贴，或出口退税、出口免税、进口增税，或提高税率、增加税收，使社会上通货紧缩，促使物价下降，出口商品成本下降，以提高本国商品在国际市场上的竞争力，从而刺激出口、抑制进口，逐步使逆差减少。当发生国际收支顺差时，可采用上述相反方向的操作。

2. 金融政策

金融政策是市场经济国家普遍采用的间接调节国际收支的政策举措之一，政府有关当局可采用调节利率或汇率的办法实现国际收支平衡。

（1）调节利率。调节利率是指一国货币当局在出现国际收支逆差或顺差时，通过调整再贴现率、法定存款准备金率和在公开市场上进行业务操作等途径来实现政策目标。调整再贴现率借以影响市场利率，进而影响资本流出流入规模、消费需求和贸易收支等，最终有助于国际收支恢复平衡。例如，当一国出现国际收支逆差时，该国中央银行通过提高再贴现率，一方面可以紧缩信用，抑制消费，使进口相应减少，有利于贸易收支的改善；另一方面，由于市场利率提高，可促进外国短期资本为获得较多利息收益而流入本国，减少本国资本外流，使资本和金融项目收支得以改善。提高或降低法定存款准备金率的目的是通过扩张或紧缩信贷投放来影响国内信贷规模，达到调节国际收支失衡的目的。公开市场业务的操作，是通过增加或减少市场流通的货币供给量，从而影响国内信贷规模，达到调节国际收支失衡的目的。

（2）调节汇率。调节汇率是指货币当局通过货币升值或贬值来影响进出口，从而影响外汇收支，实现国际收支平衡。当国际收支发生逆差时，可以通过本币贬值，刺激出口，增加外汇收入，从而调节国际收支逆差；当国际收支发生逆差时，则实行本币升值，鼓励进口，减少出口，使外汇流出，从而调节国际收支顺差，实现国际收支平衡。

3. 资金融通政策

资金融通政策包括外汇缓冲政策和国际信贷政策。

（1）外汇缓冲政策。外汇缓冲政策是指一国政府为调节国际收支失衡，将持有的黄金、外汇储备作为缓冲体，通过中央银行在外汇市场上买卖外汇，来消除国际收支不平衡所形成的外汇供求缺口，从而使国际收支失衡所产生的影响仅限于外汇储备的增减，而不引起汇率的急剧变动和进一步影响本国的经济。事实上，通过黄金、外汇储备来平衡临时性或季节性的国际收支逆差虽是一种简单易行的方法，但若一国的黄金、外汇储备有限或不充足，大量甚至是长期的国际收支逆差就不能完全依靠这一政策来调节。

（2）国际信贷政策。国际信贷可分为政府间信贷和国际金融机构贷款。政府间的信贷可以是短期的，即由两国或数国中央银行通过签订短期信贷协议，提供短期信贷支持；也可通过事先安排，在各中央银行之间签订"互惠信贷协议"，在需要时提供贷款支持。国际金融机构贷款包括向国际货币基金组织、世界银行以及商业银行的贷款，可以是长期的，也可以是短期的，以此解决国际收支失衡问题。

4. 直接管制政策

直接管制是指一国政府通过发布行政命令，对国际经济贸易进行行政干预，以达到调节国际收支失衡的目的。直接管制可分为财政性管制、商业性管制和外汇管制等形式。财政性管制包括对关税、津贴、出口补贴、出口退税等的调整；商业性管制包括进口配额、进口许可证等；外汇管制主要通过严格审批进口用汇、加强出口收汇管理、实行结汇售汇制度等。

5. 国际经济合作政策

当今国际间的经济联系越来越密切，加强国际经济合作已成为调节一国国际收支失衡的重要措施之一。各国在采取上述措施调节国际收支失衡时，都是从本国的自身利益出发。事实上，一国的国际收支逆差往往是另一国的国际收支顺差，当出现逆差的国家采取各种政策进行调整时，出现顺差的国家为了保护自身的利益也会采取相应的政策，这样很容易引起各国之间的摩擦和冲突，进而爆发贸易战、货币战等，其最终结果是国际经济秩序遭到破坏，各国的利益也会受损。因此，要在世界范围内解决各国的国际收支失衡问题，必须加强国际经济合作。例如，发挥国际货币基金组织等国际金融组织的作用，帮助各成员改善其国际收支失衡状况。

第三节　国际储备

一、国际储备的概念和形式

（一）国际储备的概念

国际储备是一国货币当局准备用于弥补国际收支逆差，维持本币汇率稳定和对外应急支付的各种形式的资产。

国际储备和国际清偿能力不能等同。国际清偿能力除各种形式的国际储备外，还包括一国在国际上筹措资金的能力。因此，国际储备仅是一国现有的对外清偿能力，而国际清偿能力是现有的对外清偿能力和潜在对外清偿能力的总和。

（二）国际储备的形式

国际储备形式随历史的发展而发展。第二次世界大战前黄金与可兑换为黄金的外汇构成各国的国际储备。目前，国际储备的形式有四种。

1. 黄金储备（Gold Reserve）

黄金储备是指一国货币当局持有的货币性黄金。世界黄金协会发布的数据显示，截至2020年，全球官方黄金储备共计34 904.76吨。

黄金作为一种价值实体，是一种重要的国际储备资产，每个国家都持有一定数量的黄金储备。可是从其在整个储备资产中的地位来看，它却不是主要的，因为一国若持有太多的黄金储备，则其数量不但不能保证增加（即黄金不会生息），还要支出大量的管理费，而且其价格也并不总是稳定的。

2. 外汇储备（Foreign Exchange Reserve）

外汇储备是一国货币当局持有的对外流动性资产，其主要形式为国外银行存款和外国政府债券。

外汇储备由各种能充当储备货币的资产构成。储备货币必须具备3个特征：①必须是可兑换货币；②必须为各国普遍接受；③币值相对稳定。第一次世界大战前，英镑是最主要的储备货币。20世纪30年代美元崛起，与英镑共享主要储备货币的权利。第二次世界大战后，美元成了各国外汇储备中最主要的储备货币。20世纪60年代开始，美元地位下挫，马克、日元的储备货币地位上升，从而形成储备货币多元化的局面。

3. 在国际货币基金组织的储备头寸（reserve position in the fund）

在国际货币基金组织（IMF）的储备头寸，亦称普通提款权（General Drawing Rights），是指各成员在IMF的普通资金账户中可自由提取和使用的资产。一国在IMF的储备头寸包括：①成员向IMF认缴份额中25%的黄金或可兑换货币部分。因为这部分资金成员可自由提用，故可成为一国国际储备资产。②IMF向其他成员提供的本国货币贷款。这部分贷款构成一国对国际货币基金组织债权，该国可无条件地提取并用于支付国际收支的逆差（各成员国认缴的份额 75% 是用本币缴纳的）。③IMF 向一国借款的净额，也构成该成员对 IMF 的债权。

4. 特别提款权（Special Drawing Rights，SDRs）

SDRs 是国际货币基金组织在 1969 年 9 月正式创立的特殊的账面资产、账面货币，是在普通提款权以外配给成员的特别提用资金的权利，故称特别提款权。这种账面货币当时由美元、德国马克、日元、法国法郎和英镑五种货币加权平均定值。现在由美元、欧元、日元、英镑四种货币加权定值，只能用于政府间的结算，弥补国际收支的逆差，不能用于贸易和非贸易方面的支付。它不能兑换为黄金，故被称为"纸黄金"。

SDRs 的分配是基金组织根据各成员出资的份额，按比例地无偿进行的。已分配而未使用的 SDRs，成为一国国际储备资产的一部分。

二、国际储备的管理

国际储备管理分两个方面：国际储备水平管理，以求储备水平适度；国际储备结构管理，以求储备结构合理。

（一）国际储备水平管理

一国持有的国际储备，实际上是将可利用的实际资源储备起来，放弃和牺牲利用它们的机会，是一种经济效益的损失。所以国际储备的数量并不是越多越好，而是适度为宜。一国保持多大的国际储备量为适度，是国际储备水平管理的重要任务。从现实看，各国并没有统一的标准，因为一个国家在不同的发展阶段，或不同国家在相同发展阶段，对国际储备的需求都不相同。因此，国际储备的绝对量不能说明国际储备的适宜度，国际储备的量化指标必须通过与相关指标的对比来说明。一般说来，决定一国储备水平的主要因素有以下几点。

1. 对外贸易状况

一个对外贸易依赖程度较高的国家，需要的国际储备较多；反之，则较少。一个在贸易条件上处于不利地位，其出口商品又缺乏竞争力的国家，需要的国际储备较多；反之，则较少。国际上普遍认为，一国持有的国际储备应能满足其 3 个月的进口需要。按此计算，储备额对进口的比率为 25% 左右。这就是所谓的储备进口比率法。该法的优点是简明易行，所以被世界各国及国际组织广泛采用。

2. 借用外国资金的能力

一国借用外国资金的能力强，其国际储备水平可适当偏低；反之，应适当偏高。

3. 直接管制程度

一国外汇管制越严，需要的储备就越少；管制越松，需要的储备就越多。

4. 汇率制度与外汇政策

实行固定汇率制度和稳定汇率政策的国情下，对国际储备的需要量较大；汇率自由浮动的国情下，对储备的需要量较小。

5. 货币的国际地位

一国货币如果可以作为储备货币，可通过增加本币对外负债来弥补国际收支逆差，而不需要较多的储备；反之，则需要较多的储备。

（二）国际储备结构管理

一国储备资产除了水平上适度外，还须结构合理，这样才能做到流动性（或称变现性）、收益性、安全性兼顾。合理国际储备结构，是指国际储备资产的最佳构成，即各种储备资产之间以及外汇储备的各种储备货币之间最优比例关系。

1. 黄金储备、外汇储备、普通提款权和特别提款权的结构管理

现实生活中，除黄金储备外，变现性和收益性往往是互相排斥的。比如，变现性很高的国外银行活期存款的收益率很低，甚至为零；而外国政府长期债券收益较高，变现性却较低。如何在变现性与收益性之间权衡，二者兼顾，是黄金储备、外汇储备、普通提款权和特别提款权结构管理的目标原则。世界上由于各国国情不同，有的国家强调收益性，有的国家强调变现性，但是由于国际储备的作用主要是弥补国际收支的逆差，所以多数国家的货币当局更重视变现性。

目前，西方国家的一些经济学家或货币当局，将储备资产划分为三级：一级储备资产流动性最强，收益性最低；二级储备资产流动性次之，收益性高于一级储备；三级储备资产流动性最差，收益性最高。例如，银行活期存款、短期存款、短期政府债券为一级储备资产，中期政府债券为二级储备资产，长期公债券为三级储备资产。由于普通提款权和特别提款权使用上的特点，可分别把它们视为一级储备和二级储备。至于黄金储备，由于只有在金价有利、外汇储备利率较高时，各国货币当局才肯将其卖为储备货币，故可视为三级储备。如何安排三级储备资产的结构，在保持适度流动性的前提下，尽可能多地获得收益是国际储备结构管理的一个任务。

2. 各种储备货币的结构管理

由于普通提款权和特别提款权的多少都取决于成员向国际货币基金组织缴纳的份额，其数量受国际货币基金组织的控制，不能随意变更，其内在构成也较为简单，所以国际储备结构管理的重点是外汇储备中各种储备货币的结构管理。

浮动汇率制度下，汇率的经常波动给外汇储备带来了贬值的风险。当然，持有外汇储备资产还有一定的利息（银行存款、证券投资），所以储备货币外汇资产收益率等于价格变化率加名义利率。在储备货币的选择和应用上，优先考虑的是安全保值，同时兼顾流动性和收益性，这是储备货币结构管理的难点之所在。通常采用的办法是：将储备货币的结构同贸易赤字的货币结构保持一致，同清偿外债支付本息的货币结构保持一致，同干预市场所需的货币结构保持一致，同时注意各种储备货币汇率、利率变化的现状与趋势，进行适当的抛补。当然，储备货币多元化的保值措施，已普遍为人们熟知，这里就不用介绍了。

本章小结

外汇是指以外币表示的可以用作国际清偿的支付手段和资产，包括外币现钞、外币支付凭证或者支付工具、外币有价证券、特别提款权、其他外汇资产等。外汇市场的交易主要有即期外汇交易、远期外汇交易、掉期交易、外汇期货交易、外汇期权交易、套汇交易、套利交易。

外汇汇率指的是两国货币之间折算的比率，或者说是以一国货币单位表示的另一国货币单位的价格。汇率的标价方法有直接标价法、间接标价法、美元标价法。汇率制度大体可分两类：固定汇率制和浮动汇率制。

国际收支平衡表的标准组成包括三大账户：经常账户、资本和金融账户、误差与遗漏账户。国际收支失衡的原因主要是：受经济结构制约，受物价和币值的影响，受汇率变化的影响，受利率变化的影响，受经济周期性变化的影响。国际储备是一国货币当局准备用于弥补国际收支逆差，维持本币汇率稳定和对外应急支付的各种形式的资产。国际储备的主要形式有黄金储备、外汇储备、在国际货币基金组织的储备头寸、特别提款权。

课后练习

一、名词解释

外汇　外汇交易　即期外汇交易　远期外汇交易　掉期交易　外汇期货交易　套汇交易　套利交易　汇率　直接标价法　间接标价法　美元标价法　国际收支　国际收支平衡表

二、问答题

1. 什么是外汇？外汇与外币的区别是什么？

2. 什么是汇率？汇率的表示方式有哪些？汇率的标价方法有哪些？

3. 试述影响汇率变化的因素。

4. 如何理解国际收支的概念？试述国际收支平衡表的构成。

5. 简述对国际收支失衡的原因、影响以及调节对策的理解。

6. 简述国际储备的作用、构成及发展变化。

案例分析

国际收支继续呈现"一顺一逆"格局

国家外汇管理局今天公布的数据显示，2015 年前三季度，我国经常账户顺差 13 075 亿元人民币，资本和金融账户（含当季净误差与遗漏）逆差 7 548 亿元人民币，其中，非储备性质的金融账户逆差 21 734 亿元人民币，储备资产减少 14 169 亿元人民币。

我国近期国际收支表现为经常账户顺差、资本和金融账户逆差。国家外汇管理局副局长曾表示，当前我国国际收支结构出现这种调整很正常。日本、德国多年呈现国际收支"一顺一逆"的状况，我国也不例外。

　　国家外汇管理局副局长认为，当前的资本流出与恐慌性资本外逃存在本质区别。当前资本流出主要是藏汇于民，也就是企业和个人更愿意持有外汇或者对外投资。同时，银行为应对今年以来远期结售汇逆差的需求，也购入了大量的外汇头寸。此外，在"一带一路"建设等的推进下，国内企业对外投资意愿明显增强，"走出去"步伐加快。今年前三季度，非金融类对外直接投资累计 873 亿美元，同比增长 16%。最后，部分外汇流出反映为企业主动减持了一部分对外债务，降低了自身的高杠杆经营风险。"总的来说，当前的变化都是正常，不属于资本外逃。"国家外汇管理局副局长说。

　　数据还显示，今年第三季度，我国经常账户顺差 3 967 亿元人民币，资本和金融账户逆差 3 967 亿元人民币，其中，非储备性质的金融账户逆差 14 012 亿元人民币，储备资产减少 10 046 亿元人民币。

（资料来源：《经济日报》，2015 年 11 月 12 日）

　　分析：根据上述资料，对此案例进行分析。

参 考 文 献

[1] 付玉丹，袁淑清. 国际金融实务 [M]. 北京：北京大学出版社，2013.

[2] 王柏玲，李慧. 财政学 [M]. 北京：清华大学出版社，2009.

[3] 吴光北，陈明军. 财政与金融 [M]. 武汉：华中科技大学出版社，2009.

[4] 中国银行业从业人员资格认证办公室. 公共基础 [M]. 北京：中国金融出版社，2013.

[5] 中国银行业从业人员资格认证办公室. 风险管理 [M]. 北京：中国金融出版社，2013.

[6] 中国银行业从业人员资格认证办公室. 公司信贷 [M]. 北京：中国金融出版社，2013.

[7] 李贺，冯晓玲，赵昂. 国际金融——理论·实务·案例·实训 [M]. 上海：上海财经大学出版社，2015.

[8] 蒋先玲. 货币银行学 [M]. 北京：对外经济贸易大学出版社，2012.

[9] 陈雨露. 货币银行学 [M]. 北京：中国财政经济出版社，2013.

[10] 钱婷婷. 货币银行学 [M]. 北京：人民邮电出版社，2013.

[11] 李亚丽. 货币银行学 [M]. 上海：上海财经大学出版社，2013.

[12] 郭晓晶，丁辉关. 金融学 [M]. 北京：清华大学出版社，2007.

[13] 杜放，朱疆. 货币银行学 [M]. 北京：清华大学出版社，2015.

[14] 刘智英，刘福波. 货币银行学 [M]. 北京：清华大学出版社，2014.

[15] 张华，戴瑞姣，刘林. 货币银行学 [M]. 北京：清华大学出版社，2015.

[16] 李绍昆，曾红燕. 货币银行学 [M]. 北京：中国人民大学出版社，2013.

[17] 黄达. 金融学 [M]. 北京：中国人民大学出版社，2004.

[18] 徐英富. 货币银行学 [M]. 北京：机械工业出版社，2007.

[19] 张尚学. 货币银行学 [M]. 北京：高等教育出版社，2007.

[20] 武康平. 货币银行学 [M]. 北京：清华大学出版社，2006.

[21] 王雅杰. 国际金融（理论实务案例） [M]. 北京：清华大学出版社，2006.

[22] 吴世亮. 中国金融市场理论与实务 [M]. 北京：中国经济出版社，2006.

[23] 于敏，肖东华. 金融学 [M]. 北京：高等教育出版社，2010.

[24] 艾洪德，范立夫，货币银行学 [M]. 大连：东北财经大学出版社，2010.

[25] 李健. 金融学 [M]. 北京：高等教育出版社，2010.

［26］周莉．投资银行学［M］．北京：高等教育出版社，2011

［27］王晓光．财政与税收［M］．北京：清华大学出版社，2015.

［28］朱丽萍．金融学概论［M］．北京：国防工业出版社，2013.

［29］范金宝，王爽．金融学［M］．哈尔滨：哈尔滨工业大学出版社，2014.

［30］张连蕊，李凡．财政与金融［M］．南京：南京大学出版社，2016.

［31］高鸿业．宏观经济学［M］．北京：机械工业出版社，2010.